安徽省省级一流教材

应用离散数学

主　编　陈国龙　陈黎黎　国红军
副主编　潘正高　高铭悦　姚保峰　王显龙

合肥工业大学出版社

内容简介

本书共 8 章,内容包括命题逻辑、谓词逻辑、集合、二元关系和函数、图、特殊图、代数系统基础和几个典型的代数系统。本书系统地介绍了离散数学中的基本概念、定理及证明方法,并详细阐述了各部分知识的应用实例,展示了离散数学在计算机科学及相关领域中的应用,还配备了大量具有针对性的习题,以帮助学生学习、理解和应用离散数学的相关理论。本书内容丰富,逻辑严密,条理清晰,可作为应用型本科院校计算机及相关专业的教材,也可作为相关工程技术人员的参考资料。

图书在版编目(CIP)数据

应用离散数学/陈国龙,陈黎黎,国红军主编 . —合肥:合肥工业大学出版社,2023.4
ISBN 978 - 7 - 5650 - 6321 - 3

Ⅰ.①应… Ⅱ.①陈… ②陈… ③国… Ⅲ.①离散数学—高等学校—教材
Ⅳ.①O158

中国国家版本馆 CIP 数据核字(2023)第 065289 号

应用离散数学

陈国龙 陈黎黎 国红军 主编		责任编辑 马栓磊
出 版	合肥工业大学出版社	版 次	2023 年 4 月第 1 版
地 址	合肥市屯溪路 193 号	印 次	2023 年 4 月第 1 次印刷
邮 编	230009	开 本	787 毫米×1092 毫米 1/16
电 话	基础与职业教育出版中心:0551－62903120	印 张	14
	营销与储运管理中心:0551－62903198	字 数	324 千字
网 址	press. hfut. edu. cn	印 刷	安徽联众印刷有限公司
E-mail	hfutpress@163. com	发 行	全国新华书店

ISBN 978 - 7 - 5650 - 6321 - 3   定价: 45.00 元
如果有影响阅读的印装质量问题,请与出版社营销与储运管理中心联系调换。

编 委 会

前　言

离散数学是一门研究离散量的数学结构、性质和关系的工具性学科。它是现代数学的一个重要分支,也是计算机类专业的一门重要的专业基础课,它与计算机科学中的数据结构、操作系统、编译原理、算法分析、逻辑设计等课程联系密切。学习离散数学不仅能为学生的后续专业课程学习以及将来所从事的软硬件开发和应用研究打下坚实的基础,而且还有助于培养和提高学生的抽象思维能力和逻辑推理能力。然而,传统的离散数学教材大都是从纯数学的角度讨论问题,缺乏与计算机相关专业的联系,普遍存在注重理论、忽视应用的问题,无法真正满足应用型本科院校计算机类相关专业的课程教学要求。为此,我们编写了《应用离散数学》一书。

本书为安徽省质量工程一流教材项目(编号:2020yljc086)的建设成果,得到了安徽省特色示范软件学院项目(编号:2021cyxy069)的资助。

本书是由编者结合工程教育的要求,广泛听取了读者和同行的意见和建议,并根据编者多年的授课经验编写而成的。本书在编写过程中不求大求全,而是本着理论知识"够用、实用"的原则,重新解构和筛选了传统的教学内容,删减了部分理论性强而应用较少的内容,更加注重介绍有应用价值的理论,增加了许多离散数学理论在日常生活、计算机科学以及信息科学中的典型应用实例,使读者能够快速了解这些理论的实际用途,认识到离散数学的重要性,激发学习的积极性。

本书共分为8章,内容包括离散数学四大分支即数理逻辑、集合论、图论和代数系统的基础理论。其中,数理逻辑部分包括第1章命题逻辑和第2章谓词逻辑,该部分构造了一套符号体系,可以用以描述集合、关系、函数中的相关概念。集合论部分包括第3章集合和第4章二元关系和函数,其中的关系是集合中笛卡尔积的子集,函数是关系的子集。图论部分包括第5章图和第6章特殊图。代数系统部分包括第7章代数系统基础和第8章几个典型的代数系统,代数系统是带有代数运算的集合,半群、群、环、域、格和布尔代数都是一些典型的代数系统。本书的这四大部分内容既自成理论体系,又密切联系,在学习的过程中要注意树立体系意识,然后从整体到局部把握全书内容。

本书由陈国龙(蚌埠学院)、陈黎黎(宿州学院)、国红军(宿州学院)任主编,潘正高

（宿州学院）、高铭悦（宿州学院）、姚保峰（蚌埠学院）、王显龙（蚌埠学院）任副主编。其中第1章、第2章由陈黎黎、国红军编写，第3章、第4章由潘正高、高铭悦编写，第5章、第6章由国红军、陈黎黎编写，第7章、第8章由陈国龙、姚保峰、王显龙编写，全书的统稿工作由陈黎黎完成。本书在编写过程中参阅了国内外许多离散数学书籍和资料，在此对相关作者表示感谢。

因编者水平有限，书中难免存在不当和疏漏之处，恳请读者批评指正。

编　者

2022 年 10 月

目　　录

第1章 命 题 逻 辑

在数理逻辑中,为了表达概念,陈述理论和规则,常常需要应用语言进行描述,但是日常使用的自然语言在叙述时往往不够确切,也容易产生歧义,用其进行严密的推理更是存在诸多不便。因此,需要引入一种目标语言,这种目标语言和一些公式符号,就形成了数理逻辑的形式符号体系。所谓目标语言是表达判断的一些语言的汇集,而判断就是对事物有所肯定或有所否定的一种思维形式。因此,能表达判断的语言是陈述句,它称作命题,而命题逻辑研究以命题为基本单位构成的前提和结论之间的可推导关系,也称为命题演算或语句逻辑。

本章将详细讨论什么是命题、如何表示命题、如何由一组前提推导出结论等相关问题。

1.1 命题和联结词

1.1.1 命题及其表示法

数理逻辑研究的中心问题是推理,而推理的前提和结论都是表达判断的陈述句,因而,表达判断的陈述句构成了推理的基本单位。于是,称能判断真假的陈述句为**命题**。在命题逻辑中,对命题的成分不再细分。所以说,命题是命题逻辑中最基本也是最小的研究单位。

作为命题的陈述句所表达的判断结果称为命题的**真值**。一个命题总有一个真值,真值只有"真"和"假"两种,记为 True 和 False,分别用 1(或 T)和 0(或 F)表示。真值为真的命题为**真命题**,真值为假的命题为**假命题**,任何命题的真值都是唯一的。所以,具有唯一真值的陈述句才是命题,无所谓真假的句子,如感叹句、疑问句、祈使句或具有二义性的陈述句等都不能作为命题。

判断给定句子是否为命题应分为两步:首先判断它是否为陈述句,其次判断它是否有唯一的真值。注意:真值是否唯一与人们是否知道它的真值是两回事。

【例 1.1】 判断下列句子中哪些是命题,并指出命题的真值。

(1)北京是中国的首都。

(2)7 能被 2 整除。

(3)$2+5=7$。

(4)今天的天气真好啊!

(5)明天下午开会吗?

(6)请关门!

（7）$x + y > 0$。

（8）明年的 1 月 10 日是晴天。

（9）太阳系以外的星球上也有生物。

（10）$1 + 101 = 110$。

（11）我正在说谎。

解：（1）是命题，真值为真。

（2）是命题，真值为假。

（3）是命题，真值为真。

（4）、（5）、（6）分别为感叹句、疑问句、祈使句，因此它们都不是命题。

（7）不是命题，因为它没有确定的真值。一般约定：在数理逻辑中，像 x, y, z 等字母总是表示变量。例如，当 $x = 1, y = 1$ 时，$x + y > 0$ 成立；当 $x = -1, y = -1$ 时，$x + y > 0$ 不成立。

（8）是命题，其真值是唯一的，只是暂时还不知道真值，但是到了明年的 1 月 10 日就知道了。

（9）是命题，虽然限于人类现在的认知能力，我们还无法确定其真值，但从事物的本质而论，它本身是有真假可言的，其真值是客观存在且是唯一的。

（10）不是命题，因为在二进制中，其真值为真，而在十进制中，其真值为假。

（11）是陈述句，但不是命题。因为如果说话者在说谎话，那么"我正在说谎"就与事实相背，说话者说的就是实话；反之，如果说话者在说实话，那么"我正在说谎"就与事实相符，说话者说的就是谎话。也就是说，"我正在说谎"既不为真也不为假，因此它不是命题。实际上，如果无论假设前提为真还是为假，总会由前提得到一个与之矛盾的结论，那么这就是一个**悖论**。

【**例 1.2**】　判断下列句子是否为命题，并给出其真值结果。

（1）6 不是奇数。

（2）$2 + 2 = 4$ 且 3 是偶数。

（3）明晚下雨或者刮风。

（4）如果角 A 和角 B 是对顶角，则角 A 等于角 B。

解：上面的 4 个句子都是具有唯一真值的陈述句，它们都是命题，且（1）和（4）为真命题，（2）为假命题，（3）根据实际情况可确定其真假。

本例中给出的所有命题都不是简单陈述句，它们都可以分解成更为简单的陈述句。为此，命题可分为如下两种类型。

（1）**简单命题**（或**原子命题**）：不能再分解为更简单的陈述句的命题。

（2）**复合命题**：简单命题之间通过"…… 不 ……""…… 并且 ……""…… 或者 ……""如果 …… 就 ……""…… 当且仅当 ……"等这样的关联词和标点符号复合而构成的命题。

在本书中，常用小写英文字母或带下标的小写英文字母如 p, q, p_i, q_i 等表示简单命题。无论是简单命题还是复合命题，都统称为命题，表示命题的符号称为**命题标识符**，将命题标识符放在该命题前面称为**命题符号化**。例如，可将例 1.1 中的简单命题符号化为，p：北京是中国的首都。

对于如例 1.2 所示的复合命题的符号化,还需要对联结复合命题中的各简单命题的联结词做出明确的规定并且进行符号化。下面给出 5 种常用的联结词。

1.1.2 命题联结词

1. 否定($\neg$)

定义 1.1 设 p 是任一命题,复合命题"非 p"(或"p 的否定")称为 p 的否定式,记作 $\neg p$,符号 $\neg$ 称为否定联结词。

由定义可知:$\neg p$ 为真当且仅当 p 为假。即,若 p 为真(1),则 $\neg p$ 为假(0);若 p 为假(0),则 $\neg p$ 为真(1)。否定联结词的运算规则见表 1.1。

表 1.1 $\neg p$ 的真值表

p	$\neg p$
1	0
0	1

联结词 $\neg$ 是自然语言中的"非""不""并非"和"没有"等的逻辑抽象。例如,令 p:6 是奇数,则 $\neg p$:6 不是奇数。

2. 合取($\wedge$)

定义 1.2 设 p 和 q 是任意两个命题,复合命题"p 并且 q"(或"p 和 q")称为 p 与 q 的合取式,记作 $p \wedge q$,符号 $\wedge$ 称为合取联结词。

由定义可知:$p \wedge q$ 为真当且仅当 p,q 同时为真。合取联结词的运算规则见表1.2。

表 1.2 $p \wedge q$ 的真值表

p	q	$p \wedge q$
0	0	0
0	1	0
1	0	0
1	1	1

联结词 $\wedge$ 是自然语言中的"并且""不但……而且……""既……又……""虽然……但是……"等的逻辑抽象。例如,令 p:小王会唱歌,q:小王会跳舞,则 $p \wedge q$:小王既会唱歌又会跳舞。但是,不要见到"和"或者"与"就使用联结词 $\wedge$。例如,"张强和王华是好朋友"就是一个原子命题,不能再分解。

3. 析取($\vee$)

定义 1.3 设 p 和 q 是任意两个命题,复合命题"p 或 q"称为 p 与 q 的析取式,记作 $p \vee q$,符号 $\vee$ 称为析取联结词。

由定义可知:$p \vee q$ 为真当且仅当 p,q 中至少有一个为真。析取联结词的运算规则见表 1.3。

表 1.3 $p \vee q$ 的真值表

p	q	$p \vee q$
0	0	0
0	1	1
1	0	1
1	1	1

联结词 $\vee$ 是自然语言中的"或""或者""不是 …… 就是 ……"等的逻辑抽象,但自然语言中的"或"可分为"排斥或""可兼或"两种。析取式 $p \vee q$ 表示的是一种相容性的"可兼或",即允许命题 p 和命题 q 同时为真。例如,对复合命题"小王是百米赛跑或者百米游泳冠军"进行符号化时,因小王既可以是百米赛跑也可以是百米游泳冠军,因此可设 p:小王是百米赛跑冠军,q:小王是百米游泳冠军,用 $p \vee q$ 表示"小王是百米赛跑或者百米游泳冠军"。但是,对复合命题"今天上午第一节课上英语或者数学",设 p:今天上午第一节课上英语,q:今天上午第一节课上数学,由于第一节不能既上英语又上数学,也就是说,这里的"或"是一种"排斥或",因此不能将它符号化为 $p \vee q$ 的形式,而应借助联结词 $\neg$,$\wedge$,$\vee$ 共同来表达这种"排斥或",将其符号化为 $(p \wedge \neg q) \vee (\neg p \wedge q)$ 或者 $(p \vee q) \wedge \neg(p \wedge q)$。

4. 蕴涵($\rightarrow$)

定义 1.4   设 p 和 q 是任意两个命题,复合命题"如果 p,那么 q"(或"若 p 则 q")称为 p 与 q 的蕴涵式,记作 $p \rightarrow q$,符号 $\rightarrow$ 称为蕴涵联结词,p 称为蕴涵式的前件,q 称为蕴涵式的后件。

由定义可知:$p \rightarrow q$ 为假当且仅当 p 为真且 q 为假。蕴涵联结词的运算规则见表 1.4。

表 1.4 $p \rightarrow q$ 的真值表

p	q	$p \rightarrow q$
0	0	1
0	1	1
1	0	0
1	1	1

关于如何理解 $p \rightarrow q$ 的真值,我们可以举一个例子来说明。

【例 1.3】   一个父亲对儿子说:"如果我去书店,就给你买画报。"问:什么情况父亲食言?

解:设 p:父亲去书店,q:父亲给儿子买画报,则原命题符号化为 $p \rightarrow q$,该复合命题的真值取决于 p 和 q 的真值,有如下 4 种情形:

(1)父亲没去书店,也没给儿子买画报,即 p 为 0,q 为 0 时,命题 $p \rightarrow q$ 为真,即父亲没有食言。

(2)父亲没去书店,但给儿子买了画报,即 p 为 0,q 为 1 时,命题 $p \rightarrow q$ 为真,即父亲没有食言。

　　(3) 父亲去了书店,但没给儿子买画报,即 p 为1,q 为0时,命题 $p \rightarrow q$ 为假,即父亲食言了。

　　(4) 父亲去了书店,并给儿子买画报,即 p 为1,q 为1时,命题 $p \rightarrow q$ 为真,即父亲没有食言。

　　所以,只有第3种情况下,父亲的话为假命题,父亲食言了。

　　使用联结词 $\rightarrow$ 需要注意以下几点:

　　(1) 在自然语言中,"如果 p,则 q"中的前件 p 与后件 q 往往具有某种内在联系,而在数理逻辑中,p 与 q 可以无任何内在联系。

　　(2) 在数学或其他自然科学中,"如果 p,则 q"往往表达的是前件 p 为真,后件 q 也为真的推理关系。

　　(3) 在数理逻辑中,作为一种规定,当 p 为假时,无论 q 是真是假,$p \rightarrow q$ 均为真,也就是说,只有 p 为真 q 为假这一种情况使得复合命题 $p \rightarrow q$ 为假。

　　(4) $p \rightarrow q$ 的逻辑关系是,q 为 p 的必要条件,p 为 q 的充分条件。"如果 p,则 q"有多种表达方式,如"若 p,则 q""只要 p,就 q""因为 p,所以 q""只有 q,才 p""p 仅当 q""除非 q,才 p"等。

　　5. 等价($\leftrightarrow$)

　　定义 1.5　设 p 和 q 是任意两个命题,复合命题"p 当且仅当 q"称为 p 与 q 的等价式,记作 $p \leftrightarrow q$,符号 $\leftrightarrow$ 称为等价联结词。

　　由定义可知:$p \leftrightarrow q$ 为真当且仅当 p,q 的真值相同。等价联结词的运算规则见表1.5。

表 1.5　$p \leftrightarrow q$ 的真值表

p	q	$p \leftrightarrow q$
0	0	1
0	1	0
1	0	0
1	1	1

　　联结词 $\leftrightarrow$ 是自然语言中的"充分必要条件""当且仅当"等的逻辑抽象。在数理逻辑中,对于 $p \leftrightarrow q$,可以不顾 p 和 q 的因果联系,而只根据联结词的定义来确定命题的真值。

　　以上定义了5种最基本、最常用,也是最重要的联结词,它们组成了一个联结词集 $\{\neg, \wedge, \vee, \rightarrow, \leftrightarrow\}$。其中,$\neg$ 是一元联结词,$\wedge$,$\vee$,$\rightarrow$,$\leftrightarrow$ 为二元联结词。

1.1.3　命题的符号化

　　如前所述,对于简单命题的符号化,可以用小写英文字母或带下标的小写英文字母来表示,而对于复合命题的符号化,可以按如下步骤进行:

　　(1) 找出复合命题中包含的各简单命题,分别将它们符号化;

　　(2) 找出联结各简单命题的联结词;

（3）将简单命题、命题联结词和圆括号恰当地联结起来，组成复合命题的符号化表示。

一个复合命题常常由多个联结词构成，在对命题符号化以及求复合命题的真值时，需要依据各命题联结词的基本定义，还要遵循各联结词的优先顺序。将圆括号包含在内，规定优先级从高到低依次为：$()$，$\neg$，$\wedge$，$\vee$，$\rightarrow$，$\leftrightarrow$。

【例 1.4】 将下列命题符号化。

（1）小王能歌善舞。

（2）李晓芳现在在宿舍或者在体育馆。

（3）如果张三和李四都不去开会，我就不去了。

（4）我们不能既划船又跑步。

（5）当且仅当明天不下雨并且不下雪的时候，我才去学校。

（6）只有我不复习功课，我才去看电影。

（7）我今天进城，除非下雨。

（8）仅当你走，我将留下。

解：（1）令 p：小王会唱歌，q：小王会跳舞，则 $p \wedge q$：小王能歌善舞。

（2）令 p：李晓芳现在在宿舍，q：李晓芳现在在体育馆，则 $(p \wedge \neg q) \vee (\neg p \wedge q)$ 或者 $(p \vee q) \wedge \neg (p \wedge q)$：李晓芳现在在宿舍或者在体育馆。

（3）令 p：张三去开会，q：李四去开会，r：我去开会，则 $(\neg p \wedge \neg q) \rightarrow \neg r$：如果张三和李四都不去开会，我就不去了。

（4）令 p：我们划船，q：我们跑步，则 $\neg (p \wedge q)$：我们不能既划船又跑步。

（5）令 p：明天下雨，q：明天下雪，r：我去学校，则 $(\neg p \wedge \neg q) \leftrightarrow r$：当且仅当明天不下雨并且不下雪的时候，我才去学校。

（6）令 p：我复习功课，q：我去看电影，则 $q \rightarrow \neg p$：只有我不复习功课，我才去看电影。

（7）令 p：我进城，q：今天下雨，则 $\neg q \rightarrow p$：我今天进城，除非下雨。

（8）令 p：你走，q：我留，则 $q \rightarrow p$：仅当你走，我将留下。

1.1.4　命题联结词的应用

下面讨论命题逻辑中有关联结词的部分应用。

1. 语句翻译

数学、自然科学以及自然语言中的语句通常不太准确，甚至有歧义。为了使表达更精确，可以将它们翻译成逻辑语言。

将自然语言语句翻译成命题变量和联结词组成的逻辑表达式时，常常需要根据语句的含义做一些合理的假设。此外，一旦完成了从语句到逻辑表达式的翻译，我们就可以分析这些逻辑表达式以确定它们的真值，对它们进行操作，并用（本章 1.5 节中讨论的）推理规则对它们进行推理。

【例 1.5】 将下面的语句翻译成逻辑表达式。

"如果你的身高低于 1.2 米，那么你就不能乘坐过山车，除非你已年满 16 周岁。"

解：令 q 表示"你能乘坐过山车"，r 表示"你的身高低于 1.2 米"，s 表示"你已年满 16 周岁",则上述语句可翻译成：$\neg s \rightarrow (r \rightarrow \neg q)$。

2. 系统规范说明

在描述硬件系统和软件系统时,将自然语言语句翻译成逻辑表达式是很重要的一部分。系统和软件工程师根据自然语言描述的需求,生成精确且无二义性的规范说明,这些规范说明用来作为系统开发的基础。

【例 1.6】　使用联结词表示规范说明"当文件系统已满时,就不能发送自动应答"。

解：令 p 表示"能够发送自动应答",令 q 表示"文件系统已满",则 $\neg p$ 表示"不能发送自动应答"。因此,上述规范说明可以用条件语句 $q \rightarrow \neg p$ 来表示。

规范说明应该是一致的,也就是说,系统规范说明不应该包含可能导致矛盾的相互冲突的需求。当规范说明不一致时,就无法开发出一个满足所有规范说明的系统。

【例 1.7】　确定下列系统规范说明是否一致。

(1)"诊断消息存储在缓冲区中或者被重传。"

(2)"诊断消息没有存储在缓冲区中。"

(3)"如果诊断消息存储在缓冲区中,那么它被重传。"

解：要判断这些规范说明是否一致,首先要用逻辑表达式来表示它们。令 p 表示"诊断消息存储在缓冲区中",令 q 表示"诊断消息被重传"。则上面几个规范说明可以分别描述为 $p \vee q$,$\neg p$,$p \rightarrow q$。使所有三个规范说明为真的一个真值赋值必须包含 p 为假,从而使 $\neg p$ 为真。因为要使 $p \vee q$ 为真,但 p 又为假,所以 q 必须为真。由于当 p 为假且 q 为真时,$p \rightarrow q$ 为真,所以得出结论：这些规范说明是一致的,因为它们都为真。使用 1.2 节中将要介绍的真值表检验 p 和 q 的四种可能的真值赋值,也可以得到同样的结论。

【例 1.8】　如果在例 1.7 中增加一个规范说明"诊断消息没有被重传",它们还能保持一致吗？

解：由例 1.7 可知,只有当 p 为假且 q 为真时,上述三个规范说明才为真。然而,本例新增的规范说明是 $\neg q$,当 q 为真时,$\neg q$ 为假。因此,这四个规范说明是不一致的。

3. 布尔检索

逻辑联结词广泛应用于海量信息(如网页索引)的检索中。由于这些检索采用命题逻辑的技术,所以被称为布尔检索。

在布尔检索中,联结词 $\wedge$（and）用于匹配同时包含两个检索项的记录,联结词 $\vee$（or）用于匹配两个检索项之一或两项均匹配的记录,而联结词 $\neg$（not）用于排除某个特定的检索项。当用布尔检索为有潜在价值的信息定位时,常需要细心安排逻辑联结词的使用,下面的例子用来说明布尔检索是怎样执行的。

【例 1.9】　大部分 Web 搜索引擎支持布尔检索技术,它有助于寻找有特定主题的网页。例如,用布尔检索找出关于新墨西哥州（New Mexico）各大学的网页、与新墨西哥州或亚利桑那州（Arizona）的大学有关的网页及有关墨西哥新建立的大学的网页。

解：用布尔检索查找关于新墨西哥州（New Mexico）各大学的网页,可以寻找与 New and Mexico and universities 匹配的网页。检索的结果将包括含 New,Mexico,universities 这三个词的那些网页。这里包含了所有我们感兴趣(即关于新墨西哥州各大学)的网页,还包括其他网页,如墨西哥新建立的大学的网页。另外,要找出与新墨西哥州或亚利桑那州的大学有关的网页,可以检索与（New and Mexico or Arizona）and universities 匹配的网页(注意,其中联结词 and 优于联结词 or)。这一检索结果将包括含 universities 一词,并且或者含有 New 与 Mexico 两个词,或者含有 Arizona 一词的所有网页。同样,除了这两类我们感兴趣的网页外还会列出其他网页。最后,要想找出有关墨西哥(不是新墨西哥)的大学网页,可以先找与 Mexico and universities 匹配的网页,但由于这一检索的结果将会包括有关新墨西哥州的大学网页以及墨西哥的大学网页,所以更好的办法是检索与(Mexico and universities) not New 匹配的网页。这一检索结果将包含 Mexico 和 universities 两个词但不含 New 一词的所有网页。

4. 逻辑谜题

可以用逻辑推理解决的谜题称为逻辑谜题。

【例 1.10】 一个岛上居住着两类人 —— 骑士和无赖。骑士总是说真话,而无赖永远在撒谎。你碰到两个人 A 和 B,如果 A 说"B 是骑士",而 B 说"我们两个是两类人",请问 A 和 B 到底是什么样的人?

解:令 p 表示"A 是骑士",q 表示"B 是骑士",则 $\neg p$ 表示"A 是无赖",$\neg q$ 表示"B 是无赖"。

首先考虑 A 是骑士的这一种可能,也就是说,p 是真的。如果 A 是骑士,那么他说的"B 是骑士"就是真话,因此 q 为真,从而 A 和 B 就是一类人。然而,如果 B 是骑士,那么 B 说的"我们两个是两类人"即$(p \wedge \neg q) \vee (\neg p \wedge q)$就应该为真,然而并非如此,因为前面的结论是 A 和 B 都是骑士。因此,可以得出 A 不可能是骑士,即 p 为假,A 是无赖。

由于 A 是无赖,无赖永远撒谎,所以,A 所说"B 是骑士"就是假的,即 q 为假,B 也是无赖。而且,B 所说"我们两个是两类人"也是谎言,这与 A 和 B 都是无赖是一致的。至此可得,A 和 B 都是无赖。

【例 1.11】 父亲让两个孩子(一个男孩和一个女孩)在后院玩耍,并让他们不要把身上搞脏。然而,在玩耍过程中,两个孩子的额头上都沾了泥。当孩子们回来后,父亲说:"你们当中至少有一个人额头上有泥。"然后要求孩子们用"是"和"否"回答问题:"你知道你额头上有没有泥吗?"父亲问了两遍同样的问题。假设每个孩子都可以看到对方额头上是否有泥,但不能看见自己的额头,孩子们在每次被问到这个问题时将会怎样回答呢?假设两个孩子都很诚实并且都同时回答每一次提问。

解:令 p 表示"儿子的额头上有泥",q 表示"女儿的额头上有泥"。当父亲说"你们当中至少有一个人额头上有泥"时,表示的是 $p \vee q$ 为真。当父亲第一次问该问题时,两个孩子都将回答"否",因为他们都看到对方的额头上有泥。也就是说,儿子知道 q 是真的,但不知道 p 是否为真。而女儿知道 p 是真的,但不知道 q 是否为真。

在儿子对第一次询问回答"否"后,女儿可以判断出 q 为真。这是因为第一次回答问题时,儿子知道 $p \vee q$ 为真,但不能判断 p 是否为真。利用这个信息,女儿能够得出结论 q 必定为真,因为如果 q 为假,则儿子就有理由推出 p 必定为真,这样他对第一个问题的回答应为"是"而非"否"。儿子也可以类似推断出 p 必定为真。因此,第二次两个孩子都将回答"是"。

5. 逻辑电路

复杂的逻辑电路可以从如图 1.1 所示的三种简单的基本电路构造而来。

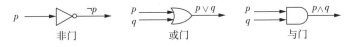

图 1.1　基本逻辑门

【例 1.12】　给定由基本电路构造而得的一个组合电路以及该电路的输入，如图 1.2 所示，确定该组合电路的输出。

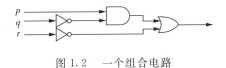

图 1.2　一个组合电路

解：由图 1.2 可以看出与门接受的输入为 p 和 $\neg q$，因而产生的输出为 $p \wedge \neg q$。或门的输入为 $p \wedge \neg q$ 和 $\neg r$，因而产生最终的输出为 $(p \wedge \neg q) \vee \neg r$。

假设对于一个数字电路的输出能用否定、析取、合取来构造一个公式，那么我们就能够系统地构造数字电路来产生期望的输出。

【例 1.13】　给定输入 p, q 和 r，构造一个输出为 $(p \vee \neg r) \wedge (\neg p \vee (q \vee \neg r))$ 的数字电路。

解：为了构造所期望的电路，需要先分别为 $p \vee \neg r$ 和 $\neg p \vee (q \vee \neg r)$ 构造不同的电路。在构造 $p \vee \neg r$ 的电路时，先用非门从输入 r 产生 $\neg r$，然后用一个或门来组合 p 和 $\neg r$。为了构造 $\neg p \vee (q \vee \neg r)$ 的电路，首先需要用一个非门获得 $\neg r$，然后用一个或门接受输入 q 和 $\neg r$ 以获得 $q \vee \neg r$，再用另一个非门和一个或门接受输入 p 和 $q \vee \neg r$ 来得到 $\neg p \vee (q \vee \neg r)$。为了完成全部的构造，最后用一个与门来接受输入 $p \vee \neg r$ 和 $\neg p \vee (q \vee \neg r)$。最终构造的电路如图 1.3 所示。

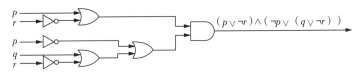

图 1.3　$(p \vee \neg r) \wedge (\neg p \vee (q \vee \neg r))$ 的电路

1.2　命题公式和真值表

1.2.1　命题变项和命题公式

上一节的讨论说明了命题可以表示为符号串，那么符号串是否都代表命题呢？显然不是，如 $p \neg q$，$\wedge p \to q$ 等。那么，哪些符号串可以代表命题呢？

简单命题是命题逻辑中最基本的研究单位。由于简单命题的真值唯一确定，所以也称简单命题为**命题常项**或**命题常元**。从本节开始对命题进一步抽象，当用 p, q, r 等符号来表示一个抽象的命题，而不是一个具体的命题时，就称它为**命题变项**或**命题变元**。当 p, q, r 等表示命题变项时，它们就成了取值为 0 或 1 的变项，因而命题变项不是命题。当一个命题变项用一个特定的命题代替时,才能确定其真值。这样一来,p,q,r 等不仅可以代表命题常项,还可以代表命题变项。在实际使用中,需由上下文来确定它们表示的究竟是命题常项还是命题变项。

将命题常项或命题变项用联结词和圆括号按一定的逻辑关系联结起来形成的符号串称为**命题公式**。命题公式的定义如下。

定义 1.6　命题逻辑的命题公式,规定如下:

(1) 单个的命题常项或命题变项是命题公式,称为原子命题公式;

(2) 如果 A 是命题公式,那么 $\neg A$ 也是命题公式;

(3) 如果 A,B 是命题公式,那么 $(A \wedge B)$,$(A \vee B)$,$(A \rightarrow B)$,$(A \leftrightarrow B)$ 也是命题公式;

(4) 只有有限次地应用(1) ～ (3)组成的符号串才是命题公式。

这是以递归形式给出的命题公式也称为**合式公式**(简称**公式**)的定义,其中(1)称为基础,(2)、(3)称为归纳,(4)称为界限。

为方便起见,可以将命题公式中的一些括号省略。省略括号的原则如下:

(1) 最外层的括号可以省略;

(2) 符合联结词运算优先级别的,括号可以去掉;

(3) 同级的运算符,按从左到右次序计算时,括号可以去掉;

(4) 括号不是省略得越多越好,重要的是保持公式的清晰性和可理解性。

根据定义,如 $(p \rightarrow q) \rightarrow (\wedge q \rightarrow s)$,$(p \rightarrow q \neg r \wedge m) \rightarrow s)$ 等不是命题公式;$\neg (p \wedge q)$,$\neg (p \rightarrow q)$,$((p \rightarrow q) \rightarrow (r \rightarrow s))$,$(((p \rightarrow q) \wedge (q \rightarrow r)) \leftrightarrow (s \leftrightarrow m))$ 等是命题公式;$(((((\neg p) \vee q) \rightarrow r) \leftrightarrow s)$ 可简化为 $\neg p \vee q \rightarrow r \leftrightarrow s$。

1.2.2　命题公式的赋值和真值表

命题公式代表命题,但命题公式代表的命题是真的还是假的呢?

在命题公式中如果有命题变项的出现,则其真值是不确定的。若将命题公式中出现的全部命题变项都解释成具体的命题,则命题公式就成为真值确定的命题了。例如,在命题公式 $p \vee q \rightarrow r$ 中,若将 p 解释成:2是素数;q 解释成:3是偶数;r 解释成:π 是无理数,则 p 和 r 被解释成真命题,q 被解释成假命题,此时的公式 $p \vee q \rightarrow r$ 被解释成:若2是素数或者3是偶数,则 π 是无理数。这是一个真命题。若 p,q 的解释不变,r 被解释为:π 是有理数,则 $p \vee q \rightarrow r$ 被解释成:若2是素数或者3是偶数,则 π 是有理数。这就是一个假命题。其实,将命题符号 p 解释成真命题,相当于指定 p 的真值为1;解释成假命题,相当于指定 p 的真值为0。下面的问题是指定 p,q,r 的真值为何值时,$p \vee q \rightarrow r$ 的真值为1;指定 p,q,r 的真值为何值时,$p \vee q \rightarrow r$ 的真值为0。

定义 1.7　设 $p_1,p_2,\cdots,p_n$ 为出现在命题公式 A 中的所有命题变项。对 $p_1,p_2,\cdots,p_n$ 各指定一个真值,称为对 A 的一组**赋值**或**解释**。若指定的一组赋值使 A 的真值为1,则称这组赋值为 A 的**成真赋值**;若使 A 的真值为0,则称这组赋值为 A 的**成假赋值**。

例如,在公式 $p \vee q \rightarrow r$ 中,000($p=0,q=0,r=0$),001($p=0,q=0,r=1$),011($p=0,q=1,r=1$),101($p=1,q=0,r=1$),111($p=1,q=1,r=1$)都是成真赋值,而010($p=0,q=1,r=0$),100($p=1,q=0,r=0$),110($p=1,q=1,r=0$)都是成假赋值。

不难看出,含有 $n(n \geq 1)$ 个命题变项的命题公式共有 2^n 组不同的赋值。

为了能够直观地表示一个公式所有可能的赋值以及公式在所有赋值下的取值,通常构造下面的真值表。

定义 1.8　将命题公式 A 在所有赋值下的取值情况汇列成表,称为 A 的**真值表**。

构造真值表的具体步骤如下:

(1) 找出命题公式 A 中的全部命题变项 $p_1, p_2, \cdots, p_n$,并按照一定的顺序列出(若无下标,则按字母顺序)。

(2) 以二进制数从小到大顺序列出所有赋值(赋值从 $00\cdots0$ 开始,直到 $11\cdots1$ 为止)。

(3) 按照从低到高的顺序写出公式的各个层次。

(4) 对应每一组赋值,计算出命题公式各层次的真值,直到最终计算出整个命题公式的真值。

注意:由于 n 个命题变项共产生 2^n 组不同赋值,在每组赋值下,公式的值只有 0 和 1 两个值,于是 n 个命题变项的真值表共有 2^{2^n} 种不同情况。

【例 1.14】　构造下列命题公式的真值表,并求它们的成真赋值和成假赋值。

(1) $p \wedge (q \vee \neg r)$;

(2) $(p \rightarrow q) \vee p$;

(3) $\neg(p \rightarrow q) \wedge q \wedge r$。

解:(1) 命题公式 $p \wedge (q \vee \neg r)$ 的真值表如表 1.6 所示。

表 1.6　$p \wedge (q \vee \neg r)$ 的真值表

p	q	r	$\neg r$	$q \vee \neg r$	$p \wedge (q \vee \neg r)$
0	0	0	1	1	0
0	0	1	0	0	0
0	1	0	1	1	0
0	1	1	0	1	0
1	0	0	1	1	1
1	0	1	0	0	0
1	1	0	1	1	1
1	1	1	0	1	1

成真赋值:100,110,111;成假赋值:000,001,010,011,101。

(2) 命题公式 $(p \rightarrow q) \vee p$ 的真值表如表 1.7 所示。

表 1.7　$(p \rightarrow q) \vee p$ 的真值表

p	q	$p \rightarrow q$	$(p \rightarrow q) \vee p$
0	0	1	1
0	1	1	1
1	0	0	1
1	1	1	1

成真赋值:00,01,10,11;无成假赋值。

（3）命题公式 $\neg(p \rightarrow q) \wedge q \wedge r$ 的真值表如表 1.8 所示。

表 1.8　$\neg(p \rightarrow q) \wedge q \wedge r$ 的真值表

p	q	r	$p \rightarrow q$	$\neg(p \rightarrow q)$	$\neg(p \rightarrow q) \wedge q$	$\neg(p \rightarrow q) \wedge q \wedge r$
0	0	0	1	0	0	0
0	0	1	1	0	0	0
0	1	0	1	0	0	0
0	1	1	1	0	0	0
1	0	0	0	1	0	0
1	0	1	0	1	0	0
1	1	0	1	0	0	0
1	1	1	1	0	0	0

无成真赋值；成假赋值：000,001,010,011,100,101,110,111。

1.2.3　命题公式的类型

定义 1.9　设 A 为任一命题公式，

（1）若 A 在它的所有赋值下取值均为真，则称 A 是**重言式**或**永真式**；

（2）若 A 在它的所有赋值下取值均为假，则称 A 是**矛盾式**或**永假式**；

（3）若 A 至少存在一组赋值是成真赋值，则称 A 是**可满足式**。

由定义不难看出：重言式一定是可满足式，但可满足式不一定是重言式。

给定一个命题公式，可以利用其真值表来判断公式的类型，若真值表最后一列全为 1，则这个命题公式为重言式；若最后一列全为 0，则这个命题公式为矛盾式；若最后一列既有 0 又有 1，则这个命题公式为非重言式的可满足式。由例 1.14 的真值表可知，$p \wedge (q \vee \neg r)$ 为可满足式，$(p \rightarrow q) \vee p$ 为重言式，$\neg(p \rightarrow q) \wedge q \wedge r$ 为矛盾式。

1.3　等　值　演　算

【**例 1.15**】　构造下列两组命题公式的真值表。

（1）$\neg(p \vee q)$ 和 $\neg p \wedge \neg q$；

（2）$p \rightarrow q$ 和 $\neg p \vee q$。

解：真值表如表 1.9 所示。

表 1.9　公式的真值表

p	q	$\neg p$	$\neg q$	$\neg(p \vee q)$	$\neg p \wedge \neg q$	$p \rightarrow q$	$\neg p \vee q$
0	0	1	1	1	1	1	1
0	1	1	0	0	0	1	1
1	0	0	1	0	0	0	0
1	1	0	0	0	0	1	1

从真值表可以看出,公式 $\neg(p \vee q)$ 和 $\neg p \wedge \neg q$ 的真值相同,公式 $p \rightarrow q$ 和 $\neg p \vee q$ 的真值相同。

实际上,n 个命题变元共产生 2^n 组不同的赋值,在每组赋值下,命题公式的取值只有 0 和 1 两种可能。于是,n 个命题变元的真值共有 2^{2^n} 种不同情况。而用 n 个命题变元采用定义 1.6 的方法可构造出无穷多种形式不同的公式,故存在多个形式不同的公式,它们具有相同的真值,称这些公式是等价的。

定义 1.10　给定两个命题公式 G 和 H,设 $p_1, p_2, \cdots, p_n$ 是所有出现在 G 和 H 中的命题变元,如果对于 $p_1, p_2, \cdots, p_n$ 的所有 2^n 种真值组合中的每一组解释,G 和 H 的真值都相同,则称公式 G 与 H 是**等值的**或**逻辑相等的**,记作 $G \Leftrightarrow H$。

关于等值,亦可按如下定义:设 G 和 H 为两个命题公式,若等价式 $G \leftrightarrow H$ 是重言式,则称 G 与 H 是等值的。

注意:$\Leftrightarrow$ 不是联结词,它是 G 与 H 等值的一种简记法,不要将 $\Leftrightarrow$ 与 $\leftrightarrow$ 或者 $=$ 混为一谈,判断 G 与 H 是否等值,即判断 G 与 H 的真值表是否相同。

【例 1.16】　判断下列命题公式是否等值。

(1) $\neg(p \wedge q)$ 与 $\neg p \wedge \neg q$;

(2) $p \leftrightarrow q$ 与 $(p \rightarrow q) \wedge (q \rightarrow p)$。

解:(1) 如表 1.10 所示。

表 1.10　$\neg(p \wedge q)$ 与 $\neg p \wedge \neg q$ 的真值表

p	q	$\neg(p \wedge q)$	$\neg p \wedge \neg q$
0	0	1	1
0	1	1	0
1	0	1	0
1	1	0	0

由表 1.10 可知,$\neg(p \wedge q)$ 与 $\neg p \wedge \neg q$ 不等值。

(2) 如表 1.11 所示。

表 1.11　$p \leftrightarrow q$ 与 $(p \rightarrow q) \wedge (q \rightarrow p)$ 的真值表

p	q	$p \leftrightarrow q$	$p \rightarrow q$	$q \rightarrow p$	$(p \rightarrow q) \wedge (q \rightarrow p)$
0	0	1	1	1	1
0	1	0	1	0	0
1	0	0	0	1	0
1	1	1	1	1	1

由表 1.11 可知,$p \leftrightarrow q$ 与 $(p \rightarrow q) \wedge (q \rightarrow p)$ 是等值的。

除了例 1.16 中的等值式以外,还可以用真值表法验证许多的等值式,其中有些等值式是十分重要的,它们是数理逻辑的重要组成部分。表 1.12 给出了一些常用的基本等值式,其中 A, B, C 代表任意的命题公式。

表 1.12　常见的等值式

数理逻辑	等值式	序号
双重否定律(对合律)	$\neg\neg A \Leftrightarrow A$	1
幂等律(等幂律)	$A \vee A \Leftrightarrow A$, $\quad A \wedge A \Leftrightarrow A$	2,3
交换律	$A \vee B \Leftrightarrow B \vee A$, $\quad A \wedge B \Leftrightarrow B \wedge A$	4,5
结合律	$(A \vee B) \vee C \Leftrightarrow A \vee (B \vee C)$, $(A \wedge B) \wedge C \Leftrightarrow A \wedge (B \wedge C)$	6,7
分配律	$A \vee (B \wedge C) \Leftrightarrow (A \vee B) \wedge (A \vee C)$, $A \wedge (B \vee C) \Leftrightarrow (A \wedge B) \vee (A \wedge C)$	8,9
德·摩根律	$\neg(A \vee B) \Leftrightarrow \neg A \wedge \neg B$, $\neg(A \wedge B) \Leftrightarrow \neg A \vee \neg B$	10,11
吸收律	$A \vee (A \wedge B) \Leftrightarrow A$, $\quad A \wedge (A \vee B) \Leftrightarrow A$	12,13
零律	$A \vee 1 \Leftrightarrow 1$, $\quad A \wedge 0 \Leftrightarrow 0$	14,15
同一律	$A \vee 0 \Leftrightarrow A$, $\quad A \wedge 1 \Leftrightarrow A$	16,17
排中律	$A \vee \neg A \Leftrightarrow 1$	18,19
矛盾律	$A \wedge \neg A \Leftrightarrow 0$	
蕴涵等值式	$A \rightarrow B \Leftrightarrow \neg A \vee B$	20
等价等值式	$A \leftrightarrow B \Leftrightarrow (A \rightarrow B) \wedge (B \rightarrow A)$	21
假言易位	$A \rightarrow B \Leftrightarrow \neg B \rightarrow \neg A$	22
等价否定等值式	$A \leftrightarrow B \Leftrightarrow \neg A \leftrightarrow \neg B$	23
归谬论	$(A \rightarrow B) \wedge (A \rightarrow \neg B) \Leftrightarrow \neg A$	24

　　由已知的等值式推演出新的等值式的过程称为**等值演算**。在等值演算的过程中,除了上面的基本等值式外,还经常会用到下面的置换规则。

　　置换规则　设 $\phi(A)$ 是含公式 A 的命题公式, $\phi(B)$ 是用公式 B 置换了 $\phi(A)$ 中的 A(不要求处处置换)之后得到的命题公式。如果 $A \Leftrightarrow B$, 则 $\phi(A) \Leftrightarrow \phi(B)$。

　　利用基本等值公式和置换规则,可以化简一些复杂的命题公式,也可以证明两个命题公式等值。

　　【例 1.17】　用等值演算证明下列等值式。

　　(1) $p \rightarrow (q \rightarrow r) \Leftrightarrow (p \wedge q) \rightarrow r$;

　　(2) $\neg(p \leftrightarrow q) \Leftrightarrow (p \vee q) \wedge \neg(p \wedge q)$;

　　(3) $(p \wedge q) \vee (p \wedge \neg q) \Leftrightarrow p$。

　　证明:(1) $p \rightarrow (q \rightarrow r)$

　　$\Leftrightarrow \neg p \vee (q \rightarrow r)$　　　　　　　　　　蕴涵等值式

　　$\Leftrightarrow \neg p \vee (\neg q \vee r)$　　　　　　　　　蕴涵等值式

　　$\Leftrightarrow (\neg p \vee \neg q) \vee r$　　　　　　　　　结合律

　　$\Leftrightarrow \neg(p \wedge q) \vee r$　　　　　　　　　　德·摩根律

$\Leftrightarrow (p \wedge q) \to r$　　　　　　　　　蕴涵等值式

(2) $\neg (p \leftrightarrow q)$

$\Leftrightarrow \neg ((p \to q) \wedge (q \to p))$　　　　　　等价等值式

$\Leftrightarrow \neg ((\neg p \vee q) \wedge (\neg q \vee p))$　　　　蕴涵等值式

$\Leftrightarrow \neg (\neg p \vee q) \vee \neg (\neg q \vee p)$　　　　德·摩根律

$\Leftrightarrow (p \wedge \neg q) \vee (q \wedge \neg p))$　　　　双重否定律、德·摩根律

$\Leftrightarrow (p \vee (q \wedge \neg p)) \wedge (\neg q \vee (q \wedge \neg p))$　　分配律

$\Leftrightarrow (p \vee q) \wedge (p \vee \neg p) \wedge (\neg q \vee q) \wedge (\neg q \vee \neg p)$　分配律

$\Leftrightarrow (p \vee q) \wedge 1 \wedge 1 \wedge (\neg q \vee \neg p)$　　排中律

$\Leftrightarrow (p \vee q) \wedge (\neg q \vee \neg p)$　　　　同一律

$\Leftrightarrow (p \vee q) \wedge \neg (p \wedge q)$　　　　德·摩根律

(3) $(p \wedge q) \vee (p \wedge \neg q)$

$\Leftrightarrow p \wedge (q \vee \neg q)$　　　　　　　分配律

$\Leftrightarrow p \wedge 1$　　　　　　　　　　排中律

$\Leftrightarrow p$　　　　　　　　　　　　同一律

【例 1.18】　用等值演算判断下列命题公式的类型。

(1) $(p \to q) \wedge p \to q$;

(2) $\neg (p \to q) \wedge q$;

(3) $(p \leftrightarrow q) \to \neg (p \vee q)$。

解:(1) $(p \to q) \wedge p \to q$

$\Leftrightarrow (\neg p \vee q) \wedge p \to q$　　　　　蕴涵等值式

$\Leftrightarrow ((\neg p \wedge p) \vee (q \wedge p)) \to q$　　　分配律

$\Leftrightarrow (0 \vee (q \wedge p)) \to q$　　　　　矛盾律

$\Leftrightarrow \neg (q \wedge p) \vee q$　　　　　　同一律、蕴涵等值式

$\Leftrightarrow \neg q \vee \neg p \vee q$　　　　　　德·摩根律

$\Leftrightarrow \neg q \vee q \vee \neg p$　　　　　　交换律

$\Leftrightarrow 1 \vee \neg p$　　　　　　　　　排中律

$\Leftrightarrow 1$　　　　　　　　　　　　零律

由此可知,(1) 为重言式。

(2) $\neg (p \to q) \wedge q$

$\Leftrightarrow \neg (\neg p \vee q) \wedge q$　　　　　　蕴涵等值式

$\Leftrightarrow p \wedge \neg q \wedge q$　　　　　　　德·摩根律、双重否定律

$\Leftrightarrow p \wedge (\neg q \wedge q)$　　　　　　结合律

$\Leftrightarrow p \wedge 0$　　　　　　　　　　矛盾律

$\Leftrightarrow 0$　　　　　　　　　　　　零律

由此可知,(2) 为矛盾式。

(3) $(p \leftrightarrow q) \to \neg (p \vee q)$

$\Leftrightarrow ((p \to q) \wedge (q \to p)) \to \neg (p \vee q)$　　等价等值式

$\Leftrightarrow \neg ((\neg p \vee q) \wedge (\neg q \vee p)) \vee \neg (p \vee q)$　蕴涵等值式

$\Leftrightarrow (p \wedge \neg q) \vee (q \wedge \neg p) \vee (\neg p \wedge \neg q)$　　　　德·摩根律、双重否定律

$\Leftrightarrow (p \wedge \neg q) \vee (\neg p \wedge (q \vee \neg q))$　　　　　　结合律、分配律

$\Leftrightarrow (p \wedge \neg q) \vee (\neg p \wedge 1)$　　　　　　　　　排中律

$\Leftrightarrow (p \wedge \neg q) \vee \neg p$　　　　　　　　　　　同一律

$\Leftrightarrow (p \vee \neg p) \wedge (\neg q \vee \neg p)$　　　　　　　分配律

$\Leftrightarrow 1 \wedge (\neg q \vee \neg p)$　　　　　　　　　　排中律

$\Leftrightarrow \neg q \vee \neg p$　　　　　　　　　　　　　　同一律

由此可知,(3) 为可满足式。

【例 1.19】　利用命题公式的等值演算化简如图 1.4 所示的电路图。

解:根据命题联结词的定义,串联电路和"与门"对应联结词"$\wedge$",并联电路和"或门"对应联结词"$\vee$"。于是,图 1.4 所示的电路可表示为如下的命题公式:

$$((P \wedge Q \wedge R) \vee (P \wedge Q \wedge S)) \wedge ((P \wedge R) \vee (P \wedge S))$$

$$\Leftrightarrow ((P \wedge Q) \wedge (R \vee S)) \wedge ((P \wedge (R \vee S))$$

$$\Leftrightarrow P \wedge Q \wedge (R \vee S)$$

因此,经等值演算后,电路图可简化如图 1.5 所示。

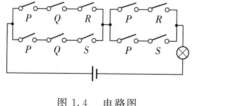 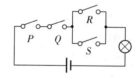

图 1.4　电路图　　　　　　图 1.5　化简后的电路图

【例 1.20】　将下面的程序设计语言进行化简。

$$\text{If } A \text{ then if } B \text{ then } X \text{ else } Y \text{ else if } B \text{ then } X \text{ else } Y$$

解:先将该程序用图 1.6 所示的程序流程图表示。

由程序流程图,结合命题联结词的定义可知,

执行 X 的条件为:$(A \wedge B) \vee (\neg A \wedge B)$;

执行 Y 的条件为:$(A \wedge \neg B) \vee (\neg A \wedge \neg B)$。

再利用已知的等值式将上述两个公式进行等值演算,分别化简为

$$(A \wedge B) \vee (\neg A \wedge B) \Leftrightarrow (A \vee \neg A) \wedge B \Leftrightarrow B,$$

$$(A \wedge \neg B) \vee (\neg A \wedge \neg B) \Leftrightarrow (A \vee \neg A) \wedge \neg B \Leftrightarrow \neg B$$

因此,经等值演算后,这段程序可简化为:If B then X else Y,其程序流程图如图 1.7 所示。

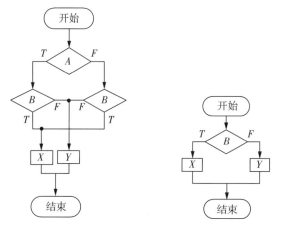

图 1.6　程序流程图　　图 1.7　简化的程序结构

【例 1.21】　有一个逻辑学家误入了某个部落,被拘禁于牢狱中。酋长意欲放行,他对逻辑学家说:"今有两扇门,一为自由,一为死亡,你可以任意开启一扇门。为协助你逃脱,今派两名战士负责解答你提出的任何问题。唯可虑者,此两名战士中一名天性诚实,一名说谎成性,今后生死由你自己选择。"逻辑学家沉思片刻,即向一名战士发问,然后开门从容离去。请问逻辑学家是怎样发问的?

解:逻辑学家手指一扇门问旁边的战士说:"这扇门是死亡门,他(指另一名战士)将回答'是',对吗?"

当被问战士回答"对",则逻辑学家开启所指的门从容离去;当被问战士回答"错",则逻辑学家开启另一门从容离去。

我们来分析一下上面的结果是否正确,分以下几种情况讨论:

(1) 如果被问者是天性诚实的战士,他回答"对",则另一名战士是说谎成性的战士,且他的回答一定是"是",所以这扇门不是死亡门。

(2) 如果被问者是天性诚实的战士,他回答"错",则另一名战士是说谎成性的战士,且他的回答一定是"不是",所以这扇门是死亡门。

(3) 如果被问者是说谎成性的战士,他回答"对",则另一名战士是天性诚实的战士,且他的回答一定是"不是",所以这扇门不是死亡门。

(4) 如果被问者是说谎成性的战士,他回答"错",则另一名战士是天性诚实的战士,且他的回答一定是"是",所以这扇门是死亡门。

从上面的分析可以看出,当被问战士回答"对"时,所指的门不是死亡门;当被问战士回答"错"时,所指的门是死亡门。

设 P:被问战士是诚实人;Q:被问战士回答"对";R:另一名战士回答"是";S:所指的门是死亡门,则根据以上分析有如下真值表,如表 1.13 所示。

表 1.13　判断死亡门的真值表

P	Q	R	S
0	0	1	1

（续表）

P	Q	R	S
0	1	0	0
1	0	0	1
1	1	1	0

这里，R 和 S 都不是独立的命题变元，可以看成命题 P,Q 的逻辑表达式，即 $R\Leftrightarrow$ $(\neg P \wedge \neg Q) \vee (P \wedge Q),S\Leftrightarrow(\neg P \wedge \neg Q) \vee (P \wedge \neg Q)$。观察真值表可知：$S$ 与 $\neg Q$ 的真值相同，即被问者回答"对"时，此门不是死亡门，否则即是死亡门。

【例 1.22】　一家航空公司，为了保证安全，用计算机复核飞行计划。每台计算机能给出飞行计划正确或有误的回答。由于计算机也可能发生故障，因此采用三台计算机同时复核。由所给答案，再根据"少数服从多数"的原则作出判断，试将结果用命题公式表示，并加以简化，画出电路图。

解：设 C_1,C_2,C_3 分别表示三台计算机的答案。S 表示判断结果，根据题意可以建立如下的真值表 1.14。

表 1.14　复核飞行计划的真值表

C_1	C_2	C_3	S
0	0	0	0
0	0	1	0
0	1	0	0
0	1	1	1
1	0	0	0
1	0	1	1
1	1	0	1
1	1	1	1

$$S\Leftrightarrow(\neg C_1 \wedge C_2 \wedge C_3) \vee (C_1 \wedge \neg C_2 \wedge C_3) \vee (C_1 \wedge C_2 \wedge \neg C_3) \vee (C_1 \wedge C_2 \wedge C_3)$$
$$\Leftrightarrow((\neg C_1 \vee C_1) \wedge C_2 \wedge C_3) \vee (C_1 \wedge (\neg C_2 \vee C_2) \wedge C_3) \vee (C_1 \wedge C_2 \wedge (\neg C_3 \vee C_3))$$
$$\Leftrightarrow(C_2 \wedge C_3) \vee (C_1 \wedge C_3) \vee (C_1 \wedge C_2)$$

电路图如图 1.8 所示。

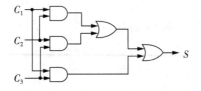

图 1.8　复核飞行计划的电路图

1.4　范　　式

1.4.1　析取范式和合取范式

一个命题公式经过等值演算,可以变换出若干与之逻辑等值的不同形式。为了给千变万化的公式提供一种统一的表达形式,下面引入范式的概念,并讨论命题公式的范式问题。

定义 1.11　命题变项及其否定统称为**文字**。仅由有限个文字构成的析取式称为**简单析取式**,仅由有限个文字构成的合取式称为**简单合取式**。

例如:p,$\neg p$ 等为 1 个文字构成的简单析取式;$p \vee \neg p$,$\neg p \vee q$ 等为 2 个文字构成的简单析取式;$\neg p \vee q \vee \neg r$,$\neg p \vee \neg q \vee r$ 等为 3 个文字构成的简单析取式。

p,$\neg p$ 等为 1 个文字构成的简单合取式;$p \wedge \neg p$,$\neg p \wedge q$ 等为 2 个文字构成的简单合取式;$\neg p \wedge q \wedge \neg r$,$\neg p \wedge \neg q \wedge r$ 等为 3 个文字构成的简单合取式。

注意:1 个文字既是简单析取式,又是简单合取式;$p \wedge \neg q \vee r$,$\neg p \vee q \wedge r$ 等既不是简单析取式,也不是简单合取式。

定理 1.1

(1) 一个简单析取式是重言式,当且仅当它同时含一个命题变元及其否定;

(2) 一个简单合取式是矛盾式,当且仅当它同时含一个命题变元及其否定。

定义 1.12　由有限个简单合取式构成的析取式,称为**析取范式**;由有限个简单析取式构成的合取式,称为**合取范式**;析取范式和合取范式统称为**范式**。

例如:$p \vee q \vee \neg r$,$\neg p \wedge \neg q \wedge r$,$\neg p \vee (p \wedge q) \vee (p \wedge \neg q \wedge r)$ 等都是析取范式;$\neg p \wedge \neg q \wedge r$,$p \vee q \vee \neg r$,$(p \vee \neg q \vee r) \wedge (\neg p \vee q) \wedge \neg q$ 等都是合取范式。其中,$p \vee q \vee \neg r$ 既是含有 3 个简单合取式的析取范式,也是含有 1 个简单析取式的合取范式。类似地,$\neg p \wedge \neg q \wedge r$ 既是由 1 个简单合取式构成的析取范式,又是由 3 个简单析取式构成的合取范式。

范式具有下列性质:

定理 1.2

(1) 一个析取范式是矛盾式,当且仅当它的每个简单合取式都是矛盾式;

(2) 一个合取范式是重言式,当且仅当它的每个简单析取式都是重言式;

(3) 范式中只出现三种联结词 $\{\neg , \wedge , \vee\}$。

定义 1.3(范式存在定理)　任一命题公式都存在着与之等值的析取范式和合取范式。

证明:首先,公式中若出现 $\{\neg , \wedge , \vee\}$ 以外的联结词 $\rightarrow$ 和 $\leftrightarrow$,则由蕴涵等值式和等价等值式可知:

$$A \rightarrow B \Leftrightarrow \neg A \vee B,$$

$$A \leftrightarrow B \Leftrightarrow (A \rightarrow B) \wedge (B \rightarrow A) \Leftrightarrow (\neg A \vee B) \wedge (\neg B \vee A)$$

在等值的条件下,可消去公式中的联结词 $\rightarrow$ 和 $\leftrightarrow$。

其次,在范式中不出现如下形式的公式:$\neg\neg A,\neg(A\wedge B),\neg(A\vee B)$。若出现的话,对其利用双重否定律和德·摩根律,从而消去多余的 $\neg$,或将 $\neg$ 内移。

$$\neg\neg A\Leftrightarrow A,$$

$$\neg(A\vee B)\Leftrightarrow\neg A\wedge\neg B,$$

$$\neg(A\wedge B)\Leftrightarrow\neg A\vee\neg B$$

最后,在析取范式中不出现如下形式的公式:$A\wedge(B\vee C)$,在合取范式中不出现如下形式的公式:$A\vee(B\wedge C)$。利用分配律可得:

$$A\wedge(B\vee C)\Leftrightarrow(A\wedge B)\vee(A\wedge C),$$

$$A\vee(B\wedge C)\Leftrightarrow(A\vee B)\wedge(A\vee C)$$

由以上三步,可将任一公式化为与之等值的析取范式或合取范式。

据此定理,对于任意的命题公式,均可以通过等值演算求出等值于它的析取范式与合取范式,其步骤如下:

(1) 将公式中的联结词 → 和 ↔ 用联结词 $\neg,\wedge,\vee$ 取代;

(2) 否定符号 $\neg$ 的消去(利用双重否定律)或内移(利用德·摩根律)到各命题变元的前端;

(3) 利用分配律、结合律将公式归约为合取范式或析取范式。

【例 1.23】　求命题公式 $(p\rightarrow q)\rightarrow\neg r$ 的析取范式和合取范式。

解:(1) 求析取范式:

$(p\rightarrow q)\rightarrow\neg r$

$\Leftrightarrow(\neg p\vee q)\rightarrow\neg r$　　　　　　蕴涵等值式,消去第一个 →

$\Leftrightarrow\neg(\neg p\vee q)\vee\neg r$　　　　　蕴涵等值式,消去第二个 →

$\Leftrightarrow(p\wedge\neg q)\vee\neg r$　　　　　　德·摩根律,$\neg$ 内移;双重否定律,$\neg$ 消去

(2) 求合取范式:

$(p\rightarrow q)\rightarrow\neg r$

$\Leftrightarrow(p\wedge\neg q)\vee\neg r$

$\Leftrightarrow(p\vee\neg r)\wedge(\neg q\vee\neg r)$　　　　$\vee$ 对 $\wedge$ 的分配律

1.4.2　主析取范式和主合取范式

命题公式的析取范式是存在但不唯一的,例如,$(p\vee q)\wedge(p\vee r)$ 根据置换规则,可以得到若干与之等值的析取范式 $p\vee(q\wedge r),(p\wedge p)\vee(q\wedge r),p\vee(\neg r\wedge r)\vee(q\wedge r)$ 等;对于合取范式也是如此。即,范式存在但不唯一。

由于析取范式和合取范式不唯一,容易给命题公式的研究和应用带来不便和混乱,因此,应对其表达式做进一步的限制使其满足唯一性。下面讨论具有唯一性的范式 —— 主析取范式和主合取范式。

定义 1.13　在含有 n 个命题变项的简单合取式中,若每个命题变项与其否定式不同时存在,但二者之一必出现且仅出现一次,并且第 i 个命题变项或其否定式出现在从左算起的第 i 位上(若命题变项无角标,就按字母顺序排列),称这样的简单合取式为**极小项**。

　　3 个命题变项 p,q,r 可形成 8 个极小项,如表 1.15 所示。如果将命题变项看成 1,命题变项的否定式看成 0,则每个极小项对应一个二进制数,也对应一个十进制数。二进制数恰好是该极小项的成真赋值,十进制数可作为该极小项抽象表示法的角码。

表 1.15　3 个命题变项形成的极小项

极小项	成真赋值	名称
$\neg p \wedge \neg q \wedge \neg r$	000	m_0
$\neg p \wedge \neg q \wedge r$	001	m_1
$\neg p \wedge q \wedge \neg r$	010	m_2
$\neg p \wedge q \wedge r$	011	m_3
$p \wedge \neg q \wedge \neg r$	100	m_4
$p \wedge \neg q \wedge r$	101	m_5
$p \wedge q \wedge \neg r$	110	m_6
$p \wedge q \wedge r$	111	m_7

　　一般地,n 个命题变项共有 2^n 个极小项,分别记为:$m_0,m_1,\cdots,m_{2^n-1}$。

　　极小项具有如下性质:

　　(1) 每个极小项当其真值指派与编码相同时,其真值为 1,其余 2^n-1 种指派情况下的真值均为 0。

　　(2) 任意两个不同极小项的合取式为矛盾式。

　　例如,有 3 个命题变项 p,q,r,则:

$$m_1 \wedge m_4 \Leftrightarrow (\neg p \wedge \neg q \wedge r) \wedge (p \wedge \neg q \wedge \neg r)$$

$$\Leftrightarrow \neg p \wedge p \wedge \neg q \wedge r \wedge \neg r \Leftrightarrow 0$$

　　(3) 全体极小项的析取式为重言式,记为

$$\sum_{i=0}^{2^n-1} m_i \Leftrightarrow m_0 \vee m_1 \vee \cdots \vee m_{2^n-1} \Leftrightarrow 1$$

　　定义 1.14　设命题公式 A 中含有 n 个命题变项,若 A 的析取范式中的简单合取式全是极小项,则称该析取范式为 A 的**主析取范式**。

　　定理 1.4　任何命题公式的主析取范式都是存在的,并且是唯一的。

　　证明: 首先,证明存在性。

　　设 A 为任一命题公式,该公式中含有 n 个命题变项 $p_1,p_2,\cdots,p_n$,根据定理 1.3 求出与公式等值的析取范式 $A \Leftrightarrow A_1 \vee A_2 \vee \cdots \vee A_s (A_i$ 为简单合取式,$1 \leqslant i \leqslant s)$。

　　若某个 A_i 中既不包含命题变项 p_j,也不包含它的否定 $\neg p_j$,则将 A_i 展成如下等值的形式:

$$A_i \Leftrightarrow A_i \wedge 1 \Leftrightarrow A_i \wedge (p_j \vee \neg p_j) \Leftrightarrow (A_i \wedge p_j) \vee (A_i \wedge \neg p_j)$$

　　继续这个过程,直到所有的简单合取式都含有所有的命题变项或它们的否定式。

　　若在演算过程中有重复出现的命题变项以及极小项和矛盾式,就应该消去化简。

如，用 p 代替 $p \wedge p$，用 m_j 代替 $m_j \vee m_j$，用 0 代替矛盾式等。最后，将公式化成与之等值的主析取范式。

为了醒目和便于记忆，求出公式 A 的主析取范式后，将极小项用名称写出，并且按照极小项名称的下标从小到大排列，还可以将 $\vee$ 当成二进制加法，用 Σ 符号将所有的十进制下标从小到大列出，进一步简化表达。

其次，证明唯一性。

假设命题公式 A 等值于两个不同的主析取范式 B 和 C，那么必有 $B \Leftrightarrow C$。但由于 B 和 C 是两个不同的主析取范式，不妨设极小项 m_i 只出现在 B 中，而不出现在 C 中，于是下标 i 的二进制表示为 B 的一个成真赋值，而为 C 的成假赋值，于是 $B \not\Leftrightarrow C$，这与 $B \Leftrightarrow C$ 矛盾。因此，任何公式都存在唯一的与之等值的主析取范式。

综上可知，定理 1.4 得证。

下面讨论求解命题公式的主析取范式的两种方法。

1. 等值演算法

利用等值演算求主析取范式的步骤：

(1) 将命题公式化归为析取范式；

(2) 除去析取范式中所有为永假的析取项；

(3) 合并析取范式中重复出现的合取项和相同的变项；

(4) 对合取项补入未出现的命题变项 p_i，即添加 $p_i \vee \neg p_i$ 式，再用分配律展开公式；

(5) 将极小项按由小到大的顺序排列，并用 Σ 表示。如 $m_0 \vee m_2 \vee m_5$ 用 $\Sigma(0,2,5)$ 表示。

【例 1.24】　求以下命题公式的主析取范式。

(1) $p \rightarrow ((p \rightarrow q) \wedge \neg(\neg q \vee \neg p))$；

(2) $(p \rightarrow q) \leftrightarrow r$。

解：(1) $p \rightarrow ((p \rightarrow q) \wedge \neg(\neg q \vee \neg p))$

$\Leftrightarrow \neg p \vee ((\neg p \vee q) \wedge \neg(\neg q \vee \neg p))$

$\Leftrightarrow \neg p \vee ((\neg p \vee q) \wedge (q \wedge p))$

$\Leftrightarrow \neg p \vee ((\neg p \wedge q \wedge p) \vee (q \wedge q \wedge p))$

$\Leftrightarrow \neg p \vee (p \wedge q)$ ——析取范式

$\Leftrightarrow (\neg p \wedge (q \vee \neg q)) \vee (p \wedge q)$

$\Leftrightarrow (\neg p \wedge q) \vee (\neg p \wedge \neg q) \vee (p \wedge q)$ ——主析取范式

$\Leftrightarrow m_0 \vee m_1 \vee m_3$

$\Leftrightarrow \Sigma(0,1,3)$

(2) $(p \rightarrow q) \leftrightarrow r$

$\Leftrightarrow (\neg(p \rightarrow q) \wedge \neg r) \vee ((p \rightarrow q) \wedge r)$

$\Leftrightarrow (\neg(\neg p \vee q) \wedge \neg r) \vee ((\neg p \vee q) \wedge r)$

$\Leftrightarrow (p \wedge \neg q \wedge \neg r) \vee (\neg p \wedge r) \vee (q \wedge r)$ ——析取范式

$\Leftrightarrow (p \wedge \neg q \wedge \neg r) \vee (\neg p \wedge (\neg q \vee q) \wedge r) \vee ((\neg p \vee p) \wedge q \wedge r)$

$\Leftrightarrow (p \wedge \neg q \wedge \neg r) \vee (\neg p \wedge \neg q \wedge r) \vee (\neg p \wedge q \wedge r)$

$\qquad \vee (\neg p \wedge q \wedge r) \vee (p \wedge q \wedge r)$ ——主析取范式

$\Leftrightarrow m_4 \lor m_1 \lor m_3 \lor m_3 \lor m_7$

$\Leftrightarrow m_1 \lor m_3 \lor m_4 \lor m_7$

$\Leftrightarrow \Sigma(1,3,4,7)$

2. 真值表法

在一个命题公式的真值表中,将所有成真赋值对应的极小项构成析取范式,就是该命题公式的主析取范式。

【例 1.25】 用真值表法求命题公式 $(p \to q) \leftrightarrow r$ 的主析取范式。

解:命题公式 $(p \to q) \leftrightarrow r$ 的真值表如表 1.16 所示。

表 1.16 $(p \to q) \leftrightarrow r$ 的真值表

p	q	r	$p \to q$	$(p \to q) \leftrightarrow r$
0	0	0	1	0
0	0	1	1	1
0	1	0	1	0
0	1	1	1	1
1	0	0	0	1
1	0	1	0	0
1	1	0	1	0
1	1	1	1	1

由真值表中的成真赋值可得:

$(p \to q) \leftrightarrow r \Leftrightarrow (\neg p \land \neg q \land r) \lor (\neg p \land q \land r) \lor (p \land \neg q \land \neg r) \lor (p \land q \land r)$

$\Leftrightarrow m_1 \lor m_3 \lor m_4 \lor m_7 \Leftrightarrow \Sigma(1,3,4,7)$

定义 1.15 在含有 n 个命题变项的简单析取式中,若每个命题变项与其否定式不同时存在,但二者之一必出现且仅出现一次,并且第 i 个命题变项或其否定式出现在从左算起的第 i 位上(若命题变项无角标,就按字母顺序排列),称这样的简单析取式为**极大项**。

3 个命题变项 p,q,r 可形成 8 个极大项,如表 1.17 所示。如果将命题变项看成 0,命题变项的否定式看成 1,则每个极大项对应一个二进制数,也对应一个十进制数。二进制数恰好是该极大项的成假赋值,十进制数可作为该极大项抽象表示法的角码。

表 1.17 3 个命题变项形成的极大项

极大项	成假赋值	名称
$p \lor q \lor r$	000	M_0
$p \lor q \lor \neg r$	001	M_1
$p \lor \neg q \lor r$	010	M_2

（续表）

极大项	成假赋值	名称
$p \vee \neg q \vee \neg r$	011	M_3
$\neg p \vee q \vee r$	100	M_4
$\neg p \vee q \vee \neg r$	101	M_5
$\neg p \vee \neg q \vee r$	110	M_6
$\neg p \vee \neg q \vee \neg r$	111	M_7

一般地，n 个命题变项亦可产生 2^n 个极大项，分别记为 $M_0, M_1, \cdots, M_{2^n-1}$。

极大项有如下性质：

（1）每个极大项当其真值指派与编码相同时，其真值为 0，其余 $2^n - 1$ 种指派情况下为均为 1。

（2）任意两个不同极大项的析取式为永真式。

（3）全体极大项的合取式必为永假式，记为

$$\sum_{i=0}^{2^n-1} M_i \Leftrightarrow M_0 \wedge M_1 \wedge \cdots \wedge M_{2^n-1} \Leftrightarrow 0$$

定义 1.16　设命题公式 A 中含有 n 个命题变项，若 A 的合取范式中的简单析取式全是极大项，则称该合取范式为 A 的**主合取范式**。

定理 1.5　任何命题公式的主合取范式都是存在的，并且是唯一的。

证明：首先，证明存在性。

设 A 为任一命题公式，该公式中含有 n 个命题变项 $p_1, p_2, \cdots, p_n$，根据定理 1.3 求出与公式等值的合取范式 $A \Leftrightarrow A_1' \wedge A_2' \wedge \cdots \wedge A_t'$（$A_i'$ 为简单析取式，$1 \leqslant i \leqslant t$）。

若某个 A_i' 中既不包含命题变项 p_j，也不包含它的否定 $\neg p_j$，则将 A_i' 展成如下等值形式：

$$A_i' \Leftrightarrow A_i' \vee 0 \Leftrightarrow A_i' \vee (p_j \wedge \neg p_j) \Leftrightarrow (A_i' \vee p_j) \wedge (A_i' \vee \neg p_j)$$

继续这个过程，直到所有的简单析取式都含有所有的命题变项或它们的否定式。

若在演算过程中有重复出现的命题变项以及极大项和重言式，就应该消去化简。如，用 p 代替 $p \vee p$，用 M_i 代替 $M_i \wedge M_i$，用 1 代替重言式等。最后，将公式化成与之等值的主合取范式。

为了醒目和便于记忆，求出公式 A 的主合取范式后，将极大项用名称写出，并且按照极大项名称的下标从小到大排列，还可以将 $\wedge$ 当成二进制乘法，用 Π 符号将所有的十进制下标从小到大列出，进一步简化表达。

其次，证明唯一性。

假设命题公式 A 等值于两个不同的主合取范式 B 和 C，那么必有 $B \Leftrightarrow C$。但由于 B 和 C 是两个不同的主合取范式，不妨设极大项 M_i 只出现在 B 中，而不出现在 C 中，于是下标 i 的二进制表示为 B 的一个成假赋值，而为 C 的成真赋值，于是 $B \not\Leftrightarrow C$，这与 $B \Leftrightarrow C$ 矛盾。因此，任何公式都存在唯一的与之等值的主合取范式。

综上可知,定理 1.5 得证。

下面讨论求解命题公式的主合取范式的三种方法。

1. 等值演算法

利用等值演算求主合取范式的步骤:

(1) 将命题公式化归为合取范式;

(2) 除去合取范式中所有为永真的合取项;

(3) 合并合取范式中重复出现的析取项和相同的变项;

(4) 对析取项补入未出现的命题变项 p_i,即添加 $(p_i \wedge \neg p_i)$ 式,再用分配律展开公式;

(5) 将极大项按由小到大的顺序排列,并用 Π 表示。如 $M_0 \wedge M_2 \wedge M_5$ 用 $\Pi(0,2,5)$ 表示。

【例 1.26】 求以下命题公式的主合取范式。

(1) $(p \wedge q) \vee (\neg p \wedge r)$;

(2) $(p \to q) \leftrightarrow r$。

解:(1) $(p \wedge q) \vee (\neg p \wedge r)$

$\Leftrightarrow ((p \wedge q) \vee \neg p) \wedge ((p \wedge q) \vee r)$

$\Leftrightarrow (p \vee \neg p) \wedge (q \vee \neg p) \wedge (p \vee r) \wedge (q \vee r)$

$\Leftrightarrow (\neg p \vee q) \wedge (p \vee r) \wedge (q \vee r)$ —— 合取范式

$\Leftrightarrow (\neg p \vee q \vee (r \wedge \neg r)) \wedge (p \vee (q \wedge \neg q) \vee r) \wedge ((p \wedge \neg p) \vee q \vee r)$

$\Leftrightarrow (\neg p \vee q \vee r) \wedge (\neg p \vee q \vee \neg r) \wedge (p \vee q \vee r) \wedge (p \vee \neg q \vee r) \wedge (p \vee q \vee r)$
$\quad \wedge (\neg p \vee q \vee r)$

$\Leftrightarrow (\neg p \vee q \vee r) \wedge (\neg p \vee q \vee \neg r) \wedge (p \vee q \vee r) \wedge (p \vee \neg q \vee r)$
$\quad$ —— 主合取范式

$\Leftrightarrow M_4 \wedge M_5 \wedge M_0 \wedge M_2$

$\Leftrightarrow \Pi(0,2,4,5)$

(2) $(p \to q) \leftrightarrow r$

$\Leftrightarrow (\neg(p \to q) \vee r) \wedge (\neg r \vee (p \to q))$

$\Leftrightarrow (\neg(\neg p \vee q) \vee r) \wedge (\neg r \vee (\neg p \vee q))$

$\Leftrightarrow ((p \wedge \neg q) \vee r) \wedge (\neg p \vee q \vee \neg r)$

$\Leftrightarrow (p \vee r) \wedge (\neg q \vee r) \wedge (\neg p \vee q \vee \neg r)$ —— 合取范式

$\Leftrightarrow (p \vee (q \wedge \neg q) \vee r) \wedge ((p \wedge \neg p) \vee \neg q \vee r) \wedge (\neg p \vee q \vee \neg r)$

$\Leftrightarrow (p \vee q \vee r) \wedge (p \vee \neg q \vee r) \wedge (p \vee \neg q \vee r) \wedge (\neg p \vee \neg q \vee r)$
$\quad \wedge (\neg p \vee q \vee \neg r)$ —— 主合取范式

$\Leftrightarrow M_0 \wedge M_2 \wedge M_2 \wedge M_6 \wedge M_5$

$\Leftrightarrow \Pi(0,2,5,6)$

2. 真值表法

在一个命题公式的真值表中,将所有成假赋值对应的极大项构成合取范式,就是该命题公式的主合取范式。

【例 1.27】 用真值表法求命题公式 $(p \to q) \leftrightarrow r$ 的主合取范式。

解：在表 1.16 所示的命题公式 $(p \to q) \leftrightarrow r$ 的真值表中，找出所有成假赋值所对应的极大项，并将它们合取，可得 $(p \to q) \leftrightarrow r$ 的主合取范式为

$$(p \to q) \leftrightarrow r \Leftrightarrow M_0 \wedge M_2 \wedge M_5 \wedge M_6 \Leftrightarrow \Pi(0,2,5,6)$$

3. 由主析取范式求主合取范式

从上面的例子不难看出，命题公式的主析取范式和主合取范式具有互补性（即，它们的编码恰好构成命题公式的所有赋值情况），由主析取范式可以得到主合取范式，也可以由主合取范式得到主析取范式。

【例 1.28】 根据命题公式 $(p \to q) \leftrightarrow r$ 的主析取范式求其主合取范式。

解：由例 1.24 中（2）可知：

$$(p \to q) \leftrightarrow r \Leftrightarrow m_1 \vee m_3 \vee m_4 \vee m_7 \Leftrightarrow \Sigma(1,3,4,7) \qquad \text{—— 主析取范式}$$

$$\Leftrightarrow M_0 \wedge M_2 \wedge M_5 \wedge M_6 \Leftrightarrow \Pi(0,2,5,6) \qquad \text{—— 主合取范式}$$

1.4.3 主范式的用途

主析取范式、主合取范式和真值表一样，可以表示出公式与公式之间的一切信息。为了简单起见，下面着重讨论主析取范式的用途。当然，对主合取范式也可以做类似讨论。

1. 判断两个命题公式是否等值

设命题公式 A 和 B 共含有 n 个命题变项，A 和 B 等值当且仅当 A 和 B 有相同的主析取范式。

【例 1.29】 利用主析取范式判断下列各组命题公式是否等值。

(1) $(p \to q) \to r$ 与 $q \to (p \to r)$；

(2) $p \to (q \to r)$ 与 $\neg(p \wedge q) \vee r$。

解：(1) $(p \to q) \to r$

$\Leftrightarrow \neg(\neg p \vee q) \vee r$

$\Leftrightarrow (p \wedge \neg q) \vee r$

$\Leftrightarrow (p \wedge \neg q \wedge (r \vee \neg r)) \vee ((p \vee \neg p) \wedge (q \vee \neg q) \wedge r)$

$\Leftrightarrow (p \wedge \neg q \wedge r) \vee (p \wedge \neg q \wedge \neg r) \vee (p \wedge q \wedge r) \vee (p \wedge \neg q \wedge r)$

$\quad \vee (\neg p \wedge q \wedge r) \vee (\neg p \wedge \neg q \wedge r)$

$\Leftrightarrow m_5 \vee m_4 \vee m_7 \vee m_5 \vee m_3 \vee m_1$

$\Leftrightarrow m_1 \vee m_3 \vee m_4 \vee m_5 \vee m_7$

$\Leftrightarrow \Sigma(1,3,4,5,7)$,

$\quad q \to (p \to r)$

$\Leftrightarrow \neg q \vee (\neg p \vee r)$

$\Leftrightarrow \neg p \vee \neg q \vee r$

$\Leftrightarrow (\neg p \wedge (q \vee \neg q) \wedge (r \vee \neg r)) \vee ((p \vee \neg p) \wedge \neg q \wedge (r \vee \neg r))$

$\quad \vee ((p \vee \neg p) \wedge (q \vee \neg q) \wedge r)$

$\Leftrightarrow m_0 \vee m_1 \vee m_2 \vee m_3 \vee m_4 \vee m_5 \vee m_7$

$\Leftrightarrow \Sigma(0,1,2,3,4,5,7)$

所以，$(p \rightarrow q) \rightarrow r \Leftrightarrow q \rightarrow (p \rightarrow r)$

（2）经演算可得两个命题公式的主析取范式如下：

$p \rightarrow (q \rightarrow r)$

$\Leftrightarrow m_0 \vee m_1 \vee m_2 \vee m_3 \vee m_4 \vee m_5 \vee m_7$

$\Leftrightarrow \Sigma(0,1,2,3,4,5,7)$,

　$\neg(p \wedge q) \vee r$

$\Leftrightarrow m_0 \vee m_1 \vee m_2 \vee m_3 \vee m_4 \vee m_5 \vee m_7$

$\Leftrightarrow \Sigma(0,1,2,3,4,5,7)$

所以，$p \rightarrow (q \rightarrow r) \Leftrightarrow \neg(p \wedge q) \vee r$

2. 判断命题公式的类型

若命题公式 A 含有 n 个命题变项，容易看出：

（1）A 为重言式，当且仅当 A 的主析取范式含 2^n 个极小项；

（2）A 为矛盾式，当且仅当 A 的主析取范式不含任何极小项，其主析取范式记为 0；

（3）A 为可满足式，当且仅当 A 的主析取范式中至少含有 1 个极小项。

3. 求命题公式的成真赋值和成假赋值

若命题公式 A 含有 n 个命题变项，A 的主析取范式含 $s(0 \leqslant s \leqslant 2^n)$ 个极小项，则 A 有 s 个成真赋值，它们是所含极小项的下标的二进制表示，其余 $2^n - s$ 个赋值都是成假赋值。

例如，$(p \rightarrow q) \leftrightarrow r \Leftrightarrow m_1 \vee m_3 \vee m_4 \vee m_7 \Leftrightarrow \Sigma(1,3,4,7)$，该公式有 3 个命题变项，将其主析取范式中各极小项的下标 1,3,4,7 写成二进制表示分别为 001,011,100,111。这 4 个赋值即为该命题公式的成真赋值，而主析取范式中未出现的极小项 m_0, m_2, m_5, m_6 的下标的二进制表示 000,010,101,110 为该公式的成假赋值。

【例 1.30】 利用主析取范式判断下列命题公式的类型，并指出成真赋值和成假赋值。

（1）$\neg(p \rightarrow q) \wedge q \wedge r$；

（2）$(p \rightarrow q) \rightarrow (\neg q \rightarrow \neg p)$；

（3）$(p \rightarrow q) \wedge \neg p$。

解：（1）$\neg(p \rightarrow q) \wedge q \wedge r$

$\Leftrightarrow \neg(\neg p \vee q) \wedge q \wedge r$

$\Leftrightarrow p \wedge \neg q \wedge q \wedge r$

$\Leftrightarrow 0$

该公式的主析取范式为 0，不含任何极小项，该公式为矛盾式，无成真赋值，成假赋值为：000,001,010,011,100,101,110,111。

（2）$(p \rightarrow q) \rightarrow (\neg q \rightarrow \neg p)$

$\Leftrightarrow \neg(\neg p \vee q) \vee (q \vee \neg p)$

$\Leftrightarrow (p \wedge \neg q) \vee q \vee \neg p$

$\Leftrightarrow (p \wedge \neg q) \vee ((p \vee \neg p) \wedge q) \vee (\neg p \wedge (q \vee \neg q))$

$\Leftrightarrow m_0 \vee m_1 \vee m_2 \vee m_3$

$\Leftrightarrow \Sigma(0,1,2,3)$

该公式中含有 2 个命题变项,其主析取范式中包含了全部 $2^2 = 4$ 个极小项,故它为重言式,其成真赋值为:00,01,10,11;无成假赋值。

(3)$(p \rightarrow q) \wedge \neg p$

$\Leftrightarrow (\neg p \vee q) \wedge \neg p$

$\Leftrightarrow \neg p$

$\Leftrightarrow \neg p \wedge (q \vee \neg q)$

$\Leftrightarrow (\neg p \wedge q) \vee (\neg p \wedge \neg q)$

$\Leftrightarrow m_1 \vee m_0$

$\Leftrightarrow \Sigma(0,1)$

该公式包含 2 个命题变项,其主析取范式包含了部分极小项,故它为非重言式的可满足式,其成真赋值为:00 和 01;成假赋值为:10 和 11。

4. 分析和解决实际问题

【例1.31】　某公司要从 A,B,C 这 3 个人中选派 1~2 人出国考察,由于工作原因,选派时需满足以下条件:

(1) 若 A 去,则 C 同去;

(2) 若 B 去,则 C 不能去;

(3) 若 C 不去,则 A 或 B 可以去。

试用主析取范式法分析该公司应如何选派他们出国。

解:设 p:派 A 去。q:派 B 去。r:派 C 去。

由题意可将上述选派条件符号化为如下的命题公式:

$$G \Leftrightarrow (p \rightarrow r) \wedge (q \rightarrow \neg r) \wedge (\neg r \rightarrow (p \vee q))$$

该公式的成真赋值即为可行的选派方案。于是,用等值演算法构造 G 的主析取范式:

$G \Leftrightarrow (p \rightarrow r) \wedge (q \rightarrow \neg r) \wedge (\neg r \rightarrow (p \vee q))$

$\Leftrightarrow (\neg p \vee r) \wedge (\neg q \vee \neg r) \wedge (r \vee (p \vee q))$

$\Leftrightarrow (r \vee (\neg p \wedge (p \vee q))) \wedge (\neg q \vee \neg r)$

$\Leftrightarrow (r \vee ((\neg p \wedge p) \vee (\neg p \wedge q))) \wedge (\neg q \vee \neg r)$

$\Leftrightarrow (r \vee (\neg p \wedge q)) \wedge (\neg q \vee \neg r)$

$\Leftrightarrow (r \wedge (\neg q \vee \neg r)) \vee ((\neg p \wedge q) \wedge (\neg q \vee \neg r))$

$\Leftrightarrow (r \wedge \neg q) \vee (r \wedge \neg r) \vee (\neg p \wedge q \wedge \neg q) \vee (\neg p \wedge q \wedge \neg r)$

$\Leftrightarrow (r \wedge \neg q) \vee (\neg p \wedge q \wedge \neg r)$

$\Leftrightarrow ((p \vee \neg p) \wedge (\neg q \wedge r)) \vee (\neg p \wedge q \wedge \neg r)$

$\Leftrightarrow (p \wedge \neg q \wedge r) \vee (\neg p \wedge \neg q \wedge r) \vee (\neg p \wedge q \wedge \neg r)$

$\Leftrightarrow m_1 \vee m_2 \vee m_5$

$\Leftrightarrow \Sigma(1,2,5)$

由此可知,成真赋值为 001,010,101,则选派方案有以下 3 种:

(1) C 去,A 和 B 都不去;

(2) B 去,A 和 C 都不去;

（3）A 和 C 去，B 不去。

【例 1.32】　某勘探队有 3 名队员，有一天取得了一块矿样，3 人的判断如下。

甲说：这不是铁，也不是铜；

乙说：这不是铁，是锡；

丙说：这不是锡，是铁。

经实验室鉴定后发现，其中一人两个判断都正确，一个人判对一半，另一个人两个判断全错了。请根据以上情况判断矿样的种类。

解：设 p：矿样为铁；q：矿样为铜；r：矿样为锡。

设 $S_1 \Leftrightarrow$（甲全对）$\wedge$（乙对一半）$\wedge$（丙全错）

$\qquad \Leftrightarrow (\neg p \wedge \neg q) \wedge ((\neg p \wedge \neg r) \vee (p \wedge r)) \wedge (\neg p \wedge r)$

$\qquad \Leftrightarrow (\neg p \wedge \neg q \wedge \neg p \wedge \neg r \wedge \neg p \wedge r) \vee (\neg p \wedge \neg q \wedge p \wedge r \wedge \neg p \wedge r)$

$\qquad \Leftrightarrow 0 \vee 0 \Leftrightarrow 0$

$\quad S_2 \Leftrightarrow$（甲全对）$\wedge$（乙全错）$\wedge$（丙对一半）

$\qquad \Leftrightarrow (\neg p \wedge \neg q) \wedge (p \wedge \neg r) \wedge ((p \wedge r) \vee (\neg p \wedge \neg r))$

$\qquad \Leftrightarrow (\neg p \wedge \neg q \wedge p \wedge \neg r \wedge p \wedge r) \vee (\neg p \wedge \neg q \wedge p \wedge r \wedge \neg p \wedge \neg r)$

$\qquad \Leftrightarrow 0 \vee 0 \Leftrightarrow 0$

$\quad S_3 \Leftrightarrow$（甲对一半）$\wedge$（乙全对）$\wedge$（丙全错）

$\qquad \Leftrightarrow ((\neg p \wedge q) \vee (p \wedge \neg q)) \wedge (\neg p \wedge r) \wedge (\neg p \wedge r)$

$\qquad \Leftrightarrow (\neg p \wedge q \wedge \neg p \wedge r \wedge \neg p \wedge r) \vee (p \wedge \neg q \wedge \neg p \wedge r \wedge \neg p \wedge r)$

$\qquad \Leftrightarrow (\neg p \wedge q \wedge r) \vee 0$

$\qquad \Leftrightarrow \neg p \wedge q \wedge r$

$\quad S_4 \Leftrightarrow$（甲对一半）$\wedge$（乙全错）$\wedge$（丙全对）

$\qquad \Leftrightarrow ((\neg p \wedge q) \vee (p \wedge \neg q)) \wedge (p \wedge \neg r) \wedge (p \wedge \neg r)$

$\qquad \Leftrightarrow (\neg p \wedge q \wedge p \wedge \neg r \wedge p \wedge \neg r) \vee (p \wedge \neg q \wedge p \wedge \neg r \wedge p \wedge \neg r)$

$\qquad \Leftrightarrow 0 \vee (p \wedge \neg q \wedge \neg r)$

$\qquad \Leftrightarrow p \wedge \neg q \wedge \neg r$

$\quad S_5 \Leftrightarrow$（甲全错）$\wedge$（乙对一半）$\wedge$（丙全对）

$\qquad \Leftrightarrow (p \wedge q) \wedge ((\neg p \wedge \neg r) \vee (p \wedge r)) \wedge (p \wedge \neg r)$

$\qquad \Leftrightarrow (p \wedge q \wedge \neg p \wedge \neg r \wedge p \wedge \neg r) \vee (p \wedge q \wedge p \wedge r \wedge p \wedge \neg r)$

$\qquad \Leftrightarrow 0 \vee 0 \Leftrightarrow 0$

$\quad S_6 \Leftrightarrow$（甲全错）$\wedge$（乙全对）$\wedge$（丙对一半）

$\qquad \Leftrightarrow (p \wedge q) \wedge (\neg p \wedge r) \wedge ((p \wedge r) \vee (\neg p \wedge \neg r))$

$\qquad \Leftrightarrow (p \wedge q \wedge \neg p \wedge r \wedge p \wedge r) \vee (p \wedge q \wedge \neg p \wedge r \wedge \neg p \wedge \neg r)$

$\qquad \Leftrightarrow 0 \vee 0 \Leftrightarrow 0$

设 $S \Leftrightarrow$（一人全对）$\wedge$（一人对一半）$\wedge$（一人全错），则 S 为真命题，并且

$\quad S \Leftrightarrow S_1 \vee S_2 \vee S_3 \vee S_4 \vee S_5 \vee S_6$

$\qquad \Leftrightarrow (\neg p \wedge q \wedge r) \vee (p \wedge \neg q \wedge \neg r) \Leftrightarrow 1$

但矿样不可能既是铜又是锡，于是 q，r 中必有假命题，所以 $\neg p \wedge q \wedge r \Leftrightarrow 0$，因此必有 $p \wedge \neg q \wedge \neg r \Leftrightarrow 1$。于是，必有 p 为真，q 和 r 均为假，即矿样为铁。

1.5 命题逻辑的推理理论

数理逻辑的主要任务是用数学的方法来研究推理。推理是指从前提出发推出结论的思维过程。其中,前提是已知命题公式的集合,结论是从前提出发应用推理规则推出的命题公式。这一过程称为有效推理或形式证明,所得的结论称为有效结论。

本节将讨论数理逻辑中推理的形式结构、推理规则和推理有效性的证明。

1.5.1 推理的形式结构

定义 1.17 设 $A_1, A_2, \cdots, A_k, B$ 均为命题公式,若 $A_1 \wedge A_2 \wedge \cdots \wedge A_k \rightarrow B$ 为重言式,则称 $A_1, A_2, \cdots, A_k$ 推出结论 B 的**推理是有效的**(或正确的),B 是 $A_1, A_2, \cdots, A_k$ 的**有效结论**(或逻辑结论),称 $A_1 \wedge A_2 \wedge \cdots \wedge A_k \rightarrow B$ 为由前提 $A_1, A_2, \cdots, A_k$ 推出结论 B 的**推理的形式结构**。

与用"$A \Leftrightarrow B$"表示"$A \leftrightarrow B$"是重言式类似,这里用"$A \Rightarrow B$"表示"$A \rightarrow B$"是重言式。因此,若由前提 $A_1, A_2, \cdots, A_k$ 推出结论 B 的推理是有效的,也可以记为 $A_1 \wedge A_2 \wedge \cdots \wedge A_k \Rightarrow B$ 或者 $A_1, A_2, \cdots, A_k \models B$。

这里特别需要注意的是,逻辑学研究的是人类思维的规律,关心的不是具体结论的真实性,而是推理过程的有效性。推理的有效性和结论的真实性是不同的,有效的推理不一定产生真实的结论,而产生真实结论的推理过程未必是有效的,因为有效的推理中可能包含为假的前提,而无效的推理却可能包含为真的前提。由此可见,推理的有效性是一回事,前提与结论的真实与否是另一回事,前提是否为真不作为确定推理是否有效的依据。只有在给定的前提都为真命题时,由此而推导出的有效结论才是真命题。但由于通常作为前提的命题并非永真式,所以它的有效结论并不一定都是真命题。因为当前提为假时,不论结论是否为真,前提都是蕴涵结论的。这一点和通常实际应用中的推理是不同的。

1.5.2 判定推理有效性的方法

根据定义 1.17 可知,要证明由前提 $A_1, A_2, \cdots, A_k$ 推出结论 B 的推理为有效的,只要证明 $A_1 \wedge A_2 \wedge \cdots \wedge A_k \rightarrow B$ 为重言式即可。而证明 $A_1 \wedge A_2 \wedge \cdots \wedge A_k \rightarrow B$ 为重言式,可以用真值表、等值演算和求主析取(合取)范式等方法,本节还将介绍构造证明法。

【例 1.33】 判断下列推理的有效性。

(1) 一份统计表格的错误或者是由于材料不可靠,或者是由于计算有错误。这份统计表的错误不是由材料不可靠造成的,所以一定是由计算错误造成的。

(2) 如果我逛超市,我一定买个足球。我没逛超市,所以我没买足球。

解:(1)设各命题变项为

p:统计表的错误是由于材料不可靠;

q:统计表的错误是由于计算有错误。

则该推理的前提为 $p \vee q, \neg p$，结论为 q，推理的形式结构可表示为

$$\neg p \wedge (p \vee q) \to q$$

判断推理的有效性即判断上式是否为重言式。

① 真值表法：

设 $p_1, p_2, \cdots, p_n$ 是出现于前提 $A_1, A_2, \cdots, A_k$ 和结论 B 中的全部命题变项，假设 $p_1,$ $p_2, \cdots, p_n$ 做了全部的真值指派，若从真值表中找出 $A_1, A_2, \cdots, A_k$ 均为真值 1 的行，对每个这样的行，若 B 也有真值 1，则推理是有效的；或者看 B 的真值为 0 的行，每一个这样的行中，$A_1, A_2, \cdots, A_k$ 的真值中至少有一个为 0，则推理也是有效的。

列出 $\neg p \wedge (p \vee q) \to q$ 的真值表，如表 1.18 所示。

表 1.18 $\neg p \wedge (p \vee q) \to q$ 的真值表

p	q	$\neg p$	$p \vee q$	$\neg p \wedge (p \vee q)$	$\neg p \wedge (p \vee q) \to q$
0	0	1	0	0	1
0	1	1	1	1	1
1	0	0	1	0	1
1	1	0	1	0	1

由真值表可见，$\neg p \wedge (p \vee q) \to q$ 为重言式，故有 $\neg p \wedge (p \vee q) \Rightarrow q$ 成立，即 (1) 中的推理是有效的。

② 等值演算法：

$$\neg p \wedge (p \vee q) \to q \Leftrightarrow \neg(\neg p \wedge (p \vee q)) \vee q$$

$$\Leftrightarrow p \vee \neg(p \vee q) \vee q$$

$$\Leftrightarrow (p \vee q) \vee \neg(p \vee q) \Leftrightarrow 1$$

③ 主析取范式法：

$$\neg p \wedge (p \vee q) \to q \Leftrightarrow m_0 \vee m_1 \vee m_2 \vee m_3 \Leftrightarrow \Sigma(0, 1, 2, 3)$$

由 ②③ 同样能够判断推理是有效的。

(2) 设各命题变项为

$$p: 我逛超市； \qquad q: 我买足球。$$

则该推理的前提为 $p \to q, \neg p$，结论为 $\neg q$，推理的形式结构为

$$((p \to q) \wedge \neg p) \to \neg q$$

对其进行等值演算：

$$((p \to q) \wedge \neg p) \to \neg q \Leftrightarrow \neg((\neg p \vee q) \wedge \neg p) \vee \neg q$$

$$\Leftrightarrow (p \wedge \neg q \vee p) \vee \neg q$$

$$\Leftrightarrow p \vee \neg q \Leftrightarrow \Sigma(0,2,3)$$

可见,该式不是重言式,所以推理是无效的。

上面介绍了判断推理有效性,即一个命题公式是否为已知前提的有效结论的真值表法、等值演算法和主析取范式法,但这些方法无法十分清晰地表达推理过程,且当命题公式包含的命题变项较多时,会因计算量太大而增加判定的复杂性。下面介绍运用等值公式、推理定律和推理规则来构造推理证明过程的**构造证明法**。

1. 推理定律

重要的**推理定律**(即重言蕴涵式)有以下 8 条:

(1) $A \Rightarrow (A \vee B)$ 附加

(2) $(A \wedge B) \Rightarrow A$ 化简

(3) $((A \to B) \wedge A) \Rightarrow B$ 假言推理

(4) $((A \to B) \wedge \neg B) \Rightarrow \neg A$ 拒取式

(5) $((A \vee B) \wedge \neg A) \Rightarrow B$ 析取三段论

(6) $((A \to B) \wedge (B \to C)) \Rightarrow (A \to C)$ 假言三段论

(7) $((A \leftrightarrow B) \wedge (B \leftrightarrow C)) \Rightarrow (A \leftrightarrow C)$ 等价三段论

(8) $((A \to B) \wedge (C \to D) \wedge (A \vee C)) \Rightarrow (B \vee D)$ 构造性二难

2. 推理规则

在构造证明法中常用的**推理规则**主要有以下几种:

(1) 前提引入规则(也称 P 规则):在证明的任何步骤上,都可以引入前提。

(2) 结论引入规则(也称 T 规则):在证明的任何步骤上,前面已经证明的结论都可作为后续证明的前提。

(3) 置换规则(也称 E 规则):在证明的任何步骤上,命题公式中的任何子命题公式都可以用与之等值的命题公式置换,如用 $\neg p \vee q$ 置换 $p \to q$ 等。

根据上面介绍的 8 条推理定律还可以得到以下推理规则:

(4) 假言推理:$A \to B, A \models B$

(5) 附加规则:$A \models A \vee B$

(6) 化简规则:$A \wedge B \models A$

(7) 拒取式规则:$A \to B, \neg B \models \neg A$

(8) 假言三段论规则:$A \to B, B \to C \models A \to C$

(9) 析取三段论规则:$A \vee B, \neg A \models B$

(10) 构造性二难规则:$A \to B, C \to D, A \vee C \models B \vee D$

(11) 合取引入规则:$A, B \models A \wedge B$

3. 构造证明法

常用的构造证明法有 3 种:直接证明法、附加前提证明法(也称为 CP 规则证明法)和归谬法。

(1) 直接证明法

由一组前提,利用一些公认的推理规则,根据已知的等价或蕴涵公式,推演得到有效的结论的方法,即为**直接证明法**。

【例 1.34】 证明下列推理的有效性。

(1)前提:$\neg(p \wedge \neg q), \neg q \vee r, \neg r$; 结论:$\neg p$。

(2)前提:$q \rightarrow p, q \leftrightarrow s, s \leftrightarrow m, m \wedge r$; 结论:$p \wedge q \wedge s \wedge r$。

证明:

(1)① $\neg q \vee r$ 前提引入

② $\neg r$ 前提引入

③ $\neg q$ ①② 析取三段论

④ $\neg(p \wedge \neg q)$ 前提引入

⑤ $\neg p \vee q$ ④ 置换规则

⑥ $\neg p$ ③⑤ 析取三段论

(2)① $m \wedge r$ 前提引入

② r ① 化简

③ m ① 化简

④ $s \leftrightarrow m$ 前提引入

⑤ $(s \rightarrow m) \wedge (m \rightarrow s)$ ④ 置换规则

⑥ $m \rightarrow s$ ⑤ 化简

⑦ s ③⑥ 假言推理

⑧ $q \leftrightarrow s$ 前提引入

⑨ $(q \rightarrow s) \wedge (s \rightarrow q)$ ⑧ 置换规则

⑩ $s \rightarrow q$ ⑨ 化简

⑪ q ⑦⑩ 假言推理

⑫ $q \rightarrow p$ 前提引入

⑬ p ⑪⑫ 假言推理

⑭ $p \wedge q \wedge s \wedge r$ ⑬⑪⑦② 合取

(2)附加前提证明法

若要证明的结论以蕴涵式的形式出现,即前提:$A_1, A_2, \cdots, A_k$;结论:$A \rightarrow B$。或描述成推理的形式结构$(A_1 \wedge A_2 \wedge \cdots \wedge A_k) \rightarrow (A \rightarrow B)$,则对其进行等值演算如下:

$$(A_1 \wedge A_2 \wedge \cdots \wedge A_k) \rightarrow (A \rightarrow B) \Leftrightarrow \neg(A_1 \wedge A_2 \wedge \cdots \wedge A_k) \vee (\neg A \vee B)$$

$$\Leftrightarrow \neg(A_1 \wedge A_2 \wedge \cdots \wedge A_k \wedge A) \vee B$$

$$\Leftrightarrow (A_1 \wedge A_2 \wedge \cdots \wedge A_k \wedge A) \rightarrow B$$

若要证明$(A_1 \wedge A_2 \wedge \cdots \wedge A_k) \rightarrow (A \rightarrow B)$是重言式,即证明$(A_1 \wedge A_2 \wedge \cdots \wedge A_k \wedge A) \rightarrow B$为重言式,而$(A_1 \wedge A_2 \wedge \cdots \wedge A_k \wedge A) \rightarrow B$中,$A$已变为前提,称$A$为附加前提。这种将结论中的前件作为前提的证明法称为**附加前提证明法**。

【例 1.35】 用附加前提证明法证明下面的推理。

(1)前提:$p \rightarrow (q \rightarrow s), q, p \vee \neg r$; 结论:$r \rightarrow s$。

(2)前提:$p \rightarrow q$; 结论:$p \rightarrow (p \wedge q)$。

证明：

(1) ① $p \vee \neg r$ 前提引入

  ② r 附加前提引入

  ③ p ①② 析取三段论

  ④ $p \rightarrow (q \rightarrow s)$ 前提引入

  ⑤ $q \rightarrow s$ ③④ 假言推理

  ⑥ q 前提引入

  ⑦ s ⑤⑥ 假言推理

由附加前提证明法可知,该推理是正确的。

(2) ① $p \rightarrow q$ 前提引入

  ② p 附加前提引入

  ③ q ①② 假言推理

  ④ $p \wedge q$ ②③ 合取

由附加前提证明法可知,该推理是正确的。

(3) 归谬法

设 $A_1, A_2, \cdots, A_k$ 是 k 个命题公式,若 $A_1 \wedge A_2 \wedge \cdots \wedge A_k$ 是可满足式,则称 A_1, $A_2, \cdots, A_k$ 是相容的;若 $A_1 \wedge A_2 \wedge \cdots \wedge A_k$ 是矛盾式,则称 $A_1, A_2, \cdots, A_k$ 是不相容的。

因 $A_1 \wedge A_2 \wedge \cdots \wedge A_k \rightarrow B \Leftrightarrow \neg (A_1 \wedge A_2 \wedge \cdots \wedge A_k) \vee B \Leftrightarrow \neg (A_1 \wedge A_2 \wedge \cdots \wedge A_k \wedge \neg B)$,所以,若 $A_1, A_2, \cdots, A_k$ 与 $\neg B$ 是不相容的,则 B 是前提 $A_1, A_2, \cdots, A_k$ 的逻辑结论。这种将 $\neg B$ 作为附加前提,进而推出矛盾的证明方法称为**归谬法**。

【例 1.36】 用归谬法证明下面的推理。

前提：$p, \neg(p \wedge q) \vee r, r \rightarrow s, \neg s$;   结论：$\neg q$。

证明：

① q 否定结论引入

② $r \rightarrow s$ 前提引入

③ $\neg s$ 前提引入

④ $\neg r$ ②③ 拒取式

⑤ $\neg(p \wedge q) \vee r$ 前提引入

⑥ $\neg(p \wedge q)$ ④⑤ 析取三段论

⑦ $\neg p \vee \neg q$ ⑥ 置换

⑧ $\neg p$ ①⑦ 析取三段论

⑨ p 前提引入

⑩ $p \wedge \neg p$ ⑧⑨ 合取

由 ⑩ 得出矛盾,根据归谬法可知该推理是正确的。

【例 1.37】 公安机关审查一起盗窃案,有如下事实:

(1) A 或 B 盗窃了珠宝;

(2) 若 A 盗窃了珠宝,则作案时间不能发生在午夜前;

(3) 若 B 证词正确,则在午夜时屋子里的灯光未灭;

(4) 若 B 的证词不正确,则作案时间发生在午夜前;

（5）午夜时屋子里的灯光灭了。

公安人员据此推断是 B 盗窃了珠宝。请判断该推理的正确性。

解: 用假设将以上事实对应的命题符号化:

p:A 盗窃了珠宝;　　　q:B 盗窃了珠宝;　　　r:作案时间发生在午夜前;

s:B 的证词是正确;　　　m:午夜时屋子里的灯光灭了。

由上述事实构成的推理可描述为

前提:$p \lor q, p \rightarrow \neg r, s \rightarrow \neg m, \neg s \rightarrow r, m$;　　　结论:$q$。

下面采用直接证明法确定推理的正确性:

① m		前提引入
② $s \rightarrow \neg m$		前提引入
③ $\neg s$		①② 拒取式
④ $\neg s \rightarrow r$		前提引入
⑤ r		③④ 假言推理
⑥ $p \rightarrow \neg r$		前提引入
⑦ $\neg p$		⑤⑥ 拒取式
⑧ $p \lor q$		前提引入
⑨ q		⑦⑧ 析取三段论

由此可得,以上的推理是正确的。

习 题 1

1. 判断下面的语句是否为命题。若是命题,请指出对应的真值。

(1) 2 不是最小的素数。

(2) 中国人民是伟大的。

(3) 2050 年的元旦是星期一。

(4) 请勿吸烟!

(5) 你去图书馆吗?

(6) 2＋3＝6。

(7) $x + 5 > 0$。

(8) 这朵玫瑰花真漂亮啊!

(9) 外星人是存在的。

(10) 离散数学是计算机专业的必修课。

2. 判断下列命题是简单命题还是复合命题。

(1) 4 是 2 的倍数或是 3 的倍数。

(2) 4 是偶数或是奇数。

(3) 小明和小强是同学。

(4) 小李和小张是球迷。

(5) 黄色和蓝色可以调配成绿色。

(6) 停机的原因或者是存在语法错误或者是存在程序错误。

3. 将下列命题符号化。

(1) 张三和李四是好朋友。

(2) 张三和李四是理科生。

(3) 选小张或小李中的一人当班长。

(4) 王教授现在在大礼堂开会或在教室上离散数学课。

(5) 他一边吃饭,一边看电视。

(6) 他既有理论知识,又有实践经验。

(7) 他虽有理论知识,但无实践经验。

(8) 他不是不聪明,而是不用功。

(9) 除非天下雨,否则我就骑电动车上班

(10) 只有天不下雨,我才骑电动车上班。

(11) 只要天不下雨,我就骑电动车上班。

(12) 不经一事,不长一智。

(13) 如果 2＋2＝4,则 3＋3≠6。

(14) 2＋2＝4,当且仅当 3＋3＝6。

(15) 我去镇上,当且仅当我有时间并且天不下雨。

4. 构造下列命题公式的真值表。

(1) $\neg(p \rightarrow q) \wedge q$;

(2) $(p \rightarrow \neg q) \rightarrow \neg q$；

(3) $p \rightarrow (q \vee r)$；

(4) $p \leftrightarrow \neg q$。

5. 在 p,q,r,s 的真值分别为 $1,0,1,0$ 时,试求下列命题公式的真值。

(1) $p \wedge (q \vee r)$；

(2) $(p \wedge (r \vee s)) \rightarrow ((p \vee q) \wedge (r \wedge s))$；

(3) $(p \rightarrow q) \wedge (\neg r \vee s)$。

6. 设 p:自然对数的底 e 是无理数; 　　　q:纽约是美国的首都;

　　r:指南针是中国的四大发明之一; 　　s:18 有 4 个素因子。

求下列各复合命题的真值。

(1) $(p \wedge q) \rightarrow (\neg r \wedge s)$；

(2) $(p \wedge \neg q \wedge r \wedge \neg s) \vee (s \rightarrow \neg q)$；

(3) $(p \wedge q \wedge r) \leftrightarrow (\neg p \vee \neg s)$。

7. 化简下列各式。

(1) $(p \wedge q \wedge r) \vee (\neg p \wedge q \wedge r)$；

(2) $p \vee (\neg p \vee (q \wedge \neg q))$；

(3) $((p \rightarrow q) \leftrightarrow (\neg q \rightarrow \neg p)) \wedge r$。

8. 判断下列命题公式类型。

(1) $(p \rightarrow q) \vee (\neg p \rightarrow q)$；

(2) $\neg (p \rightarrow q) \rightarrow q$；

(3) $\neg r \rightarrow \neg p \vee \neg q \vee r$；

(4) $\neg (p \rightarrow q) \wedge q \wedge r$；

(5) $\neg (p \wedge q) \leftrightarrow (\neg p \vee \neg q)$。

9. 用等值演算法证明下列等值式。

(1) $(p \wedge q) \vee (p \wedge \neg q) \Leftrightarrow p$；

(2) $(p \wedge \neg q) \vee (\neg p \wedge q) \Leftrightarrow (p \vee q) \wedge \neg (p \wedge q)$；

(3) $p \rightarrow (q \rightarrow r) \Leftrightarrow (p \wedge q) \rightarrow r$；

(4) $\neg (p \leftrightarrow q) \Leftrightarrow (p \vee q) \wedge \neg (p \wedge q)$；

(5) $(\neg p \rightarrow q) \rightarrow (q \rightarrow \neg p) \Leftrightarrow \neg p \vee \neg q$。

10.

(1) 如果 $p \vee r \Leftrightarrow q \vee r$,是否有 $p \Leftrightarrow q$?

(2) 如果 $p \wedge r \Leftrightarrow q \wedge r$,是否有 $p \Leftrightarrow q$?

(3) 如果 $\neg p \Leftrightarrow \neg q$,是否有 $p \Leftrightarrow q$?

11. 求下列命题公式的主析取范式、主合取范式、成真赋值、成假赋值。

(1) $p \vee (q \wedge \neg r)$；

(2) $p \vee (q \wedge r) \rightarrow p \wedge q \wedge r$；

(3) $\neg (p \rightarrow q) \wedge q \wedge r$；

(4) $(p \rightarrow q) \rightarrow r$；

(5) $(\neg p \rightarrow q) \rightarrow (\neg q \wedge p)$；

(6) $(p \rightarrow q) \wedge r$。

12. 已知命题公式 A 含有3个命题变项,其成真赋值为000,010,100和110,求 A 的主析取范式和主合取范式。

13. 张三说李四在说谎,李四说王五在说谎,王五说张三、李四都在说谎。问:张三、李四、王五3人到底谁在说谎,谁在说真话?

14. 对下面的每一组提问,写出可能导出的结论以及所应用的推理规则。

(1) 如果我跑步,那么我很疲劳。我没有疲劳。

(2) 如果他犯了错误,那么他神色慌张。他神色慌张。

15. 构造下列推理的证明。

(1) 前提:$\neg p \vee q$,$\neg(q \wedge r)$,r;

结论:$\neg p$。

(2) 前提:$(p \rightarrow q) \rightarrow (q \rightarrow r)$,$r \rightarrow p$;

结论:$q \rightarrow p$。

(3) 前提:$p \rightarrow (q \rightarrow r)$,$\neg s \vee p$;

结论:$q \rightarrow (s \rightarrow r)$。

(4) 前提:$\neg p \wedge \neg q$;

结论:$\neg(p \wedge q)$。

(5) 前提:$r \rightarrow \neg q$,$r \vee s$,$s \rightarrow \neg q$,$p \rightarrow q$;

结论:$\neg p$。

(6) 前提:$p \vee q$,$p \leftrightarrow r$,$q \rightarrow s$;

结论:$s \vee r$。

16. 证明以下推理的正确性。

如果今天是星期三,那么我们班将进行离散数学或英语考试。如果离散数学老师有事,则不考离散数学。今天是星期三且离散数学老师有事。所以,我们班将进行英语考试。

17. 判断下列推理是否正确,并证明你的结论。

如果他是理科学生,他必学好数学。如果他不是文科学生,他必是理科学生。他没学好数学。所以他是文科学生。

18.(1) 一个探险者被几个食人者抓住了,有两种食人者:总是说假话的和总是说真话的,除非探险者能判断出一位指定的食人者是说假话的还是说真话的,否则就会被食人者吃掉,探险者只被允许问这位食人者一个问题,请找一个问题,使探险者可以用来判断该食人者是说假话还是说真话。

(2) 有A和B两个相邻的小岛。A岛居民都是诚实人,B岛居民都是骗子。一个旅游者独自登上了两岛中的某个岛,他分辨不清这个岛是A岛还是B岛,只知道这个岛上的人既有本岛的,也有另一个岛的,此旅游者用什么办法可以断定这是哪个岛?

19. 用等值演算法解决下面的问题。

A,B,C,D四人参加百米竞赛。观众甲、乙、丙预测比赛的名次如下:

甲:C第一,B第二。

乙:C第二,D第三。

丙:A 第二,D 第四。

比赛结束后发现甲、乙、丙每人预测的情况都是各对一半,试问实际名次如何(假设无并列名次)?

20. 设计一个控制盥洗室照明的电路,使得分别安装在卧室和盥洗室的两只开关都能控制盥洗室的照明,即按动卧室和盥洗室的任何一处开关都能打开或关闭盥洗室的灯。

第2章　谓词逻辑

命题逻辑虽然可以将反映在自然语言中的一些逻辑思维进行精确的形式化描述,并能够对一些比较复杂的逻辑推理用形式化方法进行分析,但是命题逻辑以原子命题为最小的研究单位,不对原子命题的内部结构作深入研究,这无论是在数学中还是在计算机科学中都是不够的。例如,数学中常用的含有变量的判断如 $x > 5$, $x \cdot y = z$ 等均无法用命题逻辑的形式准确描述出来。对于推理机制的刻画,命题演算的不足就更加明显了。例如,著名的苏格拉底三段论:

所有的人都是要死的。

苏格拉底是人。

所以苏格拉底是要死的。

从命题逻辑的角度来看,以上 3 个语句都是原子命题,如果分别用 P, Q, R 来表示,则上述推理的形式结构可描述为:$(P \wedge Q) \rightarrow R$。而由于这个式子不是重言式,故从命题逻辑上来说,这种形式推理是错误的。但根据常识,这个推理应该是正确的。

产生这种问题的根本原因在于:命题逻辑存在一定的局限性,它忽略了原子命题内部的"细节"。原子命题内部究竟有些什么"细节"呢? 在苏格拉底三段论的 3 个命题中涉及两个表示事物性质的概念"是人""是要死的",称之为谓词。它们还涉及两种主体"所有的人""苏格拉底",称之为个体词。前者表示一类个体的全部,这里使用了数量词"所有",称之为量词。只有当这些细节都被清楚地表示出来,同时建立起它们之间逻辑关系的形式描述(例如,建立一条规则,表示一类个体都有的性质,此类个体中的某个个体也具有这一性质),那么刻画类似苏格拉底三段论这样的推理才是可能的。

本章将对原子命题的内部成分进行分析,分析出个体词、谓词和量词,以期表达出个体与总体的内在联系和数量关系,总结出它们的形式结构,然后研究这些形式结构的逻辑性质以及形式结构之间的逻辑关系,从而导出它们的规律。这部分逻辑形式和规律就构成了谓词逻辑。谓词逻辑也称为一阶逻辑,它在人工智能领域的知识表示、知识推理、机器证明等方面都有着重要的意义。

2.1　谓词逻辑的基本概念

2.1.1　个体词与谓词

在命题逻辑中,命题是具有真假意义的陈述句。从语法上分析,一个陈述句由主语和谓语两部分组成。例如,"离散数学是计算机专业的必修课程"可分解成两部分,"离散数学"和"是计算机专业的必修课程",前者是主语,后者是谓语。

为了揭示命题内部结构及命题内部结构的关系,通常把原子命题中可以独立存在的客体

（句子的主语、宾语等）称为**个体词**，而用以刻画客体的性质或相互之间关系的将为**谓词**。

由于客体可以是具体的，也可以是抽象的，因此个体词可据此分为以下两种。

（1）表示具体的或特定的个体词称为**个体常项**（**个体常元**），一般用小写英文字母 a，$b,c,\cdots$ 或者带下标的小写英文字母 $a_i,b_i,c_i,\cdots$ 表示。

（2）表示抽象的或泛指的个体词称为**个体变项**（**个体变元**），一般用小写英文字母 x，$y,z,\cdots$ 或者带下标的小写英文字母 $x_i,y_i,z_i,\cdots$ 表示。

个体词的取值范围称为**个体域**（或**论域**），常用 D 表示。个体域可以是有限事物的集合，如 $\{a,b,c\},\{1,2,3,4,5\}$ 等；也可以是无限事物的集合，如整数集 $\mathbf{Z}$，自然数集 $\mathbf{N}$ 等。无特殊声明时，宇宙间的所有个体聚集在一起所构成的个体域称为**全总个体域**。本书在论述或推理中如没有指明所采用的个体域，都是使用全总个体域。

谓词用以刻画客体的性质或相互之间的关系。表示具体性质或关系的谓词称为**谓词常项**，表示抽象或泛指的性质或关系的谓词称为**谓词变项**。无论是谓词常项或变项通常都可以用大写字母 $F,G,H,\cdots$ 表示。

【例 2.1】　考察下列语句，并在谓词逻辑中将它们分别符号化。

（1）张华是一名大学生。

（2）小明和小强是兄弟。

（3）蚌埠位于宿州和合肥之间。

解：（1）"张华"是个体词，"是一名大学生"是谓词，该谓词描述了"张华"的性质。假设 $F(x)$：x 是一名大学生，a：张华，则"张华是一名大学生"可表示为 $F(a)$。

（2）"小明"和"小强"是个体词，"… 和 … 是兄弟"是谓词，该谓词描述了两个个体词之间的兄弟关系。假设 $B(x,y)$：x 和 y 是兄弟，a：小明，b：小强，则该命题可符号化为 $B(a,b)$。

（3）"蚌埠""宿州"和"合肥"是个体词，"… 位于 … 和 … 之间"是谓词，该谓词描述了 3 个个体词之间的关系。如果用 a,b,c 分别表示个体词"蚌埠""宿州"和"合肥"，$L(x,y,z)$ 表示谓词"… 位于 … 和 … 之间"，则该命题可符号化为 $L(a,b,c)$。

设 D 为非空的个体域，定义在 D^n（表示 n 个个体都在个体域 D 上取值）上取值于 $\{0,1\}$ 上的 n 元函数为 n **元命题函数**或 n **元谓词**，记为 $\boldsymbol{P(x_1,x_2,\cdots,x_n)}$。此时，个体变元 $x_1,x_2,\cdots,x_n$ 的定义域均为 D，$P(x_1,x_2,\cdots,x_n)$ 的值域为 $\{0,1\}$。

当个体变项 $x_1,x_2,\cdots,x_n$ 没有被赋予确切的个体词时，$P(x_1,x_2,\cdots,x_n)$ 没有确切的真值可言，即并非为一个命题。只有当 $x_1,x_2,\cdots,x_n$ 被指定为具体的个体词或确定了 x_1，$x_2,\cdots,x_n$ 的某些特定的取值范围，或对 $x_1,x_2,\cdots,x_n$ 在量上做了规定时，才能确定 $P(x_1,x_2,\cdots,x_n)$ 的真假值，此时，$P(x_1,x_2,\cdots,x_n)$ 才是一个真正的命题。也就是说，n 元谓词 $P(x_1,x_2,\cdots,x_n)$ 可以看成以个体域为定义域，以 $\{0,1\}$ 为值域的 n 元函数或关系，它不是命题。要想使它成为命题，必须用个体常项 $a_1,a_2,\cdots,a_n$ 取代个体变项 $x_1,x_2,\cdots,x_n$。

有时，将不带个体变项的谓词称为 **0 元谓词**，例如，$F(a),L(a,b),P(a_1,a_2,\cdots,a_n)$ 等都是 0 元谓词，谓词常项就是 0 元谓词。0 元谓词都是命题，因而可以将命题看成谓词的特殊情况。命题逻辑中的联结词在谓词逻辑中均可应用。

【例 2.2】　（1）设 $P(x)$：$x>5$，求 $P(2)$ 和 $P(6)$ 的真值。

（2）设 $Q(x,y,z)$：$x+y>z$，求 $Q(1,7,1)$ 和 $Q(1,1,7)$ 的真值。

解：（1）因 $P(x)$：$x>5$，所以，$P(2)$：$2>5$，其真值为 0；$P(6)$：$6>5$，其真值为 1。

（2）因 $Q(x,y,z):x+y>z$，所以 $Q(1,7,1):1+7>1$，其真值为 1；$Q(1,1,7)$：$1+1>7$，其真值为 0。

【例 2.3】 将以下命题用 n 元谓词进行表示。

（1）2 是自然数且是偶数。

（2）小明和小强是兄弟。

（3）如果小张比小李高，小李比小赵高，则小张比小赵高。

解：（1）令 $F(x):x$ 是自然数；$G(x):x$ 是偶数；$a:2$。

则该命题可用 n 元谓词符号化为 $F(a) \wedge G(a)$。

（2）令 $B(x,y):x$ 和 y 是兄弟；$a:$ 小明；$b:$ 小强。

则该命题可用 n 元谓词符号化为 $B(a,b)$。

（3）令 $H(x,y):x$ 比 y 高；$a:$ 小张；$b:$ 小李；$c:$ 小赵。

该命题可用 n 元谓词符号化为 $H(a,b) \wedge H(b,c) \rightarrow H(a,c)$。

从上述例子可知，谓词具有以下一些特点：

（1）谓词中的个体词顺序不能随意变换。如，例 2.2 中命题 $Q(1,7,1)$ 的真值为 1，而 $Q(1,1,7)$ 的真值为 0。

（2）一元谓词用以描述某一个个体的某种特性，而 n 元谓词则用以描述 n 个个体之间的关系。

（3）0 元谓词（不含个体变项）实际上就是一般的命题。

（4）一个 n 元谓词不是一个命题，但将 n 元谓词中的个体变项都用个体域中具体的个体取代后，它就会成为一个命题，而且个体变项在不同的个体域中取不同的值对其是否成为命题以及命题的真值有很大的影响。

2.1.2 量词

在谓词逻辑中，只使用如上的个体词和谓词还不能用符号很好地表达日常生活中的各种命题。例如，"所有人都是要死的"，"有的人活到百岁以上" 等。

为此，需要引入表示数量的词，即量词。量词可分为两种：

（1）**全称量词**：用来表达自然语言中的"一切""所有的""任意的""每一个"等词语，用符号"$\forall$"表示。$\forall x$ 表示个体域中所有的个体，$\forall x P(x)$ 表示个体域中的所有个体都具有性质 P。

（2）**存在量词**：用来表达自然语言中的"存在着""有一个""至少有一个"等词语，用符号"$\exists$"表示。$\exists x$ 表示存在个体域中的个体，$\exists x P(x)$ 表示存在个体域中的某些个体具有性质 P。

在讨论带有量词的谓词时，必须确定其个体域。在未加说明的情况下，个体域为全总个体域。

【例 2.4】 在（a）个体域为人类集合，（b）个体域为全总个体域两种情况下，将下列命题符号化。

（1）所有的人都是要死的。

（2）有的人用左手写字。

解：当（a）个体域为人类集合时，令 $F(x):x$ 是要死的，$G(x):x$ 用左手写字，则命题

(1) 可符号化为 $\forall xF(x)$,命题(2)可符号化为 $\exists xG(x)$。

当(b)个体域为全总个体域时,为了将命题中讨论的个体词"人"从全总个体域中分离出来,必须引入一个新的谓词 $M(x):x$ 是人。称这样的谓词为**特性谓词**,特性谓词常用来对每一个个体变项的变化范围进行限制。

一般地,特性谓词在加入命题函数中时遵循如下原则:

对全称量词 $\forall x$,特性谓词常做蕴涵的前件;

对存在量词 $\exists x$,特性谓词常做合取项。

于是,(1)令 $F(x):x$ 是要死的,则"所有的人都是要死的"可符号化为

$$\forall x(M(x) \rightarrow F(x))$$

(2) 令 $G(x):x$ 用左手写字,则"有的人用左手写字"可符号化为

$$\exists x(M(x) \wedge G(x))$$

【例 2.3】　在谓词逻辑中将下列命题符号化。

(1) 有的人登上过月球。

(2) 没有人登上过火星。

(3) 每个大学生都要参加考试。

(4) 大学生未必都通过了英语六级考试。

(5) 兔子都比乌龟跑得快。

(6) 有的兔子比所有乌龟跑得快。

(7) 不存在跑得同样快的两只兔子。

(8) 不存在比所有兔子跑得都快的乌龟。

解:本题目并未指明个体域,这里采用全总个体域。

对于(1)、(2),引入一元特性谓词 $M(x):x$ 是人。

(1) 设 $P(x):x$ 登上过月球,则该命题可符号化为

$$\exists x(M(x) \wedge P(x))$$

(2) 设 $Q(x):x$ 登上过火星,则该命题可符号化为

$$\neg \exists x(M(x) \wedge Q(x))$$

或者,也可以先将命题转述为"所有人都没有登上过火星",然后符号化为

$$\forall x(M(x) \rightarrow \neg Q(x))$$

对于(3)、(4),引入一元特性谓词 $S(x):x$ 是大学生。

(3) 设 $G(x):x$ 要参加考试,则该命题可符号化为

$$\forall x(S(x) \rightarrow G(x))$$

(4) 设 $H(x):x$ 通过了英语六级考试,则该命题可符号化为

$$\neg \forall x(S(x) \rightarrow H(x))$$

或者,也可以先将命题转述为"有的大学生没有通过英语六级考试",然后符号化为

$$\exists x(S(x) \land \neg H(x))$$

在(5)、(6)、(7)中出现了兔子和乌龟两个客体,因此引入一元特性谓词 $R(x)$:x 是兔子,$W(x)$:x 是乌龟。令二元谓词 $Q(x,y)$:x 比 y 跑得快,$S(x,y)$:x 和 y 跑得同样快,则

(5) 该命题可符号化为

$$\forall x \forall y(R(x) \land W(y) \to Q(x,y))$$

(6) 该命题可符号化为

$$\exists x(R(x) \land \forall y(W(y) \to Q(x,y)))$$

(7) 该命题可符号化为

$$\neg \exists x \exists y(R(x) \land R(y) \land S(x,y))$$

(8) 该命题可符号化为

$$\neg \exists y(W(y) \land \forall x(R(x) \to Q(y,x)))$$

在量词使用过程中,应注意以下几个问题:

(1) 在不同个体域的作用下,命题符号化的形式可能不一样。

(2) 如果事先未说明个体域,都应以全总个体域为个体域,必要时还需引入特性谓词。

(3) 当个体域为有限集时,如 $D = \{a_1, a_2, a_3, \cdots, a_n\}$,由量词的意义可以看出,对于任意的谓词 $A(x)$,都有:

$$\forall xA(x) \Leftrightarrow A(a_1) \land A(a_2) \land \cdots \land A(a_n),$$

$$\exists xA(x) \Leftrightarrow A(a_1) \lor A(a_2) \lor \cdots \lor A(a_n)$$

(4) 多个量词同时出现时,不能随意交换它们的顺序。例如,"对任意的 x,存在 y,使得 $x+y=10$",取个体域为实数集,则命题可符号化为 $\forall x \exists yH(x,y)$,其中"$H(x,y)$:$x+y=10$",这是一个真命题。但如果交换了量词的顺序,变为 $\exists y \forall xH(x,y)$,其对应的含义为"存在着某个 y,对任意的 x,都有 $x+y=10$",这显然是个假命题,与原命题的意义也不相同了。因而量词的顺序不能随意交换,否则将会产生错误。

2.2　谓词公式及其解释

同命题演算一样,在谓词逻辑中也同样包含命题变项和命题联结词。为了对谓词逻辑中关于谓词的表达式加以形式化,即利用联结词、谓词与量词构成符合要求的谓词公式,使谓词逻辑中命题的符号化结果更加准确和规范,确保谓词演算和推理的正确性,下面将给出谓词公式的相关概念。

2.2.1　谓词逻辑的合式公式

在谓词的形式化中,将使用以下四种符号。

（1）**常量符号**：用带或不带下标的小写英文字母 $a, b, c, \cdots$ 或 $a_1, b_1, c_1, \cdots$ 来表示。当个体域 D 给出时，它可以是 D 中的某个元素。

（2）**变量符号**：用带或不带下标的小写英文字母 $x, y, z, \cdots$ 或 $x_1, y_1, z_1, \cdots$ 来表示。当个体域 D 给出时，它可以是 D 中的任意元素。

（3）**函数符号**：用带或不带下标的小写英文字母 $f, g, h, \cdots$ 或 $f_1, g_1, h_1, \cdots$ 来表示。当个体域 D 给出时，n 元函数符号 $f(x_1, x_2, \cdots, x_n)$ 可以是 $D^n \rightarrow D$ 的任意一个函数。

（4）**谓词符号**：用带或不带下标的大写英文字母 $F, G, H, \cdots$ 或 $F_1, G_1, H_1, \cdots$ 来表示。当个体域 D 给出时，n 元谓词符号 $F(x_1, x_2, \cdots, x_n)$ 可以是 $D^n \rightarrow \{0, 1\}$ 的任意一个谓词。

为了便于处理数学和计算机科学的逻辑问题，加强谓词表示的直观清晰性，首先引入项的概念。

定义 2.1 谓词逻辑中的**项**，被递归地定义为

（1）个体常项和个体变项是项；

（2）若 $f(x_1, x_2, \cdots, x_n)$ 是 n 元函数符号，$t_1, t_2, \cdots, t_n$ 是项，则 $f(t_1, t_2, \cdots, t_n)$ 是项；

（3）有限次使用（1）、（2）产生的符号串是项。

由定义可知，项包括了常量、变量及变量构成的函数，但它们是一些按递归法则构造出来的复合函数，不是一般的任意函数。有了项的定义，函数的概念就可用来表示个体常元和个体变元，而这样定义的项一定是在某个个体域中的个体词，而非谓词。

定义 2.2 若 $F(x_1, x_2, \cdots, x_n)$ 是 n 元谓词，$t_1, t_2, \cdots, t_n$ 是项，则称 $F(t_1, t_2, \cdots, t_n)$ 为**原子谓词公式**，简称**原子公式**。

从定义可以看出，原子公式不含命题联结词和量词。下面由原子公式出发，给出谓词逻辑中谓词的合式公式的递归定义。

定义 2.3 满足以下条件的表达式称为**合式公式**：

（1）原子公式是合式公式；

（2）若 A 是合式公式，则 $(\neg A)$ 也是合式公式；

（3）若 A, B 是合式公式，则 $(A \wedge B), (A \vee B), (A \rightarrow B), (A \leftrightarrow B)$ 也是合式公式；

（4）若 A 是合式公式，x 是个体变元，则 $\forall x A(x), \exists x A(x)$ 也是合式公式；

（5）只有有限次地应用（1）～（4）产生的表达式才是合式公式。

在谓词逻辑中，合式公式又称**谓词公式**，简称为**公式**。为简单起见，合式公式的最外层括号可以省去。

例如，$\exists x P(x), \forall x \exists y H(x, y), \exists x(R(x) \wedge \forall y(W(x) \rightarrow Q(x, y)))$ 等都是合式公式，而 $\forall x(W(x) \rightarrow Q(x, y), \exists x \forall y(\wedge H(x, y))$ 等则不是合式公式，前者括号不配对，后者联结词无联结对象。

由上述定义可知，合式公式是按上述规则由原子公式、联结词、量词、圆括号和逗号组成的符号串，命题逻辑中的命题公式仅是它的一个特例，所以命题逻辑包含于谓词逻辑之中。

2.2.2 约束变元和自由变元

定义 2.4 在合式公式 $\forall x A$ 和 $\exists x A$ 中，称 x 为**指导变元**，A 为相应量词的**辖域**。在辖域中，x 的所有出现都称为**约束出现**（即 x 受相应量词指导变元的约束），x 称为**约束变元**；A 中不是约束出现的其他变元的出现称为**自由出现**，这些个体变元称为**自由变元**。

通常,一个量词的辖域是某公式 G 的子公式,因此,确定一个量词的辖域就是找出位于该量词之后相邻接的子公式,具体来说:

(1) 若量词后有括号,则括号内的子公式就是该量词的辖域;

(2) 若量词后无括号,则与量词邻接的子公式为该量词的辖域。

判断给定公式 G 中的个体变项是约束变元还是自由变元,关键要看它在公式 G 中是约束出现还是自由出现。

【例 2.4】　指出下列合式公式中的量词辖域、个体变项的约束出现和自由出现。

(1) $\forall x(P(x) \rightarrow \exists yQ(x,y))$;

(2) $\exists xH(x) \wedge G(x,y)$;

(3) $\forall x \forall y(P(x,y) \vee Q(y,z)) \wedge \exists xR(x,y)$。

解:(1) $\forall x$ 的辖域为 $(P(x) \rightarrow \exists yQ(x,y))$,$\exists y$ 的辖域为 $Q(x,y)$;对于 $\exists y$ 的辖域而言,y 为约束出现,x 为自由出现;对于 $\forall x$ 的辖域来说,x 和 y 均为约束出现。对于整个公式来说,x 约束出现 2 次,y 约束出现 1 次。

(2) $\exists x$ 的辖域为 $H(x)$,其中 x 为约束出现;$G(x,y)$ 中的 x,y 都是自由出现。对于整个公式来说,x 既有约束出现,也有自由出现,x 约束出现 1 次,自由出现 1 次,y 自由出现 1 次。

(3) 在 $\forall x \forall y(P(x,y) \vee Q(y,z))$ 中,$\forall x$ 的辖域为 $\forall y(P(x,y) \vee Q(y,z))$,$\forall y$ 的辖域为 $P(x,y) \vee Q(y,z)$。显然,对于 $\forall x$ 和 $\forall y$ 的辖域而言,x 和 y 均为约束出现,z 为自由出现;在 $\exists xR(x,y)$ 中,$\exists x$ 的辖域为 $R(x,y)$,其中 x 是约束出现,y 是自由出现。对于整个公式而言,x 的 2 次出现均为约束出现,y 既有约束出现又有自由出现,z 为自由出现。

定义 2.5　若公式 A 中无自由出现的个体变项,则称 A 是**封闭的合式公式**,简称**闭式**。

例如,$\forall x(F(x) \rightarrow G(x))$,$\forall x \exists y(F(x) \wedge G(x,y))$ 都是闭式;$\exists y \forall zL(x,y,z)$,$\forall x(F(x) \rightarrow G(x,y))$ 都不是闭式。

从上面的讨论可以看出,在一个合式公式中,有的个体变项既可以约束出现,又可以自由出现,这就很容易产生混淆。为了避免混淆,可以采用以下两条规则对约束变元进行换名,对自由变元进行代入,使公式中不再有既为约束出现又为自由出现的变项。

规则 1(约束变元的换名规则)　将量词中的指导变元,以及该量词辖域中所出现的此变元都用新的个体变元替换。新的变元一定要有别于换名辖域中的所有其他变元。

规则 2(自由变元的代入规则)　将公式中出现该自由变元的每一处都用新的个体变元替换。新变元不允许在原公式中以任何约束形式出现。

【例 2.5】　利用换名规则或代入规则,使下列谓词公式中不再有既为约束出现又为自由出现的个体变元。

(1) $\forall x(P(x) \rightarrow R(x,y)) \wedge Q(x,y)$;

(2) $\exists xH(x) \wedge G(x,y)$;

(3) $\forall x \forall y(P(x,y) \vee Q(y,z)) \wedge \exists xR(x,y)$。

解:(1) 用换名规则,将 $\forall x(P(x) \rightarrow R(x,y)) \wedge Q(x,y)$ 中的约束变元 x 换名为 t,可得

$$\forall t(P(t) \rightarrow R(t,y)) \wedge Q(x,y)$$

（2）用代入规则，将 $\exists xH(x) \wedge G(x,y)$ 中的自由变元 x 用 t 代替，可得

$$\exists xH(x) \wedge G(t,y)$$

（3）将 $\forall x \forall y(P(x,y) \vee Q(y,z)) \wedge \exists xR(x,y)$ 中，$\exists x$ 辖域内的约束变元 x 换名为 s，自由变元 y 用 t 代替，可得

$$\forall x \forall y(P(x,y) \vee Q(y,z)) \wedge \exists sR(s,t)$$

2.2.3　谓词公式的解释

和命题公式一样，谓词公式仅是一个字符串，并不具有任何实际意义，只有对谓词公式中的各种变项指定特殊的常项去代替，谓词公式才具有一定的意义，这就构成了一个谓词公式的解释。

定义 2.6　谓词公式 A 的一个解释 I 由以下四部分组成：

（1）非空个体域 D；

（2）对 A 中的每个个体常项符号，指定 D 中的某个特定的元素；

（3）对 A 中的每个 n 元函数符号，指定 D^n 到 D 中的某个特定的函数；

（4）对 A 中的每个 n 元谓词符号，指定 D^n 到 $\{0,1\}$ 中的某个特定的谓词。

对公式 A，取个体域 D，把 A 中的个体常项符号、函数符号、谓词符号分别替换成它们在 I 中的解释，称所得的公式 A' 为 A 在 I 下的解释，或 A 在 I 下被解释成 A'。

【例 2.6】　给定解释 I 如下：

论域：$D=\{1,2\}$；

个体常项：$a=1,b=2$；

函数 $f(x)$：$f(1)=2,f(2)=1$；

谓词 $P(x,y)$：$P(1,1)=1,P(1,2)=1,P(2,1)=0,P(2,2)=0$。

求以下各公式在解释 I 下的真值。

（1）$P(a,f(a)) \wedge P(b,f(b))$；

（2）$\forall x \exists yP(y,x)$；

（3）$\forall x \forall y(P(x,y) \rightarrow P(f(x),f(y)))$。

解：在解释 I 下，

（1）$P(a,f(a)) \wedge P(b,f(b))$

$\Leftrightarrow P(1,2) \wedge P(2,1)$

$\Leftrightarrow 1 \wedge 0$

$\Leftrightarrow 0$

（2）$\forall x \exists yP(y,x)$

$\Leftrightarrow \forall x(P(1,x) \vee P(2,x))$

$\Leftrightarrow (P(1,1) \vee P(2,1)) \wedge ((P(1,2) \vee P(2,2))$

$\Leftrightarrow (1 \vee 0) \wedge (1 \vee 0)$

$\Leftrightarrow 1 \wedge 1$

$\Leftrightarrow 1$

(3) $\forall x \forall y (P(x,y) \rightarrow P(f(x), f(y)))$

$\Leftrightarrow \forall x ((P(x,1) \rightarrow P(f(x), f(1))) \wedge (P(x,2) \rightarrow P(f(x), f(2))))$

$\Leftrightarrow (P(1,1) \rightarrow P(2,2)) \wedge (P(1,2) \rightarrow P(2,1)) \wedge (P(2,1) \rightarrow P(1,2))$

$\quad \wedge (P(2,2) \rightarrow P(1,1))$

$\Leftrightarrow (1 \rightarrow 0) \wedge (1 \rightarrow 0) \wedge (0 \rightarrow 1) \wedge (0 \rightarrow 1)$

$\Leftrightarrow 0 \wedge 0 \wedge 1 \wedge 1$

$\Leftrightarrow 0$

【例 2.7】 给定解释 I 如下：

论域 D 为自然数集；

个体常项 $a=0$；

二元函数 $f(x,y)=x+y, g(x,y)=x \cdot y$；

二元谓词 $P(x,y): x=y$。

在解释 I 下，下列公式的含义是什么？哪些能够成为命题，真值如何？哪些不能成为命题？

(1) $\forall x P(g(x,y), z)$；

(2) $P(f(x,a), y) \rightarrow P(g(x,y), z)$；

(3) $\forall x P(g(x,a), x) \rightarrow P(x,y)$；

(4) $\forall x \forall y \exists z P(f(x,y), z)$；

(5) $\forall x \forall y P(f(x,y), g(x,y))$。

解： 在解释 I 下，

(1) 公式被解释成 "$\forall x (x \cdot y = z)$"，它没有确切的真值，不是命题。

(2) 公式被解释成 "$(x+0=y) \rightarrow (x \cdot y = z)$"，它没有确切的真值，不是命题。

(3) 公式被解释成 "$\forall x (x \cdot 0 = x) \rightarrow (x = y)$"，由于此蕴涵式的前件是假，所以整个蕴涵式被解释成一个真命题。

(4) 公式被解释成 "$\forall x \forall y \exists z (x+y=z)$"，是真命题。

(5) 公式被解释成 $\forall x \forall y (x+y = x \cdot y)$，是假命题。

通过上面这些例子可以看出，在给定的某个解释下，有的公式为真，有的公式为假，有的真假不能确定。但闭式在任何解释下都是命题，而不是闭式的公式在有的解释下可以成为命题，在另一些解释下可能就不是命题了。

2.2.4　谓词公式的分类

定义 2.7　设 A 为一个谓词公式，如果 A 在任何解释下都是真的，则称 A 为**永真式**（或**逻辑有效式**）；如果 A 在任何解释下都是假的，则称 A 为**永假式**（或**矛盾式**）；若至少存在一个解释使 A 为真，则称 A 为**可满足式**。

由定义可知，逻辑有效式的否定为矛盾式，矛盾式的否定为逻辑有效式，逻辑有效式一定是可满足式，但可满足式不一定是逻辑有效式。

另外，由于谓词公式的复杂性和解释的多样性，至今还没有一个可行的算法能够判定任一公式是否是可满足的，即谓词公式的可满足性是不可判定的，只能对某些特殊公式进行可满足性的判断。

定义 2.8　设 A_0 是含命题变项 $p_1, p_2, \cdots, p_n$ 的命题公式，$A_1, A_2, \cdots, A_n$ 是 n 个谓词公式，用 $A_i (1 \leqslant i \leqslant n)$ 处处代换 A_0 中的 p_i，所得公式 A 称为 A_0 的**代换实例**。

例如，$F(x) \rightarrow G(x)$，$\forall x F(x) \rightarrow \exists y G(y)$ 等都是 $p \rightarrow q$ 的代换实例，而 $\forall x (F(x) \rightarrow G(x))$ 等不是 $p \rightarrow q$ 的代换实例。

定理 2.1　命题公式中的永真式的代换实例在谓词公式中仍为永真式，命题公式中的永假式的代换实例在谓词公式中仍为永假式。

证明： 设 B 是命题公式 A 用谓词公式 $A_1, A_2, \cdots, A_n$ 代替其中的命题变项 $p_1, p_2, \cdots, p_n$ 后所得的代换实例。当给 B 任意一个解释并任意取定其中的个体变项后，$A_1, A_2, \cdots, A_n$ 就有确定的值 0 或 1，这相当于给命题变项 $p_1, p_2, \cdots, p_n$ 一个赋值。显然，B 在 $A_1, A_2, \cdots, A_n$ 下的取值等于 A 在相应的 $p_1, p_2, \cdots, p_n$ 下的取值。因为 A 是永真式，所以 B 也是永真式。这里只证明了"永真式的代换实例是永真式"，"永假式的代换实例是永假式"的证明与此类似。

【例 2.8】　判断下列公式中哪些是逻辑有效式，哪些是矛盾式或可满足式。

(1) $(\neg \forall x F(x) \rightarrow \exists x G(x)) \rightarrow (\neg \exists x G(x) \rightarrow \forall x F(x))$；

(2) $\neg (\forall x F(x) \rightarrow \exists x \forall y G(x, y)) \wedge \exists x \forall y G(x, y)$；

(3) $\forall x F(x) \rightarrow \exists x F(x)$；

(4) $\forall x \exists y F(x, y) \rightarrow \exists x \forall y F(x, y)$。

解：(1) 中的公式是 $(\neg p \rightarrow q) \rightarrow (\neg q \rightarrow p)$ 的代换实例。因 $(\neg p \rightarrow q) \rightarrow (\neg q \rightarrow p) \Leftrightarrow \neg (p \vee q) \vee (q \vee p) \Leftrightarrow 1$，所以(1) 中的公式为逻辑有效式。

(2) 中的公式是 $\neg (p \rightarrow q) \wedge q$ 的代换实例。因 $\neg (p \rightarrow q) \wedge q \Leftrightarrow \neg (\neg p \vee q) \wedge q \Leftrightarrow p \wedge \neg q \wedge q \Leftrightarrow 0$，所以(2) 中的公式为矛盾式。

(3) 设 I 为任意的解释，个体域为 D。若后件 $\exists x F(x)$ 为假，即存在 $x_0 \in D$，使得 $F(x_0)$ 为假，则 $\forall x F(x)$ 为假，所以 $\forall x F(x) \rightarrow \exists x F(x)$ 为真。由 I 的任意性，得证原公式是逻辑有效式。

(4) 取解释 I 如下：① 论域为自然数集 $\mathbf{N}$，② $F(x, y)$ 为 $x = y$。在此解释下，前件化为 $\forall x \exists y F(x = y)$，后件化为 $\exists x \forall y F(x = y)$。在此解释 I 下，公式 $\forall x \exists y F(x, y) \rightarrow \exists x \forall y F(x, y)$ 的前件为真，后件为假，所以该公式为假，即(4) 中的公式不是逻辑有效式。

若将解释 I 中 $F(x, y)$ 改为 $x \leqslant y$ 组成解释 I'，则在 I' 下，前件为真，后件也为真，该公式为真，所以此时(4) 中的公式不是矛盾式。

综上，(4) 中的公式为可满足式。

2.3　谓词逻辑的等值式与前束范式

2.3.1　谓词逻辑的等值式

和命题逻辑一样，在谓词逻辑中，一个命题同样可能有多种谓词公式表示形式。本小节主要讨论谓词公式之间的等值关系。

定义 2.9　设 A 和 B 是谓词逻辑中任意的两个公式，若 $A \leftrightarrow B$ 是永真式，则称 A 与 B

是**等值的**，记作 $A{\Leftrightarrow}B$，称 $A{\Leftrightarrow}B$ 为**等值式**。

谓词逻辑中的等值也可以定义为：给定任意的两个谓词公式 A 和 B，设它们有共同的论域 D，在任意的解释 I 下，所得的命题真值都相同，则称谓词公式 A 和 B 在 D 上是等值的，并记作 $A{\Leftrightarrow}B$。

根据定理 2.1，永真式的代换实例都是永真式，因此，命题逻辑中的 24 个等值式及其代换实例在谓词逻辑中仍然是等值式。例如，

(1) $\forall x(P(x) \rightarrow Q(x)){\Leftrightarrow}\forall x(\neg P(x) \vee Q(x))$；

(2) $\forall xP(x) \vee \exists yR(x,y){\Leftrightarrow}\neg(\neg \forall xP(x) \wedge \neg \exists yR(x,y))$；

(3) $\exists xH(x,y) \wedge \neg \exists xH(x,y){\Leftrightarrow}0$。

除了与命题逻辑对应的等值式之外，在谓词逻辑中还有以下一些重要的等值式。

1. 量词否定等值式

定理 2.2（**量词否定律**）

(1) $\neg \forall xA(x){\Leftrightarrow}\exists x\neg A(x)$；

(2) $\neg \exists xA(x){\Leftrightarrow}\forall x\neg A(x)$。

其中，$A(x)$ 为任意的公式。

证明：（这里只证明第一个等值式）

在任给的解释 I（相应的个体域记为 D）下，若 $\neg \forall xA(x)$ 取值 1，则 $\forall xA(x)$ 取值 0，因此存在 $a \in D$，使得 $A(a)$ 取值 0，即 $\neg A(a)$ 取值 1，从而 $\exists x\neg A(x)$ 取值 1；若 $\neg \forall xA(x)$ 取值 0，则 $\forall xA(x)$ 取值 1，因此存在 $a \in D$，使得 $A(a)$ 取值 1，即 $\neg A(a)$ 取值 0，从而 $\exists x\neg A(x)$ 取值 0。由解释 I 的任意性可知，(1) 式成立。

当个体域 D 是有限集时，定理 2.2 中的两个等值式是很容易验证的。

设 $D=\{a_1,a_2,\cdots,a_n\}$，则有

$$\neg \forall xA(x) {\Leftrightarrow} \neg(A(a_1) \wedge A(a_2) \wedge \cdots \wedge A(a_n))$$

$$ {\Leftrightarrow} \neg A(a_1) \vee \neg A(a_2) \vee \cdots \vee \neg A(a_n)$$

$$ {\Leftrightarrow} \exists x\neg A(x),$$

$$\neg \exists xA(x) {\Leftrightarrow} \neg(A(a_1) \vee A(a_2) \vee \cdots \vee A(a_n))$$

$$ {\Leftrightarrow} \neg A(a_1) \wedge \neg A(a_2) \wedge \cdots \wedge \neg A(a_n)$$

$$ {\Leftrightarrow} \forall x\neg A(x)$$

注意：出现在量词之前的否定，不是否定该量词，而是否定被量化了的整个命题。

2. 量词辖域扩张与收缩等值式

定理 2.3（**量词辖域的扩张与收缩律**）

(1) $\forall x(A(x) \vee B){\Leftrightarrow}\forall xA(x) \vee B$；

(2) $\forall x(A(x) \wedge B){\Leftrightarrow}\forall xA(x) \wedge B$；

(3) $\forall x(A(x) \rightarrow B){\Leftrightarrow}\exists xA(x) \rightarrow B$；

(4) $\forall x(B \rightarrow A(x)){\Leftrightarrow}B \rightarrow \forall xA(x)$；

(5) $\exists x(A(x) \vee B){\Leftrightarrow}\exists xA(x) \vee B$；

(6) $\exists x(A(x) \wedge B){\Leftrightarrow}\exists xA(x) \wedge B$；

(7) $\exists x(A(x) \rightarrow B) \Leftrightarrow \forall xA(x) \rightarrow B$；

(8) $\exists x(B \rightarrow A(x)) \Leftrightarrow B \rightarrow \exists xA(x)$。

其中，$A(x)$ 是含 x 自由出现的任意的公式，而 B 中不含个体变项 x。上述等值式从左向右是量词辖域的收缩，从右向左是量词辖域的扩张。

对于 (1)、(2)、(5)、(6) 式，当个体域为有限集时是很容易验证的。设有限个体域 $D=\{a_1, a_2, \cdots, a_n\}$，下面验证 (1) 式。

$$\forall x(A(x) \vee B) \Leftrightarrow (A(a_1) \vee B) \wedge (A(a_2) \vee B) \wedge \cdots \wedge (A(a_n) \vee B)$$

$$\Leftrightarrow (A(a_1) \wedge A(a_2) \wedge \cdots \wedge A(a_n)) \vee B$$

$$\Leftrightarrow \forall xA(x) \vee B$$

另外，(3)、(4)、(7)、(8) 式可以由其他等值式推出，下面验证 (3) 式。

$$\forall x(A(x) \rightarrow B) \Leftrightarrow \forall x(\neg A(x) \vee B) \qquad \text{蕴涵等值式}$$

$$\Leftrightarrow \forall x \neg A(x) \vee B \qquad \text{定理 2.3(1)，量词辖域的收缩}$$

$$\Leftrightarrow \neg \exists xA(x) \vee B \qquad \text{定理 2.2(2)}$$

$$\Leftrightarrow \exists xA(x) \rightarrow B \qquad \text{蕴涵等值式}$$

其他等值式也可做类似验证。

3. 量词分配等值式

定理 2.4（量词分配律）

(1) $\forall x(A(x) \wedge B(x)) \Leftrightarrow \forall xA(x) \wedge \forall xB(x)$；

(2) $\exists x(A(x) \vee B(x)) \Leftrightarrow \exists xA(x) \vee \exists xB(x)$。

称 (1) 为 $\forall$ 对 $\wedge$ 的分配，(2) 为 $\exists$ 对 $\vee$ 的分配。但应注意：$\forall$ 对 $\vee$，$\exists$ 对 $\wedge$ 都不存在分配等值式。

【例 2.9】 证明：

(1) $\forall x(A(x) \vee B(x)) \not\Leftrightarrow \forall xA(x) \vee \forall xB(x)$；

(2) $\exists x(A(x) \wedge B(x)) \not\Leftrightarrow \exists xA(x) \wedge \exists xB(x)$；

证明：设个体域为自然数集，谓词 $A(x)$：x 是奇数，$B(x)$：x 是偶数。此时 $\forall x(A(x) \vee B(x))$ 为真，但 $\forall xA(x) \vee \forall xB(x)$ 为假。即 (1) 式两端真值不相同，所以 (1) 式不是等值式。在同样的解释下，$\exists xA(x) \wedge \exists xB(x)$ 为真，但 $\exists x(A(x) \wedge B(x))$ 为假，因此 (2) 式也不是等值式。

4. 多量词交换等值式

定理 2.5（量词交换律）

(1) $\forall x \forall yA(x, y) \Leftrightarrow \forall y \forall xA(x, y)$；

(2) $\exists x \exists yA(x, y) \Leftrightarrow \exists y \exists xA(x, y)$。

其中，$A(x, y)$ 是任意的含有 x, y 自由出现的谓词公式。

【例 2.10】 证明下列等值式。

(1) $\neg \exists x(G(x) \wedge H(x)) \Leftrightarrow \forall x(H(x) \rightarrow \neg G(x))$；

(2) $\neg \forall x(G(x) \to H(x)) \Leftrightarrow \exists x(G(x) \wedge \neg H(x))$;

(3) $\forall xG(x) \to H(x) \Leftrightarrow \exists y(G(y) \to H(x))$;

(4) $\exists x(G(x) \to H(x)) \Leftrightarrow \forall xG(x) \to \exists xH(x)$。

证明:

$(1) \neg \exists x(G(x) \wedge H(x))$

$\Leftrightarrow \forall x \neg (G(x) \wedge H(x))$ 量词否定律

$\Leftrightarrow \forall x(\neg G(x) \vee \neg H(x))$ 德·摩根律

$\Leftrightarrow \forall x(H(x) \to \neg G(x))$ 交换律,蕴涵等值式

$(2) \neg \forall x(G(x) \to H(x))$

$\Leftrightarrow \exists x \neg (G(x) \to H(x))$ 量词否定律

$\Leftrightarrow \exists x \neg (\neg G(x) \vee H(x))$ 蕴涵等值式

$\Leftrightarrow \exists x(G(x) \wedge \neg H(x))$ 德·摩根律

$(3) \forall xG(x) \to H(x)$

$\Leftrightarrow \neg \forall xG(x) \vee H(x)$ 蕴涵等值式

$\Leftrightarrow \exists x \neg G(x) \vee H(x)$ 量词否定律

$\Leftrightarrow \exists y \neg G(y) \vee H(x)$ 约束变元换名规则

$\Leftrightarrow \exists y(\neg G(y) \vee H(x))$ 量词辖域的扩张

$\Leftrightarrow \exists y(G(y) \to H(x))$ 蕴涵等值式

$(4) \exists x(G(x) \to H(x))$

$\Leftrightarrow \exists x(\neg G(x) \vee H(x))$ 蕴涵等值式

$\Leftrightarrow \exists x \neg G(x) \vee \exists xH(x)$ 量词分配律

$\Leftrightarrow \neg \forall xG(x) \vee \exists xH(x)$ 量词否定律

$\Leftrightarrow \forall xG(x) \to \exists xH(x)$ 蕴涵等值式

2.3.2　谓词逻辑的前束范式

在命题逻辑中,任何公式都可以表示成与之等值的主析取范式和主合取范式。在谓词逻辑中,也可以将公式转换为标准形式 —— 前束范式。

定义 2.10　设 A 为一个谓词公式,如果 A 具有如下形式:$Q_1 x_1 Q_2 x_2 \cdots Q_k x_k B$,则称 A 为**前束范式**。其中,每个 $Q_i (1 \leqslant i \leqslant k)$ 为 $\forall$ 或 $\exists$,B 为不含量词的谓词公式。

按上述定义,可以认为:对于一个谓词公式,如果量词均在全式的开头,它们的作用域延伸到整个公式的末尾,则称该公式为前束范式。例如,$\forall x \forall y \exists z(Q(x,y) \to R(z))$,$\forall y \forall x(\neg P(x,y) \to Q(y))$ 等都是前束范式,而 $\neg \forall xP(x)$,$\forall xP(x) \to \exists yQ(y)$ 等都不是前束范式。

定理 2.6　谓词逻辑中的任一公式都可以化为与之等值的前束范式,但其前束范式并不唯一。

求谓词公式的前束范式的步骤如下:

(1) 消去公式中包含的蕴涵联结词 $\to$ 和等价联结词 $\leftrightarrow$;

(2) 反复运用德·摩根律,将否定联结词 $\neg$ 内移到原子谓词公式的前端;

(3) 若存在同名的变元,它们既有约束出现又有自由出现,则对约束变元使用换名规

则或对自由变元使用代入规则,用新的个体变元对其进行替换;

(4) 使用谓词的等值式将所有量词提到公式的最前端。

经过这几步,便可求得任意公式的前束范式,由于每一步变换都保持着等值关系,所以得到的前束范式与原公式是等值的。

【例 2.11】　求下列公式的前束范式。

(1) $\forall xP(x) \wedge \neg \exists xQ(x)$;

(2) $\forall xP(x) \rightarrow \exists xQ(x)$;

(3) $\neg(\forall x \exists yP(a,x,y) \rightarrow \exists x(\neg \forall yQ(y,b) \rightarrow R(x)))$。

解:

(1) $\forall xP(x) \wedge \neg \exists xQ(x)$

$\Leftrightarrow \forall xP(x) \wedge \forall x \neg Q(x)$　　　　　　　　量词否定律

$\Leftrightarrow \forall x(P(x) \wedge \neg Q(x))$　　　　　　　量词分配律($\forall$ 对 $\wedge$ 的分配)

或者

　　$\forall xP(x) \wedge \neg \exists xQ(x)$

$\Leftrightarrow \forall xP(x) \wedge \forall x \neg Q(x)$　　　　　　　　量词否定律

$\Leftrightarrow \forall xP(x) \wedge \forall y \neg Q(y)$　　　　　　　　约束变元换名规则

$\Leftrightarrow \forall x \forall y(P(x) \wedge \neg Q(y))$　　　　　　量词辖域扩张

由此可知,公式的前束范式是不唯一的。

(2) $\forall xP(x) \rightarrow \exists xQ(x)$

$\Leftrightarrow \neg \forall xP(x) \vee \exists xQ(x)$　　　　　　　　蕴涵等值式

$\Leftrightarrow \exists x \neg P(x) \vee \exists xQ(x)$　　　　　　　量词否定律

$\Leftrightarrow \exists x(\neg P(x) \vee Q(x))$　　　　　　量词分配律($\exists$ 对 $\vee$ 的分配)

或者

　　$\forall xP(x) \rightarrow \exists xQ(x)$

$\Leftrightarrow \forall xP(x) \rightarrow \exists yQ(y)$　　　　　　　　约束变元换名规则

$\Leftrightarrow \exists x(P(x) \rightarrow \exists yQ(y))$　　　　　　量词辖域扩张

$\Leftrightarrow \exists x \exists y(P(x) \rightarrow Q(y))$　　　　　　量词辖域扩张

(3) $\neg(\forall x \exists yP(a,x,y) \rightarrow \exists x(\neg \forall yQ(y,b) \rightarrow R(x)))$

$\Leftrightarrow \neg(\neg \forall x \exists yP(a,x,y) \vee \exists x(\neg \neg \forall yQ(y,b) \vee R(x)))$

　　　　　　　　　　　　　蕴涵等值式

$\Leftrightarrow \forall x \exists yP(a,x,y) \wedge \neg \exists x(\forall yQ(y,b) \vee R(x))$

　　　　　　　　　　　　　德·摩根律,双重否定律

$\Leftrightarrow \forall x \exists yP(a,x,y) \wedge \forall x(\exists y \neg Q(y,b) \wedge \neg R(x))$

　　　　　　　　　　　　　量词否定律,德·摩根律

$\Leftrightarrow \forall x(\exists yP(a,x,y) \wedge \exists y \neg Q(y,b) \wedge \neg R(x))$　量词分配律($\forall$ 对 $\wedge$ 的分配)

$\Leftrightarrow \forall x(\exists yP(a,x,y) \wedge \exists z \neg Q(z,b) \wedge \neg R(x))$　约束变元换名规则

$\Leftrightarrow \forall x \exists y(P(a,x,y) \wedge \exists z \neg Q(z,b) \wedge \neg R(x))$　量词辖域扩张

$\Leftrightarrow \forall x \exists y \exists z(P(a,x,y) \wedge \neg Q(z,b) \wedge \neg R(x))$　量词辖域扩张

2.4 谓词逻辑的推理理论

谓词逻辑的推理是命题逻辑推理的进一步深化和发展。命题逻辑中的推理规则,如前提引入规则(P规则)、结论引入规则(T规则)、置换规则(E规则)、附加前提规则(CP规则)等都可以无条件地推广到谓词逻辑中来,只是在谓词逻辑推理中,某些前提和结论可能受到量词的约束。为确立前提和结论之间的内在联系,有必要消去量词或添加量词,以便使得谓词逻辑推理过程类似于命题逻辑的推理。因此,正确理解和运用有关量词规则是谓词逻辑推理理论的关键所在。

2.4.1 推理的形式结构

定义 2.11 设 $A_1, A_2, \cdots, A_k$ 和 B 都是谓词公式,若 $A_1 \wedge A_2 \wedge \cdots \wedge A_k \rightarrow B$ 为重言式,则称由前提 $A_1, A_2, \cdots, A_k$ 推出结论 B 的推理是**有效的**(或**正确的**),记为 $A_1 \wedge A_2 \wedge \cdots \wedge A_k \Rightarrow B$。

在谓词逻辑中,通常使用构造证明法证明推理的有效性,并采用如下所示的推理形式结构:

$$\text{前提:} A_1, A_2, \cdots, A_k \qquad \text{结论:} B$$

要证明推理的有效性,需要从给定的前提出发,应用推理规则(推理定律)进行推理演算,构造一个证明序列,最后得到的谓词公式是推理的结论。

2.4.2 谓词逻辑的基本蕴涵式

在谓词逻辑中,除了2.3节介绍的基本等值式之外,量词与命题联结词之间存在一些不同的结合情况,有些是蕴涵式。

(1) $\forall x A(x) \vee \forall x B(x) \Rightarrow \forall x (A(x) \vee B(x))$;

(2) $\exists x (A(x) \wedge B(x)) \Rightarrow \exists x A(x) \wedge \exists x B(x)$;

(3) $\forall x (A(x) \rightarrow B(x)) \Rightarrow \forall x A(x) \rightarrow \forall x B(x)$;

(4) $\forall x (A(x) \leftrightarrow B(x)) \Rightarrow \forall x A(x) \leftrightarrow \forall x B(x)$;

(5) $\exists x A(x) \rightarrow \forall x B(x) \Rightarrow \forall x (A(x) \rightarrow B(x))$。

其中,$A(x), B(x)$ 是只含自由变元 x 的谓词公式。

具有两个或多个量词的谓词公式中也包含一些蕴涵式。

(6) $\forall x \forall y A(x,y) \Rightarrow \exists y \forall x A(x,y)$,$\forall y \forall x A(x,y) \Rightarrow \exists x \forall y A(x,y)$;

(7) $\exists y \forall x A(x,y) \Rightarrow \forall x \exists y A(x,y)$,$\exists x \forall y A(x,y) \Rightarrow \forall y \exists x A(x,y)$;

(8) $\forall x \exists y A(x,y) \Rightarrow \exists y \exists x A(x,y)$,$\forall y \exists x A(x,y) \Rightarrow \exists x \exists y A(x,y)$。

其中,$A(x,y)$ 是含有自由变元 x,y 的谓词公式。

这些常见的基本蕴涵式和谓词逻辑的基本等值式一起构成了推理的基础。

2.4.3　推理规则

1. 全称量词消去规则(简称 US 规则)

$\forall xA(x) \Rightarrow A(c)$,其中 c 为任意的个体常元;

或 $\forall xA(x) \Rightarrow A(y)$,其中 y 是不在 $A(x)$ 中约束出现的个体变元。

【例 2.12】　设个体域为实数集,$P(x,y):x+1=y$,分析下面推导过程的错误。

(1) $\forall x \exists yP(x,y)$　　　　　　　　　P 规则

(2) $\exists yP(y,y)$　　　　　　　　　　US 规则,(1)

解:$\forall x \exists yP(x,y)$ 表示"对任意的实数 x,存在实数 y,满足 $x+1=y$",这是一个真命题。由于在使用 US 规则时,违反了使用条件"y 不在 $A(x)$(即 $\exists yP(x,y)$)中约束出现",致使得到错误的结论 $\exists yP(y,y)$,即"存在某个实数 y,满足 $y+1=y$"。

2. 存在量词消去规则(简称 ES 规则)

$\exists xA(x) \Rightarrow A(c)$,其中 c 是使 $A(x)$ 为真的特定的个体常元,这就要求 c 不在 $A(x)$ 和已经推导出的公式中出现,且除 x 外,$A(x)$ 中无其他自由变元。

注意:若 $\exists xP(x)$ 和 $\exists xQ(x)$ 都为真,则对于某些 c 和 d,可以得到 $P(c) \wedge Q(d)$ 为真,但不能断定 $P(c) \wedge Q(c)$ 为真。

【例 2.13】　设个体域为实数集,$P(x,y):x>y$,分析下面推导过程的错误。

(1) $\forall x \exists yP(x,y)$　　　　　　　　　P 规则

(2) $\exists yP(z,y)$　　　　　　　　　　US 规则,(1)

(3) $P(z,a)$　　　　　　　　　　　　ES 规则,(2)

解:$\forall x \exists yP(x,y)$ 表示"对任意的实数 x,存在实数 y,满足 $x>y$",这是一个真命题。但结论 $P(z,a)$ 随 z 的不同可取 0 或 1。这是由于公式 $\exists yP(z,y)$ 中存在自由变元 z,违反了 ES 规则的使用条件"$A(x)$(即 $\exists yP(z,y)$)中无其他自由变元",故不能使用 ES 规则得到 $P(z,a)$。实际上,$\exists yP(z,y)$ 中的个体变元 y 依赖于个体变元 z。

3. 全称量词引入规则(简称 UG 规则)

$A(y) \Rightarrow \forall xA(x)$,其中 x 不在 $A(y)$ 中以约束变元的形式出现。

注意:在应用本规则时,必须能够证明前提 $A(y)$ 对论域中的每一个可能的 y 都是真的。

【例 2.14】　设个体域为实数集,$P(x,y):x>y$,分析下面推导过程的错误。

(1) $\exists xP(x,y)$　　　　　　　　　　P 规则

(2) $\forall x \exists xP(x,x)$　　　　　　　　UG 规则,(1)

解:对个体域中任意的个体变元 y,显然 $\exists xP(x,y)$ 都取值 1,但结论 $\forall x \exists xP(x,x)$ 是一个假命题。产生错误的原因是违反了 UG 规则的使用条件"x 不在 $A(y)$(即 $\exists xP(x,y)$)中以约束变元的形式出现"。若不用 x,而用另一个变元 z,则可得 $\forall z \exists xP(x,z)$ 为真命题。

4. 存在量词引入规则(简称 EG 规则)

$A(c) \Rightarrow \exists xA(x)$,其中 c 为任意的个体常元,x 不在 $A(c)$ 中以约束变元的形式出现。

或 $A(y) \Rightarrow \exists xA(x)$,其中 x 不在 $A(y)$ 中以约束变元的形式出现。

【例 2.15】 设个体域为实数集，$P(x,y):x \cdot y = 0$，分析下面推导过程的错误。

(1) $\exists y \forall x P(x,y)$ P 规则

(2) $\forall x P(x,a)$ ES 规则，(1)

(3) $\exists x \forall x P(x,x)$ EG 规则，(2)

(4) $\forall x P(x,x)$ ES 规则，(3)

解： 前提 $\exists y \forall x P(x,y)$ 表示"存在一个 y，对任何实数 x，都有 $x \cdot y = 0$"，这是一个真命题。但结论 $\forall x P(x,x)$ 表示"对任何实数 x，都有 $x \cdot x = 0$"，这是一个假命题。错误出现在步骤(3)，它违反了 EG 规则的使用条件"x 不在 $A(y)$（即 $\forall x P(x,a)$）中以约束变元的形式出现"。

2.4.4　推理方法

谓词逻辑的推理方法是命题逻辑推理方法的拓展，在谓词逻辑中利用的推理规则也有 P 规则、T 规则、CP 规则，还有常用的等值式、蕴涵式以及有关量词的消去和引入规则。使用的推理方法也包括附加前提证明法和归谬法等。

【例 2.16】 构造下列推理的证明。

(1) 前提：$\forall x(P(x) \rightarrow Q(x))$，$\exists x P(x)$ 结论：$\exists x Q(x)$

(2) 前提：$\forall x(P(x) \rightarrow Q(x))$ 结论：$\forall x P(x) \rightarrow \forall x Q(x)$

(3) 前提：$\forall x P(x) \rightarrow \forall x Q(x)$ 结论：$\exists x(P(x) \rightarrow Q(x))$

证明：

(1) ① $\exists x P(x)$ P 规则

      ② $P(a)$ ES 规则，①

      ③ $\forall x(P(x) \rightarrow Q(x))$ P 规则

      ④ $P(a) \rightarrow Q(a)$ US 规则，③

      ⑤ $Q(a)$ T 规则，②④ 假言推理

      ⑥ $\exists x Q(x)$ EG 规则，⑤

由此可见，(1)中的推理是正确的。

观察下面的另一个证明过程，它用如下步骤代替上例中的前 4 个步骤：

      ① $\forall x(P(x) \rightarrow Q(x))$ P 规则

      ② $P(a) \rightarrow Q(a)$ US 规则，①

      ③ $\exists x P(x)$ P 规则

      ④ $P(a)$ ES 规则，③

此过程与前述证明过程相比仅是次序变化，但完全错误。② 中的 a 来自全称量词的消去，是泛指的任意一个个体，而 ③ 中只能指定某个特殊的 a' 而不能是 a，它违背了存在量词消去规则的要求。需注意，在进行量词消去时，如果前提中既有全称量词，又有存在量词，应该先消去存在量词，再消去全称量词。

      (2) ① $\forall x(P(x) \rightarrow Q(x))$ P 规则

         ② $P(y) \rightarrow Q(y)$ US 规则，①

         ③ $\forall x P(x)$ CP 规则

         ④ $P(y)$ US 规则，③

⑤ $Q(y)$ T 规则,②④ 假言推理

⑥ $\forall x Q(x)$ UG 规则,⑤

由附加前提证明法可知,(2)中的推理是正确的。

(3) 采用归谬法,将结论的否定作为附加前提引入。

① $\neg \exists x(P(x) \to Q(x))$ P 规则(附加前提)

② $\forall x(P(x) \wedge \neg Q(x))$ E 规则,①

③ $\forall x P(x) \wedge \forall x \neg Q(x)$ E 规则,②

④ $\forall x P(x)$ T 规则,③

⑤ $\forall x P(x) \to \forall x Q(x)$ P 规则

⑥ $\forall x Q(x)$ T 规则,④⑤

⑦ $Q(y)$ US 规则,⑥

⑧ $\forall x \neg Q(x)$ T 规则,③

⑨ $\neg Q(y)$ US 规则,⑧

⑩ $Q(y) \wedge \neg Q(y)$ T 规则,⑦⑨

由归谬法可知,(3)中的推理是正确的。

【例 2.17】 证明下列论断的正确性。

(1) 苏格拉底三段论:所有的人都是要死的,苏格拉底是人,所以苏格拉底是要死的。

(2) 所有的哺乳动物都是脊椎动物,并非所有的哺乳动物都是胎生动物,故有些脊椎动物不是胎生的。

证明:(1) 假设 $M(x)$:x 是人,$D(x)$:x 是要死的,a:苏格拉底,则该推理可符号化为

前提:$\forall x(M(x) \to D(x))$,$M(a)$　　结论:$D(a)$

即证明:$\forall x(M(x) \to D(x)) \wedge M(a) \Rightarrow D(a)$

证明过程如下:

① $\forall x(M(x) \to D(x))$ P 规则

② $M(a) \to D(a)$ US 规则,①

③ $M(a)$ P 规则

④ $D(a)$ T 规则,②③ 假言推理

由此可见,苏格拉底三段论中的推理是正确的。

(2) 设 $P(x)$:x 是哺乳动物,$Q(x)$:x 是脊椎动物,$R(x)$:x 是胎生动物,则该推理可符号化为

前提:$\forall x(P(x) \to Q(x))$,$\neg \forall x(P(x) \to R(x))$　　结论:$\exists x(Q(x) \wedge \neg R(x))$

即证明:$\forall x(P(x) \to Q(x)) \wedge \neg \forall x(P(x) \to R(x)) \Rightarrow \exists x(Q(x) \wedge \neg R(x))$

证明过程如下:

① $\neg \forall x(P(x) \to R(x))$ P 规则

② $\exists x \neg(\neg P(x) \vee R(x))$ E 规则,①

③ $\neg(\neg P(a) \vee R(a))$ ES 规则,②

④ $P(a) \wedge \neg R(a)$ E 规则,③

⑤ $P(a)$ T 规则,④

⑥ $\neg R(a)$　　　　　　　　　　T 规则,④

⑦ $\forall x(P(x) \rightarrow Q(x))$　　　　P 规则

⑧ $P(a) \rightarrow Q(a)$　　　　　　US 规则,⑦

⑨ $Q(a)$　　　　　　　　　　T 规则,⑤⑧

⑩ $Q(a) \wedge \neg R(a)$　　　　　　T 规则,⑥⑨

⑪ $\exists x(Q(x) \wedge \neg R(x))$　　　EG 规则,⑩

由此可知,(2)中的论断是正确的。

习 题 2

1. 在谓词逻辑中将下列命题符号化。

(1) 2 是素数且是偶数。

(2) 如果 3 大于 2,则 3 大于 1。

(3) 5 介于 2 和 8 之间。

(4) 除非他是北方人,否则他一定怕冷。

(5) 凡是素数都不是偶数。

(6) 有些实数是有理数。

(7) 不是所有的鸟都会飞翔。

(8) 没有不犯错误的人。

(9) 并非所有的大学生都能成为科学家。

(10) 并不是所有兔子都比乌龟跑得快。

2. 在谓词逻辑中将下列各命题符号化。

(1) 凡是有理数均可表示成分数。

(2) 有的有理数是整数。

要求:(a) 个体域为有理数集合;(b) 个体域为实数集合;(c) 个体域为全总个体域。

3. 指出下列各公式的指导变元、量词辖域、约束变元和自由变元。

(1) $\forall x(P(x) \rightarrow Q(x,y))$;

(2) $\exists x(F(x,y) \rightarrow G(x,z)) \vee H(x)$;

(3) $\forall x(F(x) \wedge \exists x G(x,z) \rightarrow \exists y H(x,y)) \vee G(x,y)$。

4. 设 $P(x)$:x 是素数;$I(x)$:x 是整数;$Q(x,y)$:$x+y=0$。用自然语言语句描述下列公式并判断其真假值。

(1) $\forall x(I(x) \rightarrow P(x))$;

(2) $\exists x(I(x) \wedge P(x))$;

(3) $\forall x \forall y(I(x) \wedge I(y) \rightarrow Q(x,y))$;

(4) $\forall x(I(x) \rightarrow \exists y(I(y) \wedge Q(x,y)))$;

(5) $\exists x \forall y(I(x) \wedge I(y) \rightarrow Q(x,y))$。

5. 给定解释 I 如下:

论域 $D = \{1,2\}$;

个体常项 $a=1$;

函数 $f(x)$:$f(1)=2,f(2)=1$;

谓词 $P(x)$:$P(1)=0,P(2)=1$;

　　$Q(x,y)$:$Q(1,1)=1,Q(1,2)=1,Q(2,1)=0,Q(2,2)=0$。

求以下各公式在解释 I 下的真值。

(1) $\forall x(P(x) \rightarrow Q(f(x),a))$;

(2) $\exists x(P(f(x)) \wedge Q(x,f(a)))$;

(3) $\exists x(P(x) \wedge Q(x,a))$;

(4) $\forall x \exists y (P(x) \wedge Q(x,y))$。

6. 给出解释 I,使下面的两个公式在解释 I 下均为假,从而说明这两个公式都不是逻辑有效式。

(1) $\forall x (F(x) \vee G(x)) \rightarrow \forall x F(x) \vee \forall x G(x)$;

(2) $\exists x F(x) \wedge \exists x G(x) \rightarrow \exists x (F(x) \wedge G(x))$。

7. 设个体域 $D = \{a,b,c\}$,将下列各公式中的量词消去。

(1) $\forall x (F(x) \rightarrow G(x))$;

(2) $\forall x (F(x) \vee \exists y G(y))$;

(3) $\forall x \exists y F(x,y)$。

8. 分析以下谓词公式的类型。

(1) $\forall x (F(x) \rightarrow G(x))$;

(2) $\forall x \neg F(x) \wedge \exists x F(x)$;

(3) $\exists x (F(x) \wedge G(x)) \rightarrow \forall x F(x)$;

(4) $\forall x (F(y) \rightarrow G(x)) \rightarrow (F(y) \rightarrow \forall x G(x))$。

9. 证明下列各蕴涵式成立。

(1) $\forall x A(x) \vee \forall x B(x) \Rightarrow \forall x (A(x) \vee B(x))$;

(2) $\exists x (A(x) \wedge B(x)) \Rightarrow \exists x A(x) \wedge \exists x B(x)$;

(3) $\forall x (A(x) \rightarrow B(x)) \Rightarrow \forall x A(x) \rightarrow \forall x B(x)$;

(4) $\forall x (A(x) \leftrightarrow B(x)) \Rightarrow \forall x A(x) \leftrightarrow \forall x B(x)$;

(5) $\exists x A(x) \rightarrow \forall x B(x) \Rightarrow \forall x (A(x) \rightarrow B(x))$。

其中,$A(x)$,$B(x)$ 是只含自由变元 x 的谓词公式。

10. 求下列公式的前束范式。

(1) $\forall x P(x) \vee \neg \exists x Q(x)$;

(2) $\exists x P(x) \rightarrow \forall x Q(x)$;

(3) $\forall x F(x) \vee \exists y G(x,y)$;

(4) $\neg \exists x F(x) \rightarrow \forall y G(x,y)$;

(5) $\neg (\forall x F(x,y) \vee \exists y G(x,y))$;

(6) $\exists x (F(x) \wedge \forall y G(x,y,z)) \rightarrow \exists z H(x,y,z)$。

11. 构造下列推理的证明。

(1) 前提:$\exists x F(x), \forall x ((F(x) \vee G(x)) \rightarrow H(x))$;
　　结论:$\exists x H(x)$。

(2) 前提:$\exists x F(x) \wedge \forall x G(x)$;
　　结论:$\exists x (F(x) \wedge G(x))$。

(3) 前提:$\exists x F(x) \rightarrow \forall x G(x)$;
　　结论:$\forall x (F(x) \rightarrow G(x))$。

(4) 前提:$\forall x (F(x) \vee G(x))$;
　　结论:$\forall x F(x) \vee \exists x G(x)$。

(5) 前提:$\forall x \forall y (\neg P(x) \vee Q(y))$;
　　结论:$\forall x \neg P(x) \vee \forall y Q(y)$。

12. 符号化下列命题,并推证其结论。

(1) 所有学生都要参加物理或化学考试,因此,若非都要参加物理考试,一定有人参加化学考试。(论域为学生的集合)

(2) 人都喜欢吃蔬菜,但不是所有的人都喜欢吃鱼,所以,存在喜欢吃蔬菜而不喜欢吃鱼的人。

(3) 每个喜欢步行的人都不喜欢坐汽车,每个人或者喜欢坐汽车或者喜欢骑自行车,有的人不喜欢骑自行车,因此,有的人不喜欢步行。

第3章 集 合

集合论是研究集合(由一堆抽象物件构成的整体)的数学理论,它包含了集合、元素和成员关系等最基本的数学概念,是数学中最富创造性的伟大成果之一。

集合论的基础是由德国数学家康托尔在19世纪70年代奠定的。经过一大批科学家半个世纪的努力,到20世纪20年代集合论确立了其在现代数学理论体系中的基础地位。现在,集合论作为一门内容充实、应用广泛的成熟学科,正在影响着整个数学科学。可以说,现代数学各个分支的几乎所有成果都构筑在严格的集合理论上。

由于集合论适合于描述和研究离散对象及其关系,所以集合论在计算机科学(如数据库、形式语言、自动机理论、人工智能等领域)中也具有十分广泛和重要的应用,计算机科学领域中的大多数基本概念和理论几乎均采用集合论的有关术语来描述和论证。集合论已成为计算机科学工作者必不可少的理论基础和数学工具。

本章介绍集合论的基础知识,主要内容包括集合的概念及其运算、性质、基数和计数问题等。

3.1 集合的基本概念

3.1.1 集合与元素

集合是一个不能精确定义的基本概念。一般地说,把具有共同性质的一些东西汇集成一个整体,就形成了一个**集合**。例如,教室内的桌椅、图书馆的藏书、全体高校等均分别构成一个集合。通常,在一个集合中的对象都具有相同或类似的性质,当然也可以将完全无关的对象放在一个集合中,例如:电脑、投影仪、桌子、椅子、黑板、大象、小猫也可以构成一个集合。集合中的对象称为该集合的**元素**或**成员**。

通常情况下,用带或不带下标的大写英文字母 $A,B,C,\cdots$ 或 $A_1,B_1,C_1,\cdots$ 表示集合。特别地,N代表自然数的集合(包括0),Z代表整数的集合,Q代表有理数的集合,R代表实数的集合,C代表复数的集合。用带或不带下标的小写英文字母 $a,b,c,\cdots$ 或 $a_1,b_1,c_1,\cdots$ 表示元素。

集合的表示方法通常有如下两种。

(1) 列举法,又称枚举法,即列出集合的所有元素,元素之间以逗号隔开,并用花括号把它们括起来。例如:$A=\{a,b,c,d\}$,$B=\{桌子,板凳,灯泡,黑板\}$。如果集合中的元素较多而不便全部列出时,也可以将一些元素用省略号表示。例如:$C=\{a,a^2,a^3,\cdots\}$,$D=\{a,b,c,\cdots,z\}$ 等。

列举法适合表示仅含有限个元素或者元素之间具有明显关系的集合。它是一种显式表示法,其优点是具有直观性,但在表示具有某种特性的集合或集合中元素过多时受到了一定的局限。而且,从计算机的角度看,显式表示法是一种"静态"表示法,如果一下子将这么多"数据"都输入到计算机中,则会占据大量的"内存"。

(2) 描述法,也可称为谓词表示法,它是通过刻画集合中元素所具备的某种特性来表示集合的方法。通常用形如 $\{x \mid P(x)\}$ 的形式来表示使 $P(x)$ 为真的全体 x 构成的集合,其中 $P(x)$ 可以代表任何谓词。例如:$M = \{x \mid x \in \mathbf{Z} \wedge 3 < x \leqslant 6\}$,$R = \{x \mid x$ 为实数$\}$ 等。

描述法可以表示含有很多或无穷多个元素的集合,或者集合的元素之间有容易刻画的共同特征的集合。描述法的优点是原则上不要求列出集合的全部元素,而只要给出该集合中元素的特性。而且,从计算机的角度看,描述法是一种"动态"表示法,计算机处理数据时不用占据大量"内存"。

元素与集合之间的关系是隶属关系(从属关系),是"明确"的,即"属于"或"不属于"两者必居其一且仅居其一。对于某个集合 A 和元素 a 来说,若 a 是集合 A 中的元素,则记作 $a \in A$,读作"a 属于 A";若 a 不是集合 A 中的元素,记作 $a \notin A$,读作"a 不属于 A"。

集合论中规定:

(1) 集合中的元素之间彼此互异,如果同一个元素在集合中多次出现,应该认为是一个元素。例如:集合 $\{3,4,4,5\}$ 与集合 $\{3,4,5\}$ 是完全相同的集合。

(2) 集合中的元素是无序的。例如:$\{3,4,5\}$,$\{5,3,4\}$,$\{4,5,3\}$ 等都是相同的集合。

(3) 集合中的元素也可以是集合。例如:$A = \{a,\{b,c\},d,\{\{d\}\}\}$,其中,$a \in A$,$\{b,c\} \in A$,$d \in A$,$\{\{d\}\} \in A$;$B = \{\{1,2\},4\}$,其中,$\{1,2\} \in B$,$1 \notin B$,$2 \notin B$,$\{\{1,2\},4\} \neq \{1,2,4\}$。

3.1.2　集合之间的关系

定义 3.1　设 A,B 为任意两个集合,如果 A 中的每个元素都是 B 中的元素,则称 A 为 B 的**子集**,这时也称 A 包含于 B 或 B 包含 A,记作 $A \subseteq B$ 或 $B \supseteq A$。如果 A 不被 B 包含,则记作 $A \nsubseteq B$。

$$A \subseteq B(\text{或} B \supseteq A) \Leftrightarrow \forall x(x \in A \to x \in B)$$

例如:若 $A = \{1,2,3\}$,$B = \{1,2\}$,$C = \{1,3\}$,$D = \{2\}$,则 $B \subseteq A$,$C \subseteq A$,$D \subseteq A$,$D \subseteq B$。

由子集的定义不难看出,对任意集合 A,B,C,显然有:

$A \subseteq A$　　　　　　　　　　　自反性

$(A \subseteq B) \wedge (B \subseteq C) \Rightarrow A \subseteq C$　　　传递性

下面对包含关系"$\subseteq$"的传递性进行证明。

证明:　① $A \subseteq B$　　　　　　　　　　P 规则

　　　　② $\forall x(x \in A \to x \in B)$　　　　E 规则,①

　　　　③ $a \in A \to a \in B$　　　　　　US 规则,②

　　　　④ $B \subseteq C$　　　　　　　　　　P 规则

　　　　⑤ $\forall x(x \in B \to x \in C)$　　　　E 规则,④

　　　　⑥ $a \in B \to a \in C$　　　　　　US 规则,⑤

⑦ $a \in A \rightarrow a \in C$ T 规则,③⑥ 假言三段论

⑧ $\forall x(x \in A \rightarrow x \in C)$ UG 规则,⑦

⑨ $A \subseteq C$ E 规则,⑧

定义 3.2 设 A,B 为集合,如果 $A \subseteq B$ 且 $B \subseteq A$,则称 A 与 B **相等**,记作 $A = B$。

$$A = B \Leftrightarrow A \subseteq B \wedge B \subseteq A$$

因此,要证明两个集合 A,B 相等,只要证明 A 是 B 的子集同时 B 也是 A 的子集,即两个集合相等的充要条件是这两个集合互为子集。此时,它们具有相同的元素,例如 $A = \{x \mid x \in \mathbf{Z} \wedge 3 < x \leqslant 6\}, B = \{4,5,6\}, A = B$。

定义 3.3 设 A,B 为集合,如果 $A \subseteq B$ 且 $A \neq B$,则称 A 是 B 的**真子集**,这时也称 A 真包含于 B 或 B 真包含 A,记作 $A \subset B$ 或 $B \supset A$。

$$A \subset B \Leftrightarrow A \subseteq B \wedge A \neq B$$

例如:$\{a,b\}$ 是 $\{a,b,c\}$ 的真子集,即 $\{a,b\} \subset \{a,b,c\}$,但 $\{a,b\}$ 和 $\{a,c,e\}$ 都不是 $\{a,c,e\}$ 的真子集,即 $\{a,b\} \not\subset \{a,c,e\}, \{a,c,e\} \not\subset \{a,c,e\}$。

3.1.3 几种特殊的集合

定义 3.4 不包含任何元素的集合叫作**空集**,记作 $\varnothing$。

$$\varnothing = \{x \mid x \neq x\} \quad 或 \quad \varnothing = \{x \mid P(x) \wedge \neg P(x), P(x) \text{ 是任意的谓词}\}$$

空集是客观存在的,例如:$A = \{x \mid x \in \mathbf{R} \wedge x^2 + 1 = 0\}$,由于 $x^2 + 1 = 0$ 无实解,所以 $A = \varnothing$。

定理 3.1 空集是一切集合的子集。

证明:设 A 为任意的集合,由子集的定义有

$$\varnothing \subseteq A \Leftrightarrow \forall x(x \in \varnothing \rightarrow x \in A)$$

等值符号右端的蕴涵式中,前件 $x \in \varnothing$ 为假,所以蕴涵式 $x \in \varnothing \rightarrow x \in A$ 对一切 x 均为真,因此 $\varnothing \subseteq A$ 为真。

推论 空集是唯一的。

证明:假设存在空集 $\varnothing_1$ 和 $\varnothing_2$,由定理 3.1 可知,$\varnothing_1 \subseteq \varnothing_2, \varnothing_2 \subseteq \varnothing_1$。

由集合相等的定义 3.2 知:$\varnothing_1 = \varnothing_2$。

【例 3.1】 判断以下结论是否正确。

(1)$\varnothing \subseteq \varnothing$;   (2)$\varnothing \in \varnothing$;   (3)$\varnothing \subseteq \{\varnothing\}$;   (4)$\varnothing \in \{\varnothing\}$。

解:(1) 因空集 $\varnothing$ 是一切集合的子集,所以 $\varnothing \subseteq \varnothing$ 是正确的。

(2) 因空集 $\varnothing$ 是不包含任何元素的集合,所以 $\varnothing \in \varnothing$ 是错误的。

(3) 因空集 $\varnothing$ 是一切集合的子集,所以,$\varnothing \subseteq \{\varnothing\}$ 是正确的。

(4) 因 $\{\varnothing\}$ 中包含一个元素 $\varnothing$,即 $\varnothing$ 是集合 $\{\varnothing\}$ 的元素,所以 $\varnothing \in \{\varnothing\}$ 是正确的。

集合广泛用于计数问题,对这类问题经常需要讨论集合的大小。

定义 3.5 设 A 为集合,A 中包含 n(n 为非负整数)个不同的元素,称 n 是 A 的**基数**,记为 $|A| = n$。含有 n 个元素的集合称为 **n 元集**,它的含有 $m(m \leqslant n)$ 个元素的子集称为

它的 **m 元子集**。

例如：A 为大写英文字母集，则 $|A|=26$；B 为小于 10 的正整数集，则 $|B|=9$。由于空集没有元素，所以 $|\varnothing|=0$。

另外，根据空集和子集的定义可知，对于任意非空集合 A，它至少有两个不同的子集，即 A 和 $\varnothing(A\subseteq A,\varnothing\subseteq A)$，称 A 和 $\varnothing$ 是 A 的**平凡子集**，A 的其他子集为**非平凡子集**。

【**例 3.2**】 求 $A=\{a,b,c\}$ 的全部子集。

解：A 中包含 3 个不同的元素，即 $|A|=3$。因此，A 的子集包括 0 元子集、1 元子集、2 元子集和 3 元子集。其中：

0 元子集 $\varnothing$，共 C_3^0 个；

1 元子集 $\{a\},\{b\}$ 和 $\{c\}$，共 C_3^1 个；

2 元子集 $\{a,b\},\{a,c\}$ 和 $\{b,c\}$，共 C_3^2 个；

3 元子集 $\{a,b,c\}$，共 C_3^3 个。

一般地，对于 n 元集 A，它的 $m(0\leqslant m\leqslant n)$ 元子集共有 C_n^m 个。因此，n 元集的不同子集总数为 $C_n^0+C_n^1+\cdots+C_n^n=2^n$ 个，即 n 元集共有 2^n 个子集。

定义 3.6 设 A 为集合，A 的全体子集构成的集合叫作 A 的**幂集**，记作 $P(A)$（或 2^A）。

$$P(A)=\{x\mid x\subseteq A\}$$

【**例 3.3**】 计算下列幂集。

(1)$P(\varnothing)$；

(2)$P(\{\varnothing\})$；

(3)$P(\{a,b,c\})$。

解：(1) 由于 $|\varnothing|=0$，因此，$\varnothing$ 仅有 0 元子集 $\varnothing$，即 $P(\varnothing)=\{\varnothing\}$。

(2) $|\{\varnothing\}|=1$，因此，$\{\varnothing\}$ 有 0 元子集 $\varnothing$ 和 1 元子集 $\{\varnothing\}$，即 $P(\{\varnothing\})=\{\varnothing,\{\varnothing\}\}$。

(3) 由例 3.2 可知，集合 $\{a,b,c\}$ 共有 8 个子集。因此，$P(\{a,b,c\})=\{\varnothing,\{a\},\{b\},\{c\},\{a,b\},\{a,c\},\{b,c\},\{a,b,c\}\}$。

定义 3.7 在一个具体问题中，如果所涉及的集合都是某个集合的子集，则称这个集合为**全集**，记作 E 或 U。

全集是一个相对的概念，研究的问题不同，所取的全集也不同。例如，在研究整数的问题时，可以把整数集 $\mathbf{Z}$ 取作全集。在考虑某大学的部分学生组成的集合（如系、班级等）时，该大学的全体学生组成了全集。

3.2 集合的运算

3.2.1 集合的基本运算

集合的运算，就是以给定集合为对象，按确定的规则得到另外一些集合。集合的基本运算有并（$\bigcup$）、交（$\bigcap$）、相对补（$-$）、绝对补（$\sim$）和对称差（$\oplus$）。

1. 集合的并

定义 3.8　设 A,B 是任意两个集合,由 A 和 B 的所有元素组成的集合称为集合 A 和集合 B 的**并集**,记作 $A \bigcup B$。

$$A \bigcup B = \{x \mid x \in A \vee x \in B\}$$

例如,若 $A=\{1,2,3,4\}$,$B=\{2,4,6\}$,$C=\{5,6,7\}$,则 $A \bigcup B=\{1,2,3,4,6\}$,$A \bigcup C=\{1,2,3,4,5,6,7\}$。

集合的并运算具有以下性质:

(1) $A \bigcup A=A$;

(2) $A \bigcup E=E$;

(3) $A \bigcup \varnothing=A$;

(4) $A \bigcup B=B \bigcup A$;

(5) $(A \bigcup B) \bigcup C=A \bigcup (B \bigcup C)$。

此外,从并的定义还可以得到 $A \subseteq A \bigcup B$,$B \subseteq A \bigcup B$。

【例 3.4】　设 $A \subseteq B$,$C \subseteq D$,求证:$A \bigcup C \subseteq B \bigcup D$。

证明:对任意 $x \in A \bigcup C$,则有 $x \in A$ 或 $x \in C$。若 $x \in A$,由 $A \subseteq B$ 得 $x \in B$,故 $x \in B \bigcup D$;若 $x \in C$,由 $C \subseteq D$ 得 $x \in D$,故 $x \in B \bigcup D$。因此,$A \bigcup C \subseteq B \bigcup D$。

2. 集合的交

定义 3.9　设 A,B 是任意两个集合,由 A 和 B 的所有公共元素组成的集合称为集合 A 和集合 B 的**交集**,记作 $A \bigcap B$。

$$A \bigcap B = \{x \mid x \in A \wedge x \in B\}$$

例如:若 $A=\{1,2,3,4\}$,$B=\{2,4,6\}$,$C=\{5,6,7\}$,则 $A \bigcap B=\{2,4\}$,$B \bigcap C=\{6\}$,$A \bigcap C=\varnothing$。

集合的交运算具有以下性质:

(1) $A \bigcap A=A$;

(2) $A \bigcap \varnothing=\varnothing$;

(3) $A \bigcap E=A$;

(4) $A \bigcap B=B \bigcap A$;

(5) $(A \bigcap B) \bigcap C=A \bigcap (B \bigcap C)$。

此外,从交的定义还可以得到 $A \bigcap B \subseteq A$,$A \bigcap B \subseteq B$。

【例 3.5】　设 $A \subseteq B$,求证:$A \bigcap C \subseteq B \bigcap C$。

证明:因 $A \subseteq B$,所以,若 $x \in A$,则 $x \in B$。对任一 $x \in (A \bigcap C)$,即 $x \in A$ 且 $x \in C$,则 $x \in B$ 且 $x \in C$,即 $x \in (B \bigcap C)$。因此,$A \bigcap C \subseteq B \bigcap C$。

把以上有关集合的 $\bigcup$ 和 $\bigcap$ 的定义加以推广,可以得到 n 个集合的并集和交集,即

$$A_1 \bigcup A_2 \bigcup \cdots \bigcup A_n = \{x \mid x \in A_1 \vee x \in A_2 \vee \cdots \vee x \in A_n\},$$

$$A_1 \bigcap A_2 \bigcap \cdots \bigcap A_n = \{x \mid x \in A_1 \wedge x \in A_2 \wedge \cdots \wedge x \in A_n\}$$

例如:若 $A=\{1,2,3,4\}$,$B=\{2,4,6\}$,$C=\{5,6,7\}$,则 $A \bigcup B \bigcup C=\{1,2,3,4,5,6,7\}$,$A \bigcap B \bigcap C=\varnothing$。

n 个集合的并和交可以分别简记为 $\bigcup\limits_{i=1}^{n} A_i$ 和 $\bigcap\limits_{i=1}^{n} A_i$，即

$$\bigcup_{i=1}^{n} A_i = A_1 \bigcup A_2 \bigcup \cdots \bigcup A_n,$$

$$\bigcap_{i=1}^{n} A_i = A_1 \bigcap A_2 \bigcap \cdots \bigcap A_n$$

当 n 无限增大时，可以记为

$$\bigcup_{i=1}^{\infty} A_i = A_1 \bigcup A_2 \bigcup \cdots,$$

$$\bigcap_{i=1}^{\infty} A_i = A_1 \bigcap A_2 \bigcap \cdots$$

3. 集合的相对补

定义 3.10 设 A,B 是任意两个集合，由所有属于 A 而不属于 B 的元素组成的集合称为 B 对于 A 的**补集**或**相对补**，记作 $A-B$。

$$A - B = \{x \mid x \in A \wedge x \notin B\}$$

例如：若 $A=\{1,2,3,4\}$，$B=\{2,4,6\}$，$C=\{5,6,7\}$，则 $A-B=\{1,3\}$，$B-C=\{2,4\}$，$A-C=\{1,2,3,4\}$；若 S 是素数集，J 为奇数集，则 $S-J=\{2\}$。

4. 集合的绝对补

定义 3.11 设 E 为全集，称任一集合 A 对 E 的相对补集为 A 的**绝对补**，记作 $\sim A$。

$$\sim A = E - A = \{x \mid x \in E \wedge x \notin A\}$$

例如：若 $E=\{1,2,3,4\}$，$A=\{1,2\}$，$B=\{1,2,3,4\}$，$C=\varnothing$，则 $\sim A=\{3,4\}$，$\sim B=\varnothing$，$\sim C=\{1,2,3,4\}=E$。

5. 集合的对称差

定义 3.12 设 A,B 是任意两个集合，由或者属于 A，或者属于 B，但不能既属于 A 又属于 B 的元素组成的集合称为 A 和 B 的**对称差**，记作 $A \oplus B$。

$$A \oplus B = (A \bigcup B) - (A \bigcap B)$$
$$= \{x \mid (x \in A \wedge x \notin B) \vee (x \in B \wedge x \notin A)\}$$
$$= (A-B) \bigcup (B-A)$$

例如：若 $A=\{2,3,4\}$，$B=\{4,5,6\}$，则 $A \oplus B=\{2,3,4,5,6\}-\{4\}=\{2,3\}\bigcup\{5,6\}=\{2,3,5,6\}$。

由对称差的定义，可以推得如下性质：

(1) $A \oplus B = B \oplus A$；

(2) $A \oplus A = \varnothing$；

(3) $A \oplus \varnothing = A$；

(4) $A \oplus B = (A \bigcap \sim B) \bigcup (\sim A \bigcap B)$；

(5) $(A \oplus B) \oplus C = A \oplus (B \oplus C)$。

以上集合之间的关系和运算可以用**文氏图**（也称维恩图）来进行形象、直观地描述。文氏图通常用一个矩形表示全集 E，E 的子集用矩形区域内的圆形区域或任何其他适当的闭合曲线区域表示。一般情况下，如果不作特殊说明，这些表示集合的圆应该是彼此相交的。如果已知两个集合是不交的，则表示它们的圆彼此相离。文氏图中画有阴影的区域表示新组成的集合。图 3.1 是一些文氏图的实例。

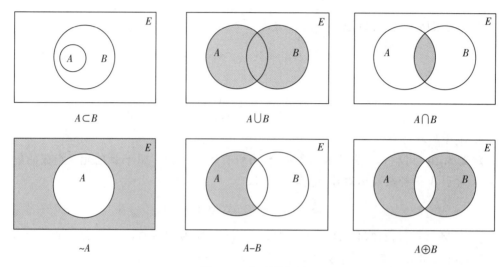

图 3.1　文氏图实例

文氏图能够对一些问题给出简单、直观的解释，这种解释对分析问题有很大的帮助。不过，文氏图只是起到一种示意的作用，可以启发我们发现集合之间的某种关系，但不能用文氏图来证明恒等式，因为这种证明是不严密的。

根据以上集合运算的定义，可以得到如表 3.1 所示的相关运算满足的主要算律，其中 A,B,C 表示任意的集合。

表 3.1　集合运算的主要算律

名称	公式	序号
幂等律	$A \cup A = A, \quad A \cap A = A$	1,2
交换律	$A \cup B = B \cup A, \quad A \cap B = B \cap A, \quad A \oplus B = B \oplus A$	3,4,5
结合律	$(A \cup B) \cup C = A \cup (B \cup C),$ $(A \cap B) \cap C = A \cap (B \cap C),$ $(A \oplus B) \oplus C = A \oplus (B \oplus C)$	6,7,8
分配律	$A \cup (B \cap C) = (A \cup B) \cap (A \cup C),$ $A \cap (B \cup C) = (A \cap B) \cup (A \cap C)$	9,10
同一律	$A \cup \varnothing = A, \quad A \cap E = A,$ $A - \varnothing = A, \quad A \oplus \varnothing = A$	11,12,13,14
零律	$A \cup E = E, \quad A \cap \varnothing = \varnothing$	15,16
排中律	$A \cup {\sim} A = E$	17

（续表）

名称	公式	序号
矛盾律	$A \cap \sim A = \varnothing$	18
吸收律	$A \cup (A \cap B) = A, \quad A \cap (A \cup B) = A$	19,20
德·摩根律	$A - (B \cup C) = (A - B) \cap (A - C),$ $A - (B \cap C) = (A - B) \cup (A - C)$	21,22
	$\sim (A \cup B) = \sim A \cap \sim B,$ $\sim (A \cap B) = \sim A \cup \sim B$	23,24
	$\sim \varnothing = E, \quad \sim E = \varnothing$	25,26
双重否定律	$\sim (\sim A) = A$	27

除了以上的定律以外，还有一些关于集合运算性质的重要结果，如表 3.2 所示。

表 3.2 集合运算性质的重要结果

公式	序号
$A \subseteq A \cup B, \quad B \subseteq A \cup B$	28,29
$A \cap B \subseteq A, \quad A \cap B \subseteq B$	30,31
$A - B \subseteq A$	32
$A - B = A \cap \sim B$	33
$A \cup B = B \Leftrightarrow A \subseteq B \Leftrightarrow A \cap B = A \Leftrightarrow A - B = \varnothing$	34
$A \oplus B = \varnothing \Leftrightarrow A = B$	35
$A \oplus B = A \oplus C \Rightarrow B = C$	36

3.2.2 集合关系的证明

在集合之间关系的证明中，主要涉及两种类型的证明，一种是一个集合为另一个集合的子集，另一种是证明两个集合相等。

证明一个集合为另一个集合的子集的基本思想是：设 P,Q 为两个集合公式，欲证 $P \subseteq Q$，即证对于任意的 x，有 $x \in P \Rightarrow x \in Q$ 成立。

【例 3.6】 证明 $(A \cup B) - (A \cup C) \subseteq A \cup (B - C)$。

证明： 对任意的 x，有

$$x \in (A \cup B) - (A \cup C)$$
$$\Leftrightarrow (x \in A \cup B) \wedge (x \notin A \cup C)$$
$$\Leftrightarrow (x \in A \vee x \in B) \wedge \neg(x \in A \vee x \in C)$$
$$\Leftrightarrow (x \in A \vee x \in B) \wedge (x \notin A \wedge x \notin C)$$
$$\Leftrightarrow (x \in A \wedge x \notin A \wedge x \notin C) \vee (x \in B \wedge x \notin A \wedge x \notin C)$$
$$\Leftrightarrow \varnothing \vee (x \in B \wedge x \notin A \wedge x \notin C)$$

$$\Leftrightarrow x \in B \wedge x \notin A \wedge x \notin C$$
$$\Rightarrow x \in B \wedge x \notin C$$
$$\Rightarrow x \in A \vee (x \in B \wedge x \notin C)$$
$$\Leftrightarrow x \in A \vee (x \in B - C)$$
$$\Leftrightarrow x \in A \bigcup (B - C)$$

所以,$(A \bigcup B) - (A \bigcup C) \subseteq A \bigcup (B - C)$。

证明两个集合相等的基本思想是:设 P,Q 为两个集合公式,欲证 $P = Q$,即证 $(P \subseteq Q) \wedge (Q \subseteq P)$ 为真。也就是证明对任意的 x,有 $x \in P \Rightarrow x \in Q$ 和 $x \in Q \Rightarrow x \in P$ 成立。对于某些恒等式,可以把这两个方向的推理合到一起,就是 $x \in P \Leftrightarrow x \in Q$。

由于集合运算的规律和命题演算的某些规律是一致的,所以命题演算的方法是证明集合等式的基本方法。除此之外,证明集合等式还可以将已知等式代入,即采用等价置换的方法。

【例 3.7】 用命题演算法证明 $A - (B \bigcup C) = (A - B) \bigcap (A - C)$。

证明: 对于任意的 x,有

$$x \in A - (B \bigcup C)$$
$$\Leftrightarrow (x \in A) \wedge (x \notin B \bigcup C)$$
$$\Leftrightarrow (x \in A) \wedge \neg (x \in B \bigcup C)$$
$$\Leftrightarrow (x \in A) \wedge \neg (x \in B \vee x \in C)$$
$$\Leftrightarrow (x \in A) \wedge (x \notin B \wedge x \notin C)$$
$$\Leftrightarrow (x \in A \wedge x \notin B) \wedge (x \in A \wedge x \notin C)$$
$$\Leftrightarrow x \in (A - B) \wedge x \in (A - C)$$
$$\Leftrightarrow x \in (A - B) \bigcap (A - C)$$

所以,$A - (B \bigcup C) = (A - B) \bigcap (A - C)$。

【例 3.8】 用等价置换法证明 $A \bigcup (A \bigcap B) = A$。

证明: $A \bigcup (A \bigcap B)$

$= (A \bigcap E) \bigcup (A \bigcap B)$	同一律
$= A \bigcap (E \bigcup B)$	分配律
$= A \bigcap E$	零律
$= A$	同一律

【例 3.9】 证明:$A \bigcup B = B \Leftrightarrow A \subseteq B \Leftrightarrow A \bigcap B = A \Leftrightarrow A - B = \varnothing$。

证明:(1)先证 $A \bigcup B = B \Rightarrow A \subseteq B$。

对于任意的 x,$x \in A \Rightarrow x \in A \vee x \in B \Rightarrow x \in A \bigcup B$。

因 $A \bigcup B = B$,所以 $x \in A \bigcup B \Rightarrow x \in B$,故 $x \in A \Rightarrow x \in B$,即有 $A \subseteq B$。

(2)再证 $A \subseteq B \Rightarrow A \bigcap B = A$。

显然有 $A \bigcap B \subseteq A$,只需证 $A \subseteq A \bigcap B$。

对于任意的 x,$x \in A \Rightarrow x \in A \wedge x \in A$。

因 $A \subseteq B$,所以 $x \in A \wedge x \in A \Rightarrow x \in A \wedge x \in B \Rightarrow x \in A \bigcap B$,故 $x \in A \Rightarrow x \in A \bigcap B$,即有 $A \subseteq A \bigcap B$。

所以,$A \bigcap B = A$。

（3）然后证 $A \bigcap B = A \Leftrightarrow A - B = \varnothing$。

$$A - B = A \bigcap \sim B = (A \bigcap B) \bigcap \sim B = A \bigcap (B \bigcap \sim B) = A \bigcap \varnothing = \varnothing$$

（4）最后证 $A - B = \varnothing \Rightarrow A \bigcup B = B$。

$$B = B \bigcup \varnothing = B \bigcup (A - B) = B \bigcup (A \bigcap \sim B) = (B \bigcup A) \bigcap (B \bigcup \sim B)$$

$$= (B \bigcup A) \bigcap E = A \bigcup B$$

综上，$A \bigcup B = B \Leftrightarrow A \subseteq B \Leftrightarrow A \bigcap B = A \Leftrightarrow A - B = \varnothing$ 得证。

【例 3.10】 设 $A \subseteq B$，证明：$\sim B \subseteq \sim A$。

证明： 已知 $A \subseteq B$，由表 3.2 中的（34）式得：$B \bigcap A = A$。所以

$$\sim B \bigcup \sim A = \sim (B \bigcap A) = \sim A \qquad （德·摩根律）$$

再利用表 3.2 中的（3）、（4）式得：$\sim B \subseteq \sim A$。

【例 3.11】 已知 $A \oplus B = A \oplus C$，证明：$B = C$。

证明： 由已知 $A \oplus B = A \oplus C$，可得

$$A \oplus (A \oplus B) = A \oplus (A \oplus C),$$

$$(A \oplus A) \oplus B = (A \oplus A) \oplus C,$$

$$\varnothing \oplus B = \varnothing \oplus C$$

所以，$B = C$。

3.3　有穷集的计数问题

集合中所含元素多少的量，称为集合的**基数**。若集合 A 有 n 个元素，则称 A 的基数为 n，记作 $|A| = n$ 或 card $A = n$。显然，空集的基数是 0，即 $|\varnothing| = 0$。

定义 3.13 设 A 为集合，若存在自然数 n（0 也是自然数），使得 $|A| = $ card $A = n$，则称 A 为**有穷集**（或有限集），否则称 A 为**无穷集**（或无限集）。

例如，$\{a, b, c\}$ 是有穷集，而自然数集 **N**，整数集 **Z**，有理数集 **Q**，实数集 **R** 等都是无穷集。本节讨论的计数问题只针对有穷集。有穷集的计数问题可以利用文氏图或容斥原理来解决。

3.3.1　文氏图法

用文氏图解决有穷集的计数问题时，首先应根据已知条件把对应的文氏图画出来。一般来说，每一条性质决定一个集合，有多少条性质就有多少个集合。如果没有特殊说明，任何两个集合都应画成相交的。然后，将已知集合的元素数填入表示该集合的区域内。通常从 n 个集合的交集填起，根据计算的结果将数字逐步填入所有的空白区域。如果交集的数字是未知的，可以设为 x。根据题目的条件，列出一次方程或方程组，就可以求得所需的结果。

【例 3.12】　已知有 100 名程序员,其中 47 人熟悉 Java 语言,35 人熟悉 Python 语言,23 人熟悉这两种语言。问有多少人对这两种语言都不熟悉?

解:设 A 和 B 分别表示熟悉 Java 语言和熟悉 Python 语言的程序员的集合,E 表示问题的全集,则有:$|E|=100$,$|A|=47$,$|B|=35$,$|A \cap B|=23$。

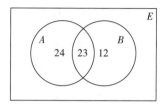

该问题对应的文氏图可由图 3.2 表示。图中,既熟悉 Java 语言又熟悉 Python 语言的人数 23 应填到 $A \cap B$ 对应的区域中,即 $|A \cap B|=23$;既不熟悉 Java 语言又不熟悉 Python 语言的程序员集合可表示为 $\sim(A \cup B)$。从图中不难看出:

图 3.2　例 3.12 的文氏图

$$|A-B|=|A|-|A \cap B|=47-23=24,$$

$$|B-A|=|B|-|A \cap B|=35-23=12$$

所以,

$$|A \cup B|=|A-B|+|A \cap B|+|B-A|=24+23+12=59$$

由此可得,既不熟悉 Java 语言又不熟悉 Python 语言的程序员人数应为

$$|\sim(A \cup B)|=|E|-|A \cup B|=100-59=41$$

【例 3.13】　对 24 名会外语的科技人员进行掌握外语情况的调查,统计结果如下:会英语、德语、法语、日语的人数分别为 13,10,9,5 人,其中同时会英语和日语的有 2 人,会英语、德语和法语中任两种语言的都是 4 人。已知会日语的人既不懂法语也不懂德语,分别求只会一种语言(英、德、法、日)的人数和会三种语言的人数。

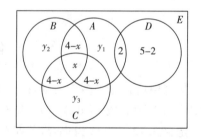

解:令 A,B,C,D 分别表示会英语、德语、法语、日语的人的集合。根据题意画出文氏图,如图 3.3 所示。设同时会三种语言的有 x 人,只会英语、德语、法语一种语言的人数分别为 y_1,y_2,y_3

图 3.3　例 3.13 的文氏图

人。将 x 和 y_1,y_2,y_3 填入图中相应的区域,然后依次填入其他区域的人数。

根据已知条件列出方程组如下:

$$\begin{cases} y_1+2(4-x)+x+2=13, \\ y_2+2(4-x)+x=9, \\ y_3+2(4-x)+x=10, \\ y_2+y_3+y_4+3(4-x)+x=19 \end{cases}$$

解得:$x=1,y_1=4,y_2=3,y_3=2$;即,会英语、法语、德语三种语言的人数为 1 人,只会英语的有 4 人,只会德语的有 3 人,只会法语的有 2 人,只会日语的有 3 人。

3.3.2 容斥原理

除了使用文氏图的方法外,对于有穷集的计数还有一条重要的定理——容斥原理。

定理 3.2 设 A,B 是任意两个有穷集,其元素个数分别为 $|A|$ 和 $|B|$,则

$$|A \cup B| = |A| + |B| - |A \cap B|$$

证明:(1) 当 $A \cap B = \varnothing$ 时,由于 A,B 无公共部分,故 $A \cup B$ 的元素个数就是 A 的元素个数与 B 的元素个数之和,即 $|A \cup B| = |A| + |B|$,如图 3.4(a) 所示。

(2) 当 $A \cap B \neq \varnothing$ 时,A,B 的公共元素的个数是 $|A \cap B|$,在计算 $|A \cup B|$ 时,$A \cap B$ 的元素只能计算一次,但在计算 $|A| + |B|$ 时,$A \cap B$ 的元素个数计算了两次,故 $|A \cup B| = |A| + |B| - |A \cap B|$,如图 3.4(b) 所示,即

$$|A| = |A - B| + |A \cap B|,$$

$$|B| = |B - A| + |A \cap B|$$

所以, $$|A| + |B| = |A - B| + |B - A| + 2|A \cap B|,$$

但 $$|A - B| + |B - A| + |A \cap B| = |A \cup B|,$$

故 $$|A \cup B| = |A| + |B| - |A \cap B|$$

这个定理称为**容斥原理**或**包含排斥原理**。

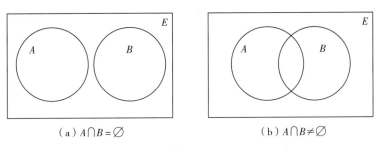

(a) $A \cap B = \varnothing$ 　　　　 (b) $A \cap B \neq \varnothing$

图 3.4　$A \cap B$ 的两种情况

推论 设 E 为全集,A 和 B 为任意的两个有穷集,则

$$|\sim A \cap \sim B| = |E| - (|A| + |B|) + |A \cap B|$$

证明:因为 $\sim A \cap \sim B = \sim (A \cup B)$,所以

$$|\sim A \cap \sim B| = |\sim (A \cup B)| = |E| - |A \cup B|$$

$$= |E| - (|A| + |B|) + |A \cap B|$$

对于任意三个有穷集 A,B 和 C,我们可以推广定理 3.2 的结果为

$$|A \cup B \cup C| = |A| + |B| + |C| - |A \cap B| - |A \cap C| - |B \cap C| + |A \cap B \cap C|$$

同时,也有

$$|\sim A \cap \sim B \cap \sim C| = |E| - (|A| + |B| + |C|)$$

$$+(\mid A \cap B\mid +\mid A \cap C\mid +\mid B \cap C\mid)-\mid A \cap B \cap C\mid$$

【例 3.14】　调查 73 个某大学一年级艺术生,获得如下数据:52 人会弹钢琴,25 人会拉小提琴,20 人会吹笛子,17 人同时会弹钢琴和拉小提琴,12 人同时会弹钢琴和吹笛子,7 人同时会拉小提琴和吹笛子,仅有 1 人同时会三种乐器。问:

(1) 三种乐器都不会的学生有多少人?

(2) 只会拉小提琴的学生有多少人?

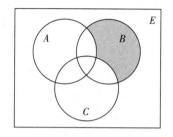

图 3.5　例 3.14 的文氏图

解:设 E 为全集,A,B,C 分别表示会弹钢琴、会拉小提琴、会吹笛子的学生的集合,则三种乐器都不会的学生的集合为 $\sim A \cap \sim B \cap \sim C$,只会拉小提琴的学生的集合为 $\sim A \cap B \cap \sim C$,如图 3.5 中的阴影部分。

由题意可知:

$$\mid E\mid=73,\quad \mid A\mid=52,\quad \mid B\mid=25,\quad \mid C\mid=20,$$

$$\mid A \cap B\mid=17,\quad \mid A \cap C\mid=12,\quad \mid B \cap C\mid=7,\quad \mid A \cap B \cap C\mid=1$$

(1) 利用容斥原理得

$$\mid \sim A \cap \sim B \cap \sim C\mid=\mid E\mid-(\mid A\mid+\mid B\mid+\mid C\mid)$$

$$+(\mid A \cap B\mid+\mid A \cap C\mid+\mid B \cap C\mid)-\mid A \cap B \cap C\mid$$

$$=73-(52+25+20)+(17+12+7)-1=11$$

(2) 由图 3.5 可得

$$\mid \sim A \cap B \cap \sim C\mid=\mid B\mid-\mid A \cap B\mid-\mid B \cap C\mid+\mid A \cap B \cap C\mid$$

$$=25-17-7+1=2$$

所以,三种乐器都不会的学生有 11 人,只会拉小提琴的学生有 2 人。

利用数学归纳法还可以将容斥原理推广到 n 个有穷集合的情况,即

$$\mid A_1 \cup A_2 \cup \cdots \cup A_n\mid=\sum_{i=1}^{n}\mid A_i\mid-\sum_{1\leqslant i<j\leqslant n}\mid A_i \cap A_j\mid+\sum_{1\leqslant i<j<k\leqslant n}\mid A_i \cap A_j \cap A_k\mid$$

$$+\cdots+(-1)^{n-1}\mid A_1 \cap A_2 \cap \cdots \cap A_n\mid$$

相应地,也有

$$\mid \sim A_1 \cap \sim A_2 \cap \cdots \cap \sim A_n\mid=\mid E\mid-\sum_{i=1}^{n}\mid A_i\mid+\sum_{1\leqslant i<j\leqslant n}\mid A_i \cap A_j\mid$$

$$-\sum_{1\leqslant i<j<k\leqslant n}\mid A_i \cap A_j \cap A_k\mid$$

$$+\cdots+(-1)^{n}\mid A_1 \cap A_2 \cap \cdots \cap A_n\mid$$

其中,$A_1,A_2,\cdots,A_n$ 是任意的 n 个有穷集。

【例 3. 15】　求 1 到 200 之间能被 2,3,5,7 中的任何一个整除的整数有多少个。

解：设 A_1, A_2, A_3, A_4 分别表示 $1 \sim 200$ 之间能被 2,3,5,7 整除的整数集合，$\lfloor x \rfloor$ 表示小于或等于 x 的最大整数。

由题意可得

$$|A_1| = \lfloor 200/2 \rfloor = 100, \quad |A_2| = \lfloor 200/3 \rfloor = 66,$$

$$|A_3| = \lfloor 200/5 \rfloor = 40, \quad |A_4| = \lfloor 200/7 \rfloor = 28,$$

$$|A_1 \cap A_2| = \lfloor 200/(2 \times 3) \rfloor = 33, \quad |A_1 \cap A_3| = \lfloor 200/(2 \times 5) \rfloor = 20,$$

$$|A_1 \cap A_4| = \lfloor 200/(2 \times 7) \rfloor = 14, \quad |A_2 \cap A_3| = \lfloor 200/(3 \times 5) \rfloor = 13,$$

$$|A_2 \cap A_4| = \lfloor 200/(3 \times 7) \rfloor = 9, \quad |A_3 \cap A_4| = \lfloor 200/(5 \times 7) \rfloor = 5,$$

$$|A_1 \cap A_2 \cap A_3| = \lfloor 200/(2 \times 3 \times 5) \rfloor = 6,$$

$$|A_1 \cap A_2 \cap A_4| = \lfloor 200/(2 \times 3 \times 7) \rfloor = 4,$$

$$|A_1 \cap A_3 \cap A_4| = \lfloor 200/(2 \times 5 \times 7) \rfloor = 2,$$

$$|A_2 \cap A_3 \cap A_4| = \lfloor 200/(3 \times 5 \times 7) \rfloor = 1,$$

$$|A_1 \cap A_2 \cap A_3 \cap A_4| = \lfloor 200/(2 \times 3 \times 5 \times 7) \rfloor = 0$$

由容斥原理得

$$|A_1 \cup A_2 \cup A_3 \cup A_4|$$

$$= |A_1| + |A_2| + |A_3| + |A_4| - |A_1 \cap A_2| - |A_1 \cap A_3|$$

$$- |A_1 \cap A_4| - |A_2 \cap A_3| - |A_2 \cap A_4| - |A_3 \cap A_4|$$

$$+ |A_1 \cap A_2 \cap A_3| + |A_1 \cap A_2 \cap A_4| + |A_1 \cap A_3 \cap A_4| + |A_2 \cap A_3 \cap A_4|$$

$$- |A_1 \cap A_2 \cap A_3 \cap A_4|$$

$$= 100 + 66 + 40 + 28 - 33 - 20 - 14 - 13 - 9 - 5 + 6 + 4 + 2 + 1 - 0$$

$$= 153$$

所以，$1 \sim 200$ 之间能被 2,3,5,7 中的任何一个整除的整数有 153 个。

【例 3. 16】　某工厂装配 30 辆汽车，可供选择的设备有收音机、空气调节器和对讲机。已知其中 15 辆汽车有收音机，8 辆有空气调节器，6 辆有对讲机，且其中 3 辆这三种设备都有。请问至少多少辆汽车未提供任何设备？

解：设 E 为 30 辆汽车构成的全集，A_1, A_2, A_3 分别表示其中配有收音机、空气调节器和对讲机的汽车集合，则 $\sim A_1 \cap \sim A_2 \cap \sim A_3$ 表示未提供任何设备的汽车集合。

由题意可知：

$$|A_1| = 15, \quad |A_2| = 8, \quad |A_3| = 6, \quad |A_1 \cap A_2 \cap A_3| = 3$$

根据容斥原理得

$$|A_1 \bigcup A_2 \bigcup A_3|$$

$$=|A_1|+|A_2|+|A_3|$$

$$-|A_1 \bigcap A_2|-|A_1 \bigcap A_3|-|A_2 \bigcap A_3|$$

$$+|A_1 \bigcap A_2 \bigcap A_3|$$

$$=15+8+6-|A_1 \bigcap A_2|-|A_1 \bigcap A_3|-|A_2 \bigcap A_3|+3$$

$$=32-|A_1 \bigcap A_2|-|A_1 \bigcap A_3|-|A_2 \bigcap A_3|$$

又因　　　　　　　　$$|A_1 \bigcap A_2| \geqslant |A_1 \bigcap A_2 \bigcap A_3|,$$

$$|A_1 \bigcap A_3| \geqslant |A_1 \bigcap A_2 \bigcap A_3|,$$

$$|A_2 \bigcap A_3| \geqslant |A_1 \bigcap A_2 \bigcap A_3|$$

所以，　　　　　　$$|A_1 \bigcup A_2 \bigcup A_3| \leqslant 32-3-3-3=23$$

故　　　　$$|\sim A_1 \bigcap \sim A_2 \bigcap \sim A_3|=|\sim(A_1 \bigcup A_2 \bigcup A_3)|$$

$$=|E|-|A_1 \bigcup A_2 \bigcup A_3|$$

$$\geqslant 30-23=7$$

因此，至少有 7 辆汽车未提供任何设备。

3.4　集合在计算机中的表示

　　要在计算机中实现集合的各种运算，必须先确定集合在计算机中的表示方法。计算机中表示集合的方法有多种，其中一种方法是把集合的元素无序地存储起来。但如果这样做的话，在进行集合的并、交、补、对称差等运算时会浪费很多时间，因为这些运算涉及大量的元素查找和移动。本节介绍集合的**位串表示法**，它是一种利用全集元素的一个任意排列存放元素以表示集合的方法，该方法使我们很容易实现集合的存储表示和基本运算。

　　假设全集 E 是有限的（而且大小合适，使 E 中的元素个数不超过计算机能使用的内存量）。首先为 E 中的元素任意规定一个顺序，如 $a_1,a_2,\cdots,a_n$，于是可以用长度为 n 的二进制位串表示 E 的任意子集 A，规定：如果 $a_i \in A$，则位串中的第 i 位为 1；如果 $a_i \notin A$，则位串中的第 i 位为 0。

　　【例 3.17】　假设全集 $E=\{x \mid x \in \mathbf{Z} \land 1 \leqslant x \leqslant 10\}$，$E$ 中的元素按从小到大的顺序排列，要求用二进制位串表示下列集合。

　　(1) $A=\{x \mid x \in E \land x$ 为奇数$\}$；

　　(2) $B=\{x \mid x \in E \land x \leqslant 6\}$；

　　(3) $C=\{x \mid x \in E \land x \geqslant 3\}$。

　　解：$E=\{1,2,3,4,5,6,7,8,9,10\}$，$E$ 的子集都可以表示成长度为 10 的位串。

　　(1) $A=\{1,3,5,7,9\}$，表示 A 的位串的第 1,3,5,7,9 位为 1，其余各位为 0。于是，A

的位串为 1010101010。

(2)$B = \{1,2,3,4,5,6\}$,表示 B 的位串的第 1,2,3,4,5,6 位为 1,其余各位为 0。于是,B 的位串为 1111110000。

(3)$C = \{3,4,5,6,7,8,9,10\}$,表示 C 的位串的第 3,4,5,6,7,8,9,10 位为 1,其余各位为 0。于是,C 的位串为 0011111111。

用位串表示集合便于进行并、交、补、对称差等运算。要从表示集合的位串计算它的补集的位串,只需简单地把每个 1 改为 0,每个 0 改为 1,因为 $a_i \in A$ 当且仅当 $a_i \notin {\sim} A$。因此,补集的位串是原集合位串的按位非,即在原集合位串的每个字位上进行逻辑非运算。

要得到两个集合的并集或交集的位串,可以对表示这两个集合的位串按如下规则进行运算。只要两个位串的第 i 位有一个是 1,则并集位串的第 i 位是 1,当两个位串的第 i 位都是 0 时,并集位串的第 i 位为 0。因此,并集的位串是两个集合位串的按位或,即在两个集合位串的每个字位上进行逻辑或运算。当两个位串的第 i 位均为 1 时,交集位串的第 i 位是 1,否则为 0。因此,交集的位串是两个集合位串的按位与,即在两个集合位串的每个字位上进行逻辑与运算。

【例 3.18】　假设全集 $E = \{a,b,c,d,e,f,g,h\}$,集合中的元素按字母表顺序排列。已知 E 的两个子集 A,B 对应的位串分别为 11010111 和 10100010,求 $A \bigcup B, A \bigcap B, {\sim} B$ 和 $A \oplus B$ 的位串,并据此列出它们所含的元素。

解:因 $E = \{a,b,c,d,e,f,g,h\}$,且集合中的元素按字母表顺序排列,于是,根据位串表示法的运算规则有:

$A \bigcup B = 11010111 \vee 10100010 = 11110111$,它表示的集合为 $\{a,b,c,d,f,g,h\}$。

$A \bigcap B = 11010111 \wedge 10100010 = 10000010$,它表示的集合为 $\{a,g\}$。

${\sim} B = {\sim} 10100010 = 01011101$,它表示的集合为 $\{b,d,e,f,h\}$。

由于集合的对称差相当于逻辑异或运算,即在两个集合位串的每个字位上进行逻辑异与,因此,$A \oplus B = 01110101$,它表示的集合为 $\{b,c,d,f,h\}$。

习　题　3

1. 用列举法表示下列集合。

(1) $A = \{x \mid x \in \mathbf{N} \wedge x^2 \leqslant 7\}$；

(2) $A = \{x \mid x \in \mathbf{N} \wedge \mid 3 - x \mid < 3\}$；

(3) $A = \{x \mid x \in \mathbf{R} \wedge (x+1)^2 \leqslant 0\}$。

2. 构造集合 A, B 和 C，使 $A \in B, B \in C$，但 $A \notin C$。

3. 确定下列命题是否为真。

(1) $\{a, b\} \subseteq \{a, b, c, \{a, b\}\}$；

(2) $\{a, b\} \in \{a, b, c, \{a, b\}\}$；

(3) $\{a, b\} \subseteq \{a, b, \{\{a, b\}\}\}$；

(4) $\{a, b\} \in \{a, b, \{\{a, b\}\}\}$。

4. 对任意的集合 A, B 和 C，确定下列命题是否为真。

(1) 如果 $A \in B$ 且 $B \subseteq C$，则 $A \in C$；

(2) 如果 $A \in B$ 且 $B \subseteq C$，则 $A \subseteq C$；

(3) 如果 $A \subseteq B$ 且 $B \in C$，则 $A \in C$；

(4) 如果 $A \subseteq B$ 且 $B \in C$，则 $A \subseteq C$；

(5) 如果 $A \subseteq B$ 且 $B \nsubseteq C$，则 $A \notin C$；

(6) 如果 $A \subseteq B$ 且 $B \in C$，则 $A \notin C$。

5. 根据所给集合 A 和 B，计算 $A \bigcup B, A \bigcap B, A - B, A \oplus B$。

(1) $A = \{\{a, b\}, c\}, B = \{c, d\}$；

(2) $A = \{x \mid x \in \mathbf{Z} \wedge x < 0\}, B = \{x \mid x \in \mathbf{Z} \wedge x \geqslant 2\}$。

6. 求集合 A 的幂集。

(1) $A = \{a, \{a\}\}$；

(2) $A = \{\{a, \{b, c\}\}\}$；

(3) $A = \{\varnothing, a, \{b\}\}$；

(4) $A = P(\varnothing)$；

(5) $A = P(P(\varnothing))$。

7. 设 $A = \{\varnothing\}, B = P(P(A))$。

(1) 是否 $\varnothing \in B$? 是否 $\varnothing \subseteq B$?

(2) 是否 $\{\varnothing\} \in B$? 是否 $\{\varnothing\} \subseteq B$?

(3) 是否 $\{\{\varnothing\}\} \in B$? 是否 $\{\{\varnothing\}\} \subseteq B$?

8. 对于集合 A, B 和 C，在什么条件下，下列等式成立？

(1) $(A - B) \bigcup (A - C) = A$；

(2) $(A - B) \bigcup (A - C) = \varnothing$；

(3) $(A - B) \bigcap (A - C) = \varnothing$；

(4) $(A - B) \oplus (A - C) = \varnothing$。

9. 用文氏图表示以下集合。

(1) $\sim A \bigcap \sim B$；

(2) $(A-(B \bigcup C)) \bigcup ((B \bigcup C)-A)$；

(3) $A \bigcap (\sim B \bigcup C)$；

(4) $\sim A \bigcup (B \bigcap C)$；

(5) $(A \bigoplus B)-C$；

(6) $A \bigcup (\sim B \bigcap C)$。

10. 设 A,B 为集合，试确定下列各式成立的充要条件。

(1) $A-B=B$；

(2) $A-B=B-A$；

(3) $A \bigcap B=A \bigcup B$。

11. 设 A,B,C 为任意的集合，判断下列命题是否成立，如果成立请给出证明，否则请举出反例。

(1) $A \bigcup B=A \bigcup C \Rightarrow B=C$；

(2) $A \bigoplus B=A \Rightarrow B=\varnothing$；

(3) $A \bigcap (B-C)=(A \bigcap B)-(A \bigcap C)$；

(4) $(A \bigcap B) \bigcup (B-A)=B$。

12. 设 A,B,C 为任意的集合，证明下列各等式。

(1) $A-B=A \bigcap \sim B$；

(2) $(A-B) \bigcup B=A \bigcup B$；

(3) $A \bigcap (B-C)=(A \bigcap B)-(A \bigcap C)$；

(4) $(A-B) \bigcup (B-A)=(A \bigcup B)-(A \bigcap B)$；

(5) $A \bigcap (B \bigoplus C)=(A \bigcap B) \bigoplus (A \bigcap C)$。

13. 在 10 名青年中有 5 名是工人，7 名是学生，其中具有工人和学生双重身份的青年有 3 名，求既不是工人又不是学生的青年有几名。

14. 求 $1 \sim 1000$ 之间（包括 1 和 1000）既不能被 5，也不能被 6，也不能被 8 整除的整数有多少个。

15. 某班级有 25 名学生，其中 14 人会打篮球，12 人会打排球，6 人会打篮球和排球，5 人会打篮球和网球，还有 2 人会打篮球、排球和网球，而 6 个会打网球的人都会打另外一种球（篮球或排球），求不会打这 3 种球的学生人数。

16. 用二进制位串表示集合 $A=\{a,b,c\}$ 的所有子集。

第4章 二元关系和函数

关系是日常生活及数学中的一个基本概念,例如师生关系、同事关系、位置关系、包含关系、大小关系等。关系理论与集合论、数理逻辑、组合数学、图论和布尔代数都有密切的联系。关系理论还被广泛应用于计算机科学中,当前主流的数据库均是建立在关系数据库模型基础上的。

4.1 序偶与笛卡尔积

4.1.1 序偶

定义 4.1 由两个元素 x 和 y(允许 $x=y$)按照一定的次序排列成的二元组称为**序偶**(或**有序对**),记作 $<x,y>$。其中,x 是它的**第一元素**,y 是它的**第二元素**。

日常生活中,有许多事物是按照一定的次序成对出现的,例如上下、左右、大小、平面上点的坐标等,可以把它们用序偶分别描述为 $<上,下>$,$<左,右>$,$<大,小>$,$<x,y>$ 等。

序偶可以看作具有两个元素的集合,但它与一般的集合又有所不同。序偶具有以下特性:

(1) 当 $x \neq y$ 时,$<x,y> \neq <y,x>$;

(2) 两个序偶相等的充要条件是它们的第一元素相等且第二元素相等,即 $<x,y>=<u,v> \Leftrightarrow x=u$ 且 $y=v$。

这些性质是二元集合 $\{x,y\}$ 所不具备的,因为集合的元素是无序的,即 $\{x,y\}=\{y,x\}$。另外,需要指出的是:序偶 $<x,y>$ 中的两个元素可能来自不同的集合,代表不同类型的事物。例如,x 代表操作码,y 代表地址码,则序偶 $<x,y>$ 就代表一条单地址指令;当然亦可让 x 代表地址码,y 代表操作码,序偶 $<x,y>$ 仍代表一条单地址指令。但上述这种约定一经确定,序偶的次序就不能再变化了。

【例 4.1】 已知 $<x+2,16>=<7,2x+y>$,求 x 和 y。

解: 由序偶相等的充要条件可知,

$$<x+2,16>=<7,2x+y> \Leftrightarrow x+2=7 \text{ 且 } 16=2x+y$$

所以,$x=5,y=6$。

序偶的概念可以推广到有序三元组的情况。在实际问题中,有时还会用到有序四元组,有序五元组,……,有序 n 元组。例如,空间直角坐标系中的坐标 $<3,-2,5>$ 是一个有序三元组,图书馆的记录 $<书目类别,书号,书名,作者,出版社,年份>$ 是一个有序六元组等。下面对有序 n 元组进行定义。

定义 4.2　一个**有序 $n(n \geqslant 3)$ 元组**是一个序偶,它的第一元素是一个有序 $n-1$ 元组,一个有序 n 元组可记作 $< x_1, x_2, \cdots, x_n >$,即

$$< x_1, x_2, \cdots, x_n > = << x_1, x_2, \cdots, x_{n-1} >, x_n >$$

一般地,有序 n 元组 $< a_1, a_2, \cdots, a_n > = < b_1, b_2, \cdots, b_n >$ 的充要条件是 $a_i = b_i (i = 1, 2, \cdots, n)$。

4.1.2　笛卡尔积

由于序偶 $< x, y >$ 的元素可以分别属于不同的集合,因此任给两集合 A 和 B,可以定义一种序偶的集合。

定义 4.3　设 A, B 为集合,用 A 中的元素为第一元素,B 中的元素为第二元素,构成的序偶的集合叫作 A 和 B 的**笛卡尔积**(或**直积**),记作 $A \times B$。即

$$A \times B = \{< x, y > \mid (x \in A) \wedge (y \in B)\}$$

由笛卡尔积的定义可以看出:集合 A 与集合 B 的笛卡尔积 $A \times B$ 仍然是集合,且集合 $A \times B$ 中的元素都是序偶,每个序偶的第一元素均取自 A,第二元素均取自 B。

【例 4.2】　已知 $A = \{1, 2, 3\}, B = \{a, b, c\}, C = \varnothing$,求 $A \times B, B \times A, A \times A, A \times C, C \times A$。

解:由笛卡尔积的定义可得

$$A \times B = \{< 1, a >, < 1, b >, < 1, c >, < 2, a >, < 2, b >, < 2, c >,$$
$$< 3, a >, < 3, b >, < 3, c >\},$$

$$B \times A = \{< a, 1 >, < b, 1 >, < c, 1 >, < a, 2 >, < b, 2 >, < c, 2 >,$$
$$< a, 3 >, < b, 3 >, < c, 3 >\},$$

$$A \times A = \{< 1, 1 >, < 1, 2 >, < 1, 3 >, < 2, 1 >, < 2, 2 >, < 2, 3 >,$$
$$< 3, 1 >, < 3, 2 >, < 3, 3 >\},$$

$$A \times C = \varnothing,$$

$$C \times A = \varnothing$$

从例 4.2 可以看出:

(1) 当 A, B 都是有穷集时,若 $\mid A \mid = m, \mid B \mid = n$,则 $\mid A \times B \mid = m \times n$。

(2) $A \times \varnothing = \varnothing \times B = \varnothing$。

(3) $A \times B = \varnothing$ 当且仅当 $A = \varnothing$ 或 $B = \varnothing$。

(4) 当 $A \neq B$,且 A, B 都不是空集时,$A \times B \neq B \times A$,即一般来说,笛卡尔积运算不满足交换律。

另外,笛卡尔积运算也不满足结合律,即当 A, B, C 都不是空集时,$(A \times B) \times C \neq A \times (B \times C)$。由笛卡尔积的定义知

$$(A \times B) \times C = \{<< a, b >, c > \mid (< a, b > \in A \times B) \wedge c \in C\}$$

$$= \{<a,b,c> \mid a \in A \wedge b \in B \wedge c \in C\},$$

$$A \times (B \times C) = \{<a,<b,c>> \mid a \in A \wedge (<b,c> \in B \times C)\}$$

由于 $<a,<b,c>>$ 不是三元组，所以 $(A \times B) \times C \neq A \times (B \times C)$。

定理 4.1　设 A,B,C 为任意三个集合，则有

(1) $A \times (B \cup C) = (A \times B) \cup (A \times C)$；

(2) $A \times (B \cap C) = (A \times B) \cap (A \times C)$；

(3) $(A \cup B) \times C = (A \times C) \cup (B \times C)$；

(4) $(A \cap B) \times C = (A \times C) \cap (B \times C)$。

下面证明其中的(2)式，其余的留给读者完成。

证明：对任意的 $<x,y>$，有

$$<x,y> \in A \times (B \cap C)$$

$$\Leftrightarrow x \in A \wedge y \in B \cap C$$

$$\Leftrightarrow x \in A \wedge y \in B \wedge y \in C$$

$$\Leftrightarrow (x \in A \wedge y \in B) \wedge (x \in A \wedge y \in C)$$

$$\Leftrightarrow <x,y> \in A \times B \wedge <x,y> \in A \times C$$

$$\Leftrightarrow <x,y> \in (A \times B) \cap (A \times C)$$

所以，$A \times (B \cap C) = (A \times B) \cap (A \times C)$。

【例 4.3】　设 A,B,C,D 为任意的集合，判断以下等式是否成立，并说明理由。

(1) $(A \cap B) \times (C \cap D) = (A \times C) \cap (B \times D)$；

(2) $(A \oplus B) \times (C \oplus D) = (A \times C) \oplus (B \times D)$。

解：(1) 成立。因为对任意的 $<x,y>$，有

$$<x,y> \in (A \cap B) \times (C \cap D)$$

$$\Leftrightarrow (x \in A \cap B) \wedge (y \in C \cap D)$$

$$\Leftrightarrow (x \in A) \wedge (x \in B) \wedge (y \in C) \wedge (y \in D)$$

$$\Leftrightarrow (<x,y> \in A \times C) \wedge (<x,y> \in B \times D)$$

$$\Leftrightarrow <x,y> \in (A \times C) \cap (B \times D)$$

所以，$(A \cap B) \times (C \cap D) = (A \times C) \cap (B \times D)$。

(2) 不成立。反例：

若 $A = \{a\}, B = \{b\}, C = \{c\}, D = \{d\}$，则

$$(A \oplus B) \times (C \oplus D)$$

$$= \{a,b\} \times \{c,d\}$$

$$= \{<a,c>,<a,d>,<b,c>,<b,d>\},$$

$$(A \times C) \oplus (B \times D)$$

$$= \{<a,c>\} \oplus <b,d>\}$$

$$= \{<a,c>,<b,d>\}$$

所以，$(A \oplus B) \times (C \oplus D) \neq (A \times C) \oplus (B \times D)$。

可以将两个集合的笛卡尔积推广到 $n(n \geqslant 3)$ 个集合的笛卡尔积，下面给出 n 个集合的笛卡尔积的定义。

定义 4.4　设 $A_1, A_2, \cdots, A_n$ 是 n 个集合,记它们的 **n 阶笛卡儿积**为 $A_1 \times A_2 \times \cdots \times A_n$,其中,

$$A_1 \times A_2 \times \cdots \times A_n = \{< x_1, x_2, \cdots, x_n > \mid x_i \in A_i, i = 1, 2, \cdots, n\}$$

当 $A_1 = A_2 = \cdots = A_n = A$ 时,可将它们的 n 阶笛卡儿积简记为 A^n,这里 $A^n = A^{n-1} \times A$。

一般地,若 $\mid A \mid = m$,则 $\mid A^n \mid = m^n$。

例如:若集合 $A = \{a, b\}$,则 $A^3 = A \times A \times A = \{< a, a, a >, < a, a, b >, < a, b, a >, < a, b, b >, < b, a, a >, < b, a, b >, < b, b, a >, < b, b, b >\}$。

在以后的各章中,如无特殊说明,所涉及的笛卡尔积都是指 2 阶笛卡尔积。

4.2　二元关系及其表示

4.2.1　二元关系

在日常生活中,有许多特定的关系,如父子关系、兄弟关系、师生关系、同事关系等。在数学上也存在多种关系,如数与数之间的大小关系、坐标之间的位置关系、变量之间的函数关系、集合之间的包含关系等。这些关系体现了两个或多个对象之间的相关性,而序偶可以表达两个个体、三个个体或 n 个个体之间的联系,因此关系可以用序偶来描述。

定义 4.5　设 A, B 是任意两个集合,称 $A \times B$ 的任一子集 R 为从 A 到 B 的一个**二元关系**。特别地,当 $A = B$ 时,称 R 为 A 上的二元关系。

对于二元关系 R,如果 $< x, y > \in R$,则记作 xRy;如果 $< x, y > \notin R$,则记作 $x\bar{R}y$。

【例 4.4】　设 $A = \{1, 2\}, B = \{a, b\}$,写出从 A 到 B 的所有二元关系。

解:因为 $A = \{1, 2\}, B = \{a, b\}$,所以 $A \times B = \{< 1, a >, < 1, b >, < 2, a >, < 2, b >\}$。于是,$A \times B$ 的子集有

0 元子集:$\varnothing$;

1 元子集:$\{< 1, a >\}, \{< 1, b >\}, \{< 2, a >\}, \{< 2, b >\}$;

2 元子集:$\{< 1, a >, < 1, b >\}, \{< 1, a >, < 2, a >\}, \{< 1, a >, < 2, b >\},$
　　　　$\{< 1, b >, < 2, a >\}, \{< 1, b >, < 2, b >\}, \{< 2, a >, < 2, b >\}$;

3 元子集:$\{< 1, a >, < 1, b >, < 2, a >\}, \{< 1, a >, < 1, b >, < 2, b >\},$
　　　　$\{< 1, a >, < 2, a >, < 2, b >\}, \{< 1, b >, < 2, a >, < 2, b >\}$;

4 元子集:$\{< 1, a >, < 1, b >, < 2, a >, < 2, b >\}$。

以上 16 个子集中的任何一个都是从 A 到 B 的二元关系,即从 A 到 B 共有 16 个不同的二元关系。

一般地,从集合 A 到集合 B 的二元关系的数目取决于 A 和 B 的元素个数。如果 $\mid A \mid = n, \mid B \mid = m$,则 $\mid A \times B \mid = n \times m$,$A \times B$ 的子集就有 $2^{n \times m}$ 个,每个子集代表一个从 A 到 B 的二元关系,所以从 A 到 B 共有 $2^{n \times m}$ 个不同的二元关系。其中,$\varnothing$ 称为从 A 到 B 的**空关系**,$A \times B$ 为从 A 到 B 的**全域关系**。

同理,集合 A 上的二元关系的数目取决于 A 的元素个数。如果 $\mid A \mid = n$,则

$|A \times A| = n^2$，$A \times A$ 的子集就有 $2^{n \times n}$ 个，每个子集代表一个 A 上的二元关系，所以 A 上共有 $2^{n \times n}$ 个不同的二元关系。其中，$\varnothing$ 称为 A 上的**空关系**；$A \times A$ 称为 A 上的**全域关系**，记作 E_A；$\{<x,x> \mid x \in A\}$ 称为 A 上的**恒等关系**，记作 I_A。

例如，若 $|A| = 3$，则 A 上有 $2^{3 \times 3} = 512$ 个不同的二元关系。

【例 4.5】 设 $A = \{a,b\}$，$B = P(A)$，求 A 上的恒等关系 I_A 和 B 上的包含关系 $R_\subseteq$。

解：因 $A = \{a,b\}$，所以 A 上的恒等关系为

$$I_A = \{<a,a>, <b,b>\}$$

又因为 $B = P(A) = \{\varnothing, \{a\}, \{b\}, \{a,b\}\}$，所以 B 上的包含关系 $R_\subseteq$ 为

$$R_\subseteq = \{<x,y> \mid x,y \in B \wedge x \subseteq y\}$$

$$= \{<\varnothing,\varnothing>, <\varnothing,\{a\}>, <\varnothing,\{b\}>, <\varnothing,\{a,b\}>, <\{a\},\{a\}>,$$

$$<\{a\},\{a,b\}>, <\{b\},\{b\}>, <\{b\},\{a,b\}>, <\{a,b\},\{a,b\}>\}$$

定义 4.6 设 $A_1, A_2, \cdots, A_n$ 是 n 个集合，$A_1 \times A_2 \times \cdots \times A_n$ 的任意子集称为 $A_1, A_2, \cdots, A_n$ 间的一个 **n 元关系**。特别地，若 $A_1 = A_2 = \cdots = A_n = A$，则 $A_1 \times A_2 \times \cdots \times A_n$ 的任意子集称为 A 上的一个 n 元关系。

由于 n 元组可以看成特殊的二元组，所以 n 元关系可以看作特殊的二元关系。本书只讨论二元关系，以后凡出现关系的地方均指二元关系。

4.2.2 关系的表示方法

关系是以序偶为元素的集合，因此可以采用集合表示法（如：列举法、描述法等）来表示关系。除此之外，还可以用关系矩阵和关系图来表示关系。

定义 4.7 设给定两个集合 $A = \{a_1, a_2, \cdots, a_m\}$ 和 $B = \{b_1, b_2, \cdots, b_n\}$，$R$ 是从 A 到 B 的二元关系，称矩阵 $\boldsymbol{M}_R = (r_{ij})_{m \times n}$ 为关系 R 的**关系矩阵**，其中

$$r_{ij} = \begin{cases} 1, & <a_i, b_j> \in R \\ 0, & <a_i, b_j> \notin R \end{cases} \quad (i = 1, 2, \cdots, m; j = 1, 2, \cdots, n)$$

【例 4.6】 设 $X = \{x_1, x_2, x_3, x_4\}$，$Y = \{y_1, y_2, y_3\}$，$R = \{<x_1, y_1>, <x_1, y_3>, <x_2, y_2>, <x_2, y_3>, <x_3, y_1>, <x_4, y_1>, <x_4, y_2>\}$，写出关系 R 的关系矩阵 $\boldsymbol{M}_R$。

解：R 的关系矩阵为

$$\boldsymbol{M}_R = \begin{bmatrix} 1 & 0 & 1 \\ 0 & 1 & 1 \\ 1 & 0 & 0 \\ 1 & 1 & 0 \end{bmatrix}$$

【例 4.7】 设 $A = \{1,2,3,4\}$，写出集合 A 上大于关系的关系矩阵。

解：用 $R_>$ 表示集合 A 上的大于关系，则

$$R_> = \{<2,1>, <3,1>, <3,2>, <4,1>, <4,2>, <4,3>\}$$

所以，$R_>$ 的关系矩阵 $\boldsymbol{M}_>$ 为

$$\boldsymbol{M}_> = \begin{bmatrix} 0 & 0 & 0 & 0 \\ 1 & 0 & 0 & 0 \\ 1 & 1 & 0 & 0 \\ 1 & 1 & 1 & 0 \end{bmatrix}$$

定义 4.8　设集合 $A = \{a_1, a_2, \cdots, a_m\}$ 到 $B = \{b_1, b_2, \cdots, b_n\}$ 上的一个二元关系为 R，首先在平面上作出 m 个结点，分别记作 $a_1, a_2, \cdots, a_m$，然后另作 n 个结点，分别记作 b_1，$b_2, \cdots, b_n$。如果 $<a_i, b_j> \in R$，则自结点 a_i 到结点 b_j 作一条有向边，其箭头从结点 a_i 指向结点 b_j；如果 $<x, y> \notin R$，则结点 a_i 到 b_j 之间没有连线。用这种方法得到的图称为 R 的**关系图**，记作 G_R。

值得注意的是：关系图主要表达的是结点之间的邻接关系，所以关系图与结点的位置和线段的长短无关。

【例 4.8】　画出例 4.6 中关系 R 的关系图。

解：R 的关系图如图 4.1 所示。

【例 4.9】　设集合 $A = \{1, 2, 3, 4, 5\}$，A 上的二元关系 $R = \{<1, 5>, <1, 4>, <2, 3>, <3, 1>, <3, 4>, <4, 4>\}$，画出 R 的关系图。

解：对于集合 A 上的关系 R，可以只作出 A 中每个元素对应的结点。如果 $<a_i, a_j> \in R$，就画出一条由 a_i 到 a_j 的有向边。由此可得 R 的关系图如图 4.2 所示。

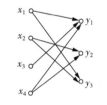

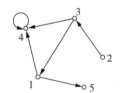

图 4.1　例 4.8 的关系图　　　　　图 4.2　例 4.9 的关系图

4.3　关系的运算

4.3.1　关系的并、交、补

二元关系是以序偶为元素的集合，因此可以对它进行集合的各种基本运算（如并、交、补等）。

定义 4.9　设 R 和 S 是从集合 A 到集合 B 的两个二元关系，则 $R \cup S, R \cap S, R - S$ 和 $\sim R$ 分别称为并关系、交关系、差关系和补关系，且有

$$R \cup S = \{<x, y> | <x, y> \in R \vee <x, y> \in S\},$$

$$R \cap S = \{<x, y> | <x, y> \in R \wedge <x, y> \in S\},$$

$$R - S = \{<x, y> | <x, y> \in R \wedge <x, y> \notin S\},$$

$$\sim R = \{<x, y> | <x, y> \notin R\}$$

应注意,由于 $A \times B$ 是相对于 R 的全集,所以关系的补运算是相对于全域关系的补,即

$$\sim R = A \times B - R$$

4.3.2　关系的定义域、值域和域

定义 4.10　令 R 为二元关系,

(1) 由 $<x,y> \in R$ 的所有 x 组成的集合称为 R 的**定义域**或**前域**,记作 dom R,即

$$\text{dom } R = \{x \mid \exists y(<x,y> \in R)\}$$

(2) 由 $<x,y> \in R$ 的所有 y 组成的集合称为 R 的**值域**或**后域**,记作 ran R,即

$$\text{ran } R = \{y \mid \exists x(<x,y> \in R)\}$$

(3) R 的定义域和值域的并集称为 R 的**域**,记作 fld R,即

$$\text{fld } R = \text{dom } R \bigcup \text{ran } R$$

求关系的定义域、值域和域,也可以看成是对关系的运算。

【例 4.10】　设下列关系是整数集 **Z** 上的二元关系,分别求它们的定义域、值域和域。

(1) $R_1 = \{<1,2>, <1,3>, <2,4>, <4,3>\}$;

(2) $R_2 = \{<x,y> \mid x,y \in \mathbf{Z} \wedge x^2 + y^2 = 1\}$;

(3) $R_3 = \{<x,y> \mid x,y \in \mathbf{Z} \wedge y = 2x\}$。

解: (1) dom $R_1 = \{1,2,4\}$,ran $R_1 = \{2,3,4\}$,fld $R_1 = \{1,2,3,4\}$。

(2) 由题可知,$R_2 = \{<0,1>, <0,-1>, <1,0>, <-1,0>\}$,所以

$$\text{dom } R_2 = \text{ran } R_2 = \text{fld } R_2 = \{-1,0,1\}$$

(3) dom $R_3 = \mathbf{Z}$,ran $R_3 = \{2z \mid z \in \mathbf{Z}\}$,即偶数集,fld $R_3 = \mathbf{Z}$。

对于从 A 到 B 的某些关系 R,有时使用图解法(不是 R 的关系图)来表示是很方便的。首先用两个封闭的曲线表示 R 的定义域(或集合 A)和值域(或集合 B)。如果 $<x,y> \in R$,则从 x 到 y 画一条有向边。图 4.3 分别给出了例 4.10 中关系 R_2 和 R_3 的图示。

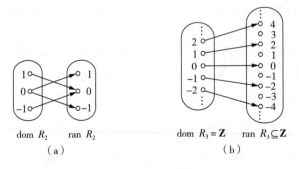

dom R_2 ran R_2	dom $R_3 = \mathbf{Z}$ ran $R_3 \subseteq \mathbf{Z}$
（a）	（b）

图 4.3　关系的图解法

4.3.3　关系的复合和幂运算

定义 4.11　设 S 是从集合 A 到集合 B 的关系，R 是从集合 B 到集合 C 的关系，则 R 与 S 的**复合关系**（或**合成关系**）是一个新的从 A 到 C 的关系，记作 $R \circ S$，并且

$$R \circ S = \{<x,y> \mid \exists z(<x,z> \in S \wedge <z,y> \in R)\}$$

需要说明的是，这里的复合运算 $R \circ S$ 是**左复合**，即 S 先作用，然后将 R 复合到 S 上。这与后面函数的复合运算次序是一致的，而其他书中可能采用**右复合**的定义，即

$$R \circ S = \{<x,y> \mid \exists z(<x,z> \in R \wedge <z,y> \in S)\}$$

这两种定义对应的计算结果是不相等的，请读者注意两者的区别。但是，这两个定义都是合理的，只要在体系内部采用同样的定义就可以了。

按照复合关系的定义，从本质上讲，在进行复合运算时，R 与 S 可以是任何关系，也不必要求 S 的值域等于 R 的定义域。R 与 S 的复合指的是将所有 R 与 S 中的序偶连接后形成的新序偶的集合。两个序偶 $<x,z>$ 和 $<z,y>$ 能连接的条件是前一序偶的第二元素与后一序偶的第一元素相同（比如都是 z）。即，若有 $<x,z> \in S$ 且 $<z,y> \in R$，则必有 $<x,y> \in R \circ S$；反过来，若 $<a,b> \in R \circ S$，则必有 $t \in B$，使得 $<a,t> \in S$ 且 $<t,b> \in R$。

【**例 4.11**】　设 R_1 和 R_2 是集合 $A = \{0,1,2,3\}$ 上的二元关系，$R_1 = \{<x,y> \mid y = x+1$ 或 $y = x/2\}$，$R_2 = \{<x,y> \mid x = y+2\}$，求 $R_1 \circ R_2$，$R_2 \circ R_1$，$(R_1 \circ R_2) \circ R_1$，$R_1 \circ (R_2 \circ R_1)$，$R_1 \circ R_1 \circ R_1$。

解：$R_1 = \{<0,1>,<1,2>,<2,3>,<0,0>,<2,1>\}$，
$R_2 = \{<2,0>,<3,1>\}$，
$R_1 \circ R_2 = \{<2,1>,<2,0>,<3,2>\}$，
$R_2 \circ R_1 = \{<1,0>,<2,1>\}$，
$(R_1 \circ R_2) \circ R_1 = \{<1,1>,<1,0>,<2,2>\}$，
$R_1 \circ (R_2 \circ R_1) = \{<1,1>,<1,0>,<2,2>\}$，
$R_1 \circ R_1 = \{<0,2>,<0,1>,<1,3>,<1,1>,<0,0>,<2,2>\}$，
$R_1 \circ R_1 \circ R_1 = \{<0,3>,<0,1>,<0,2>,<1,2>,<0,0>,<2,3>,$
$\qquad\qquad\quad <2,1>\}$

从例 4.11 可以看出，$R_1 \circ R_2 \neq R_2 \circ R_1$，即关系的复合运算在一般情况下不满足交换律。但是，$(R_1 \circ R_2) \circ R_1 = R_1 \circ (R_2 \circ R_1)$，于是有下面的定理。

定理 4.1　设 R,S,W 为任意的关系，则

(1) $(R \circ S) \circ W = R \circ (S \circ W)$，即关系的复合运算满足结合律；

(2) $R \circ I_A = I_A \circ R = R$，其中 I_A 是集合 A 上的恒等关系。

证明：(1) 任取 $<x,y>$，有

$$<x,y> \in (R \circ S) \circ W$$

$$\Leftrightarrow \exists z(<x,z> \in W \wedge <z,y> \in (R \circ S))$$

$$\Leftrightarrow \exists z(<x,z> \in W \wedge \exists t(<z,t> \in S \wedge <t,y> \in R))$$

$$\Leftrightarrow \exists t \exists z(<x,z> \in W \land <z,t> \in S \land <t,y> \in R)$$

$$\Leftrightarrow \exists t(\exists z(<x,z> \in W \land <z,t> \in S) \land <t,y> \in R)$$

$$\Leftrightarrow \exists t(<x,t> \in (S \circ W) \land <t,y> \in R)$$

$$\Leftrightarrow <x,y> \in R \circ (S \circ W)$$

所以,$(R \circ S) \circ W = R \circ (S \circ W)$。

(2) I_A 是集合 A 上的恒等关系,即 $I_A = \{<x,x> \mid x \in A\}$。

任取 $<x,y>$,有

$$<x,y> \in R \circ I_A$$

$$\Leftrightarrow \exists z(<x,z> \in I_A \land <z,y> \in R)$$

$$\Leftrightarrow \exists z(x = z \land <z,y> \in R)$$

$$\Rightarrow <x,y> \in R$$

故 $R \circ I_A \subseteq R$。

任取 $<x,y>$,有

$$<x,y> \in R$$

$$\Leftrightarrow <x,x> \in I_A \land <x,y> \in R$$

$$\Rightarrow <x,y> \in R \circ I_A$$

故 $R \subseteq R \circ I_A$。

综上可得,$R \circ I_A = R$。

同理可证 $I_A \circ R = R$。所以,$R \circ I_A = I_A \circ R = R$。

定理 4.2　设 R,S,W 为任意的关系,则

(1) $R \circ (S \cup W) = R \circ S \cup R \circ W$;

(2) $(S \cup W) \circ R = S \circ R \cup W \circ R$;

(3) $R \circ (S \cap W) \subseteq R \circ S \cap R \circ W$;

(4) $(S \cap W) \circ R \subseteq S \circ R \cap W \circ R$。

证明:这里只证明(1)和(4),其他证明从略。

(1) 任取 $<x,y>$,有

$$<x,y> \in R \circ (S \cup W)$$

$$\Leftrightarrow \exists z(<x,z> \in S \cup W \land <z,y> \in R)$$

$$\Leftrightarrow \exists z((<x,z> \in S \lor <x,z> \in W) \land <z,y> \in R)$$

$$\Leftrightarrow \exists z(<x,z> \in S \land <z,y> \in R) \lor \exists z(<x,z> \in W \land <z,y> \in R)$$

$$\Leftrightarrow <x,y> \in R \circ S \lor <x,y> \in R \circ W$$

$$\Leftrightarrow <x,y> \in R \circ S \cup R \circ W$$

所以，$R \circ (S \cup W) = R \circ S \cup R \circ W$。

（4）任取 $<x, y>$，有

$$<x, y> \in (S \cap W) \circ R$$

$$\Leftrightarrow \exists z(<x, z> \in R \land <z, y> \in S \cap W)$$

$$\Leftrightarrow \exists z(<x, z> \in R \land <z, y> \in S \land <x, z> \in R \land <z, y> \in W)$$

$$\Rightarrow \exists z(<x, z> \in R \land <z, y> \in S) \land \exists z(<x, z> \in R \land <z, y> \in W)$$

$$\Leftrightarrow <x, y> \in S \circ R \land <x, y> \in W \circ R$$

$$\Leftrightarrow <x, y> \in S \circ R \cap W \circ R$$

所以，$(S \cap W) \circ R \subseteq S \circ R \cap W \circ R$。

定理 4.2 说明复合运算对于并运算是可分配的，但对于交运算分配以后得到的不是等式，而是一个包含关系。

定义 4.12　设 R 是集合 A 上的关系，n 为自然数，则 R 的 **n 次幂**规定如下：

（1）$R^0 = \{<x, x> \mid x \in A\}$；

（2）$R^n = R^{n-1} \circ R, n \geqslant 1$。

由定义可知，R^0 是 A 上的恒等关系 I_A，且有 $R \circ R^0 = R^0 \circ R = R$。因此，$R^1 = R^0 \circ R = R$。

【例 4.12】　设 $A = \{a, b, c, d\}$，$R = \{<a, b>, <b, a>, <b, c>, <c, d>\}$，求 R^0，R^1, R^2, R^3, R^4, R^5。

解：在有穷集 A 上给定关系 R 和自然数 n，求 R^n 有 3 种方法。

方法 1　集合运算。即先计算 $R \circ R = R^2$，然后再求 $R^2 \circ R = R^3$，依此类推。

$$R^0 = I_A = \{<a, a>, <b, b>, <c, c>, <d, d>\},$$

$$R^1 = R = \{<a, b>, <b, a>, <b, c>, <c, d>\},$$

$$R^2 = R \circ R = \{<a, a>, <a, c>, <b, b>, <b, d>\},$$

$$R^3 = R^2 \circ R = \{<a, b>, <b, a>, <b, c>, <a, d>\},$$

$$R^4 = R^3 \circ R = \{<a, a>, <a, c>, <b, b>, <b, d>\} = R^2,$$

$$R^5 = R^4 \circ R = \{<a, b>, <b, a>, <b, c>, <a, d>\} = R^3$$

方法 2　关系矩阵法。即首先找到 R 的关系矩阵 $\boldsymbol{M}$，然后计算 $\boldsymbol{M} \cdot \boldsymbol{M}, \boldsymbol{M} \cdot \boldsymbol{M} \cdot \boldsymbol{M}$ 等，依此类推。但应注意，与普通的矩阵乘法不同的是，计算过程中的相加是逻辑加（析取），相乘是逻辑乘（合取），即

$$0 + 0 = 0, \quad 0 + 1 = 1, \quad 1 + 0 = 1, \quad 1 + 1 = 1,$$

$$0 \times 0 = 0, \quad 0 \times 1 = 0, \quad 1 \times 0 = 0, \quad 1 \times 1 = 1$$

根据这个规则，$R^0, R^1, \cdots, R^5$ 用关系矩阵法的计算过程是

$$\boldsymbol{M}^0 = \begin{bmatrix} 1 & 0 & 0 & 0 \\ 0 & 1 & 0 & 0 \\ 0 & 0 & 1 & 0 \\ 0 & 0 & 0 & 1 \end{bmatrix}, \quad \boldsymbol{M}^1 = \begin{bmatrix} 0 & 1 & 0 & 0 \\ 1 & 0 & 1 & 0 \\ 0 & 0 & 0 & 1 \\ 0 & 0 & 0 & 0 \end{bmatrix},$$

$$\boldsymbol{M}^2 = \begin{bmatrix} 0 & 1 & 0 & 0 \\ 1 & 0 & 1 & 0 \\ 0 & 0 & 0 & 1 \\ 0 & 0 & 0 & 0 \end{bmatrix} \begin{bmatrix} 0 & 1 & 0 & 0 \\ 1 & 0 & 1 & 0 \\ 0 & 0 & 0 & 1 \\ 0 & 0 & 0 & 0 \end{bmatrix} = \begin{bmatrix} 1 & 0 & 1 & 0 \\ 0 & 1 & 0 & 1 \\ 0 & 0 & 0 & 0 \\ 0 & 0 & 0 & 0 \end{bmatrix},$$

$$\boldsymbol{M}^3 = \begin{bmatrix} 1 & 0 & 1 & 0 \\ 0 & 1 & 0 & 1 \\ 0 & 0 & 0 & 0 \\ 0 & 0 & 0 & 0 \end{bmatrix} \begin{bmatrix} 0 & 1 & 0 & 0 \\ 1 & 0 & 1 & 0 \\ 0 & 0 & 0 & 1 \\ 0 & 0 & 0 & 0 \end{bmatrix} = \begin{bmatrix} 0 & 1 & 0 & 1 \\ 1 & 0 & 1 & 0 \\ 0 & 0 & 0 & 0 \\ 0 & 0 & 0 & 0 \end{bmatrix},$$

$$\boldsymbol{M}^4 = \begin{bmatrix} 0 & 1 & 0 & 1 \\ 1 & 0 & 1 & 0 \\ 0 & 0 & 0 & 0 \\ 0 & 0 & 0 & 0 \end{bmatrix} \begin{bmatrix} 0 & 1 & 0 & 0 \\ 1 & 0 & 1 & 0 \\ 0 & 0 & 0 & 1 \\ 0 & 0 & 0 & 0 \end{bmatrix} = \begin{bmatrix} 1 & 0 & 1 & 0 \\ 0 & 1 & 0 & 1 \\ 0 & 0 & 0 & 0 \\ 0 & 0 & 0 & 0 \end{bmatrix} = \boldsymbol{M}^2,$$

$$\boldsymbol{M}^5 = \begin{bmatrix} 1 & 0 & 1 & 0 \\ 0 & 1 & 0 & 1 \\ 0 & 0 & 0 & 0 \\ 0 & 0 & 0 & 0 \end{bmatrix} \begin{bmatrix} 0 & 1 & 0 & 0 \\ 1 & 0 & 1 & 0 \\ 0 & 0 & 0 & 1 \\ 0 & 0 & 0 & 0 \end{bmatrix} = \begin{bmatrix} 0 & 1 & 0 & 1 \\ 1 & 0 & 1 & 0 \\ 0 & 0 & 0 & 0 \\ 0 & 0 & 0 & 0 \end{bmatrix} = \boldsymbol{M}^3$$

所以,有 $R^2 = R^4 = R^6 = \cdots, R^3 = R^5 = R^7 = \cdots$。

方法3　关系图法。以求 R^3 为例,需要对 R 的关系图 G 中的任何一个结点 x,考虑从 x 出发的长度为3的路径。如果路径的终点是 y,则在 R^3 的关系图中画出一条从 x 到 y 的有向边。其他以此类推。

$R^0, R^1, \cdots, R^5$ 的关系图如图 4.4 所示。

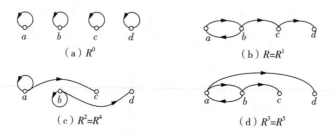

图 4.4　$R^0, R^1, \cdots, R^5$ 的关系图

可以证明:对于有穷集 A 和 A 上的关系 R, R 的不同幂只有有限个。

定理 4.3 设 R 是集合 A 上的关系, m 和 n 为自然数,则下面的等式成立。

(1) $R^m \circ R^n = R^{m+n}$;

(2) $(R^m)^n = R^{mn}$。

证明:任意给定 m,对 n 进行归纳。

(1) $n = 0$, $R^m \circ R^0 = R^m = R^{m+0}$。

假设 $R^m \circ R^n = R^{m+n}$,则

$$R^m \circ R^{n+1} = R^m \circ (R^n \circ R) = (R^m \circ R^n) \circ R = R^{m+n} \circ R = R^{m+n+1}$$

(2) $n = 0$, $(R^m)^0 = R^0 = R^{m \cdot 0}$。

假设 $(R^m)^n = R^{mn}$,则

$$(R^m)^{n+1} = (R^m)^n \circ R^m = R^{mn} \circ R^m = R^{mn+m} = R^{m(n+1)}$$

由归纳法知,(1) 和 (2) 都成立。

4.3.4 关系的逆运算

定义 4.13 设 R 是从集合 A 到集合 B 的关系,若将 R 中每一序偶的元素顺序互换,所得到的集合称为 R 的**逆关系**,记为 R^{-1},即

$$R^{-1} = \{<y,x> \mid <x,y> \in R\}$$

由定义可知,任何关系均存在逆关系,特别地,

(1) $\varnothing^{-1} = \varnothing$;

(2) $I_A^{-1} = I_A$;

(3) $(A \times B)^{-1} = B \times A$。

【例 4.13】 设 $A = \{1,2,3,4\}$, $B = \{a,b,c,d\}$, $C = \{2,3,4,5\}$, R 是从 A 到 B 的二元关系且 $R = \{<1,a>,<2,c>,<3,b>,<4,b>,<4,d>\}$, S 是从 B 到 C 的二元关系且 $S = \{<a,2>,<b,4>,<c,3>,<c,5>,<d,5>\}$。

(1) 计算 R^{-1},画出 R 和 R^{-1} 的关系图;

(2) 写出 R 和 R^{-1} 的关系矩阵;

(3) 计算 $(R \circ S)^{-1}$ 和 $S^{-1} \circ R^{-1}$。

解:(1) 由定义可知,交换 R 中所有序偶的元素顺序即可得到 R^{-1},因此

$$R^{-1} = \{<a,1>,<c,2>,<b,3>,<b,4>,<d,4>\}$$

R 和 R^{-1} 的关系图如图 4.5 所示。

图 4.5 R 和 R^{-1} 的关系图

（2）R 和 R^{-1} 的关系矩阵为

$$\boldsymbol{M}_R = \begin{bmatrix} 1 & 0 & 0 & 0 \\ 0 & 0 & 1 & 0 \\ 0 & 1 & 0 & 0 \\ 0 & 1 & 0 & 1 \end{bmatrix}, \quad \boldsymbol{M}_{R^{-1}} = \begin{bmatrix} 1 & 0 & 0 & 0 \\ 0 & 0 & 1 & 1 \\ 0 & 1 & 0 & 0 \\ 0 & 0 & 0 & 1 \end{bmatrix}$$

（3）经计算，$R \circ S = \{<1,2>, <2,3>, <2,5>, <3,4>, <4,4>, <4,5>\}$，所以

$$(R \circ S)^{-1} = \{<2,1>, <3,2>, <5,2>, <4,3>, <4,4>, <5,4>\}$$

又因 $R^{-1} = \{<a,1>, <c,2>, <b,3>, <b,4>, <d,4>\}, S^{-1} = \{<2,a>, <4,b>, <3,c>, <5,c>, <5,d>\}$，所以

$$S^{-1} \circ R^{-1} = \{<2,1>, <3,2>, <5,2>, <4,3>, <4,4>, <5,4>\}$$

从例 4.13 可以看出：

（1）将 R 的关系图中有向边的方向改变成相反方向即得 R^{-1} 的关系图，反之亦然；

（2）将 R 的关系矩阵转置即得 R^{-1} 的关系矩阵，即 R 和 R^{-1} 的关系矩阵互为转置矩阵；

（3）R^{-1} 的定义域和值域正好是 R 的值域和定义域，即 $\mathrm{dom}\ R^{-1} = \mathrm{ran}\ R, \mathrm{ran}\ R^{-1} = \mathrm{dom}\ R$；

（4）$(R \circ S)^{-1} = S^{-1} \circ R^{-1}$。

因此，有以下定理。

定理 4.4   设 R 和 S 为任意的二元关系，则有

（1）$(R^{-1})^{-1} = R$；

（2）$\mathrm{dom}\ R^{-1} = \mathrm{ran}\ R, \mathrm{ran}\ R^{-1} = \mathrm{dom}\ R$；

（3）$(R \circ S)^{-1} = S^{-1} \circ R^{-1}$。

证明：（1）任取 $<x,y>$，由逆运算的定义可得

$$<x,y> \in (R^{-1})^{-1} \Leftrightarrow <y,x> \in R^{-1} \Leftrightarrow <x,y> \in R$$

所以，$(R^{-1})^{-1} = R$。

（2）任取 x，则

$$x \in \mathrm{dom}\ R^{-1} \Leftrightarrow \exists y(<x,y> \in R^{-1}) \Leftrightarrow \exists y(<y,x> \in R) \Leftrightarrow x \in \mathrm{ran}\ R$$

所以，$\mathrm{dom}\ R^{-1} = \mathrm{ran}\ R$。同理可证 $\mathrm{ran}\ R^{-1} = \mathrm{dom}\ R$。

（3）对任意的 $<x,y>$，有

$$<x,y> \in (R \circ S)^{-1}$$

$$\Leftrightarrow <y,x> \in R \circ S$$

$$\Leftrightarrow \exists z (<y,z> \in S \wedge <z,x> \in R)$$

$$\Leftrightarrow \exists z (<z,y> \in S^{-1} \wedge <x,z> \in R^{-1})$$

$$\Leftrightarrow \exists z (<x,z> \in R^{-1} \wedge <z,y> \in S^{-1})$$

$$\Leftrightarrow <x,y> \in S^{-1} \circ R^{-1}$$

所以，$(R \circ S)^{-1} = S^{-1} \circ R^{-1}$。

4.3.5　关系的限制和像

定义 4.14　设 R 为任意的关系，A 为集合，则

(1) R 在 A 上的**限制**，记作 $R \upharpoonright A$，

$$R \upharpoonright A = \{<x,y> \mid xRy \wedge x \in A\}$$

(2) A 在 R 下的**像**，记作 $R[A]$，

$$R[A] = \mathrm{ran}(R \upharpoonright A)$$

【例 4.14】　设自然数集 $\mathbf{N}$ 上的二元关系 $R = \{<x,y> \mid x,y \in \mathbf{N} \wedge y = x^2\}$，$S = \{<x,y> \mid x,y \in \mathbf{N} \wedge y = x+1\}$，求 S^{-1}，$R \circ S$，$S \circ R$，$R \upharpoonright \{1,2\}$，$R[\{1,2\}]$。

解： $S^{-1} = \{<x,y> \mid x,y \in \mathbf{N} \wedge x = y+1\}$

$\qquad = \{<1,0>, <2,1>, <3,2>, \cdots, <y+1,y>, \cdots\}$；

对于 $\forall x \in \mathbf{N}$，有

$$x \xrightarrow{S} x+1 = z \xrightarrow{R} z^2 = y,$$

则 $y = z^2 = (x+1)^2$，所以

$$R \circ S = \{<x,y> \mid x,y \in \mathbf{N} \wedge y = (x+1)^2\}$$

对于 $\forall x \in \mathbf{N}$，有

$$x \xrightarrow{R} x^2 = z \xrightarrow{S} z+1 = y,$$

则 $y = z+1 = x^2 + 1$，所以

$$S \circ R = \{<x,y> \mid x,y \in \mathbf{N} \wedge y = x^2 + 1\}$$

由定义 4.14 可知，

$$R \upharpoonright \{1,2\} = \{<1,1>, <2,4>\},$$

$$R[\{1,2\}] = \mathrm{ran}(R \upharpoonright \{1,2\}) = \{1,4\}$$

从例 4.14 可以看出，$R \upharpoonright A$ 描述了 R 对 A 中元素的作用，它是 R 的一个子关系；而 $R[A]$ 反映了集合 A 在 R 作用下的结果，其结果不一定是关系，只是一个集合。

4.4　关系的性质

在一个很小的集合上可以定义出很多个不同的关系。例如，含有 n 个元素的集合上

可以有 $2^{n \times n}$ 个不同的关系,但真正有实际意义的只是其中很少的一部分,它们一般都是有着某种性质的关系。

设 R 是集合 A 上的关系,R 的性质主要有 5 种:自反性、反自反性、对称性、反对称性和传递性。

4.4.1 自反性和反自反性

定义 4.15 设 R 为集合 A 上的二元关系,如果

(1) 对于每一个 $x \in A$,都有 $<x,x> \in R$,则称 R 是 A 上的**自反关系**(或 R 在 A 上具有**自反性**),即

$$R \text{ 是 } A \text{ 上的自反关系} \Leftrightarrow \forall x(x \in A \rightarrow <x,x> \in R)$$

(2) 对于每一个 $x \in A$,都有 $<x,x> \notin R$,则称 R 是 A 上的**反自反关系**(或 R 在 A 上具有**反自反性**),即

$$R \text{ 是 } A \text{ 上的反自反关系} \Leftrightarrow \forall x(x \in A \rightarrow <x,x> \notin R)$$

$$\Leftrightarrow \neg \exists x(x \in A \land <x,x> \in R)$$

由以上定义可知,实数集上的小于等于关系、平面上三角形的全等关系等都是自反的;大于关系、小于关系、生活中的父子关系等都是反自反的。

【例 4.15】 设 $A = \{1,2,3,4\}$,A 上的二元关系 $R_1 \sim R_6$ 如下,判断其中哪些是自反关系,哪些是反自反关系。

$R_1 = \{<1,1>, <1,2>, <2,1>, <2,2>, <3,4>, <4,1>, <4,4>\}$;

$R_2 = \{<1,1>, <1,2>, <2,1>\}$;

$R_3 = \{<1,1>, <1,2>, <1,4>, <2,1>, <2,2>, <3,3>, <4,1>,$
    $<4,4>\}$;

$R_4 = \{<2,1>, <3,1>, <3,2>, <4,1>, <4,2>, <4,3>\}$;

$R_5 = \{<1,1>, <1,2>, <1,3>, <1,4>, <2,2>, <2,3>, <2,4>,$
    $<3,3>, <3,4>, <4,4>\}$;

$R_6 = \{<3,4>\}$。

解:关系 R_3, R_5 是自反关系,因为它包括所有形如 $<a,a>$ 的序偶。关系 R_4, R_6 是反自反关系,因为它不包括任何形如 $<a,a>$ 的序偶。

特别注意:"反自反"不等于"不自反"。一个关系不是自反的,不一定就是反自反的。例如,关系 R_1, R_2 既不是自反关系也不是反自反关系,因为 R_1 中包含 $<1,1>$,$<2,2>$,$<4,4>$,但不包含 $<3,3>$;R_2 中包含 $<1,1>$,但不包含 $<2,2>$,$<3,3>$ 和 $<4,4>$。

自反性和反自反性可以在关系图和关系矩阵上非常直观地反映出来。

例 4.15 中关系 R_3 和 R_5 的关系图如图 4.6 所示,从图中可以看出,自反关系的关系图中每个结点上均含有自环。

（a）R_3　　　　　　　　　　　（b）R_5

图 4.6　R_3 和 R_5 的关系图

R_3 和 R_5 的关系矩阵为

$$\boldsymbol{M}_{R_3} = \begin{bmatrix} 1 & 1 & 0 & 1 \\ 1 & 1 & 0 & 0 \\ 0 & 0 & 1 & 0 \\ 1 & 0 & 0 & 1 \end{bmatrix}, \quad \boldsymbol{M}_{R_5} = \begin{bmatrix} 1 & 1 & 1 & 1 \\ 0 & 1 & 1 & 1 \\ 0 & 0 & 1 & 1 \\ 0 & 0 & 0 & 1 \end{bmatrix}$$

可见,自反关系的关系矩阵主对角线上的元素全为 1。

而 R_4 和 R_6 对应的关系图中每个结点上都没有自环,对应的关系矩阵主对角线上的元素值全为 0,因此它们是反自反关系。

4.4.2　对称性和反对称性

定义 4.16　设 R 为集合 A 上的二元关系,如果

（1）对于任意的 $x, y \in A$,若当 $<x, y> \in R$,就有 $<y, x> \in R$,则称 R 是 A 上的**对称关系**（或 R 在 A 上具有**对称性**）,即

R 是 A 上的对称关系

$\Leftrightarrow \forall x \forall y (x \in A \wedge y \in A \wedge <x, y> \in R \rightarrow <y, x> \in R)$

（2）对于任意的 $x, y \in A$,若当 $<x, y> \in R$ 和 $<y, x> \in R$,必有 $x = y$,则称 R 是 A 上的**反对称关系**（或 R 在 A 上具有**反对称性**）,即

R 是 A 上的反对称关系

$\Leftrightarrow \forall x \forall y (x \in A \wedge y \in A \wedge <x, y> \in R \wedge <y, x> \in R \rightarrow x = y)$

$\Leftrightarrow \forall x \forall y (x \in A \wedge y \in A \wedge <x, y> \in R \wedge x \neq y \rightarrow <y, x> \notin R)$

由以上定义可知,三角形的相似关系、居民的邻居关系、集合 A 上的全域关系 E_A、恒等关系 I_A 和空关系 $\varnothing$ 等都是对称的;实数集上的小于等于关系、集合的包含关系、恒等关系 I_A 和空关系 $\varnothing$ 等都是反对称的。

特别注意:"反对称"不等于"不对称"。存在某种关系,它既是对称的又是反对称的;或者它既不是对称的又不是反对称的。例如,若 $A = \{1, 2, 3\}$ 上的关系 $S = \{<1, 1>, <2, 2>, <3, 3>\}$,则 S 在 A 上既是对称的,也是反对称的。又如,A 上的关系 $R = \{<1, 2>, <1, 3>, <3, 1>\}$,则 R 既不是对称的,也不是反对称的。

对称关系在关系图上的特征表现为两个不相同的结点之间若存在一条有向边,则必存在方向相反的另一条边。对称关系的关系矩阵为对称矩阵。反对称关系在关系图上的特征表现为两个不相同的结点之间至多存在一条有向边。反对称关系的关系矩阵中关于主对角线对称位置上的元素不能同时为1。

4.4.3　传递性

定义 4.17　设 R 为集合 A 上的二元关系,对于任意的 $x,y,z \in A$,若当 $<x,y> \in R$,$<y,z> \in R$,就有 $<x,z> \in R$,则称 R 是 A 上的**传递关系**(或 R 在 A 上具有**传递性**),即

R 是 A 上的传递关系

$\Leftrightarrow \forall x \forall y \forall z (x \in A \wedge y \in A \wedge z \in A \wedge <x,y> \in R \wedge <y,z> \in R$

$\rightarrow <x,z> \in R)$

由传递关系的定义可知,实数集上的小于关系、等于关系、小于等于关系,以及人类社会的祖先关系等都是传递的。

再如,在例 4.15 中,R_1 不是传递关系,因为 $<4,1> \in R_1 \wedge <1,2> \in R_1$,但 $<4,2> \notin R_1$。R_2 不是传递关系,因为 $<2,1> \in R_2 \wedge <1,2> \in R_2$,但 $<2,2> \notin R_2$。R_3 也不是传递关系,因为 $<4,1> \in R_3 \wedge <1,2> \in R_3$,但 $<4,2> \notin R_3$。R_4 和 R_5 都是传递关系,对这两个关系可以证明,若 $<x,y>$ 和 $<y,z>$ 属于一个关系,则 $<x,z>$ 也属于这个关系。对于 R_6,它虽然只有一个有序对,但它没有违反传递性的规则,即 R_6 使得传递关系定义中条件句的前件为假,故该条件句为真,所以 R_6 是 A 上的传递关系。

传递关系在关系图上的特征表现为,如果从结点 u 到结点 v 存在一条有向边,同时从结点 v 到结点 w 也存在一条有向边,则必存在一条从结点 u 到结点 w 的有向边。

4.4.4　关系性质的判别

判断集合 A 上的某一个二元关系具有哪些性质,可以从定义出发,或者观察其关系图和关系矩阵。这对于一些简单的或特征明显的关系是容易判断的,但对于一些复杂的关系或抽象集合上的抽象关系,上述方法就存在一定的局限性。下面从集合运算的观点出发,给出判别关系性质的方法。

定理 4.5　设 R 为 A 上的关系,则

(1) R 是 A 上的自反关系当且仅当 $I_A \subseteq R$。

(2) R 是 A 上的反自反关系当且仅当 $R \cap I_A = \varnothing$。

(3) R 是 A 上的对称关系当且仅当 $R = R^{-1}$。

(4) R 是 A 上的反对称关系当且仅当 $R \cap R^{-1} \subseteq I_A$。

(5) R 是 A 上的传递关系当且仅当 $R \circ R \subseteq R$。

证明略。

现将上述关系性质的判别方法总结成表 4.1,以便快速查阅。

表 4.1　关系性质的判别方法

判别方法	自反性	反自反性	对称性	反对称性	传递性
集合	$I_A \subseteq R$	$R \cap I_A = \varnothing$	$R = R^{-1}$	$R \cap R^{-1} \subseteq I_A$	$R \circ R \subseteq R$
关系图	每个结点都有自环	每个结点都没有自环	任意两个不同结点之间要么没有边,要么就有方向互反的两条边	任意两个不同结点之间至多有一条有向边	若从 u 到 v 有边,同时从 v 到 w 也有边,则必有从 u 到 w 的边
关系矩阵	主对角线元素全是 1	主对角线元素全是 0	对称矩阵	关于主对角线对称位置上的元素不能同时为 1	对 M^2 中 1 所在位置,M 中相应位置都是 1

【例 4.16】　判断图 4.7 所示的关系 R_1,R_2,R_3 的性质。

  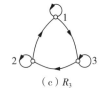

$(a) R_1$　　　　$(b) R_2$　　　　$(c) R_3$

图 4.7　R_1,R_2,R_3 的关系图

解：(1)对于 R_1,因为结点 2 和结点 3 都没有自环,所以 R_1 不是自反的;因结点 1 存在自环,所以 R_1 不是反自反的;结点 1 与结点 2 之间,以及结点 1 与结点 3 之间都是一对方向互反的边,所以 R_1 是对称的,不是反对称的;因结点 2 到结点 1 有边,结点 1 到结点 3 有边,而结点 2 到结点 3 之间没有边,因此 R_1 不是传递的。

(2)对于 R_2,因为结点 1,结点 2 和结点 3 都没有自环,所以 R_2 不是自反的,是反自反的;因结点 2 到结点 1 有边,而结点 1 到结点 2 无边,所以 R_2 不是对称的;因 R_2 中任意两个结点之间至多只存在一条边,所以 R_2 是反对称的;因为不存在结点 $x,y,z \in \{1,2,3\}$,使得 x 到 y 有边,y 到 z 有边,所以 R_2 是传递的。

(3)对于 R_3,因为结点 1,结点 2 和结点 3 都有自环,所以 R_3 是自反的,不是反自反的;因 R_3 中任意两个不同结点之间只存在一条边,所以 R_3 不是对称的,是反对称的;因为 R_3 中结点 2 到结点 1 有边,结点 1 到结点 3 有边,而结点 2 到结点 3 没有边,所以 R_3 不是传递的。

设 R_1,R_2 是集合 A 上的关系,它们具有某些性质,在经过并、交、补、复合、求逆等运算后所得到的新关系是否还具有原来的性质呢?表 4.2 给出了关系 R_1,R_2 经过某种运算后得到的新关系的性质变化情况。表中的"√"表示运算后得到的新关系仍保持原来的性质,"×"表示运算后得到的新关系不一定能保持原来的性质。

表 4.2　关系的性质与运算

运算	自反性	反自反性	对称性	反对称性	传递性
$R_1 \cup R_2$	√	√	√	×	×
$R_1 \cap R_2$	√	√	√	√	√

（续表）

运算	自反性	反自反性	对称性	反对称性	传递性
$\sim R_1$	×	×	√	×	×
$R_1 - R_2$	×	√	√	√	×
$R_1 \circ R_2$	√	×	×	×	×
R_1^{-1}	√	√	√	√	√

【**例 4.17**】　设 $A = \{1,2,3\}$，R 和 S 为集合 A 上的二元关系。其中，$R = \{<1,1>, <1,2>, <2,1>, <2,2>, <3,3>\}$，$S = \{<1,1>, <1,3>, <2,2>, <3,1>, <3,3>\}$，计算 $R \cup S, R \cap S, \sim R, R - S, R \circ S, R^{-1}$，并指出它们具有哪些性质。

解：由题可知，R 和 S 均为自反的、对称的和传递的。

$$R \cup S = \{<1,1>, <1,2>, <1,3>, <2,1>, <2,2>, <3,1>, <3,3>\},$$

$$R \cap S = \{<1,1>, <2,2>, <3,3>\},$$

$$\sim R = R \times R - R = \{<1,3>, <2,3>, <3,1>, <3,2>\},$$

$$R - S = \{<1,2>, <2,1>\},$$

$$R \circ S = \{<1,1>, <1,2>, <1,3>, <2,1>, <2,2>, <2,3>, <3,1>, <3,3>\},$$

$$R^{-1} = \{<1,1>, <1,2>, <2,1>, <2,2>, <3,3>\}$$

从计算结果可以看出，$R \cup S, R \cap S, R \circ S, R^{-1}$ 是自反的，而 $\sim R, R - S$ 不是自反的；$R \cup S, R \cap S, \sim R, R - S, R^{-1}$ 是对称的，而 $R \circ S$ 不是对称的；$R \cap S, R^{-1}$ 是传递的，而 $R \cup S, \sim R, R - S, R \circ S$ 不是传递的。这些都与表 4.2 是一致的。

另外，$\sim R, R - S$ 是反自反的，而 $R \cup S, R \cap S, R \circ S, R^{-1}$ 不是反自反的；$R \cap S$ 是反对称的，而 $R \cup S, \sim R, R - S, R \circ S, R^{-1}$ 不是反对称的。

4.5　关系的闭包

设 R 是集合 A 上的关系，有时我们希望 R 能够具有某些有用的性质，比如自反性。如果 R 不具有自反性，我们可以通过在 R 中添加一部分序偶来改造 R，使其具有自反性。这样会得到新的关系 R'，但又不希望 R' 与 R 相差太大。换句话说，添加的序偶要尽可能地少。满足这些要求的 R' 就称为 R 的自反闭包。除了自反闭包之外，还有对称闭包和传递闭包等。

定义 4.18　设 R 为非空集合 A 上的关系，R 的**自反闭包**（**对称闭包**或**传递闭包**）是 A 上的关系 R'，且 R' 满足以下条件：

（1）R' 是自反的（对称的或传递的）；

（2）$R \subseteq R'$；

(3) 对 A 上的任何包含 R 的自反关系(对称关系或传递关系)R'' 都有 $R' \subseteq R''$。

通俗地讲,R 的自反闭包(对称闭包或传递闭包)是指具有自反性(对称性或传递性)且包含 R 的"最小"关系,这里的大小是以集合包含来衡量的。例如,$A = \{1,2,3\}$,A 上的关系 $R = \{<1,1>, <2,2>, <1,3>\}$ 不具有自反性,$S_1 = \{<1,1>, <2,2>, <1,3>, <3,3>\}$ 是 R 的自反闭包,但 $S_2 = \{<1,1>, <2,2>, <1,3>, <3,3>, <3,1>\}$ 不是 R 的自反闭包,尽管它满足定义中的前两个条件,但它不是"最小"关系,即不满足第三个条件。

通常,将 R 的自反闭包记作 $r(R)$,对称闭包记作 $s(R)$,传递闭包记作 $t(R)$。若关系 R 是自反的,则 $r(R) = R$;若 R 是对称的,则 $s(R) = R$;若 R 是传递的,则 $t(R) = R$。

如何求非空集合 A 上关系 R 的闭包呢? 下面的定理给出了构造闭包的方法。

定理 4.6　设 R 为非空集合 A 上的关系,则有

(1) $r(R) = R \cup R^0$;

(2) $s(R) = R \cup R^{-1}$;

(3) $t(R) = R \cup R^2 \cup R^3 \cup \cdots = \bigcup_{i=1}^{\infty} R^i$。

证明略。

对于一般集合 A 上的二元关系 R,求 R 的传递闭包要做无限次的并运算,十分麻烦。但当 A 是有穷集合时,情况就不同了,只要做有限次的并运算即可,有如下推论。

推论　设 R 是有穷集合 A 上的关系,A 的元素个数 $|A| = n$,则

$$t(R) = R \cup R^2 \cup R^3 \cup \cdots \cup R^n = \bigcup_{i=1}^{n} R^i$$

证明略。

将定理 4.6 中的公式转换成矩阵表示,就可以得到求闭包的矩阵方法。

设 R 的关系矩阵为 $\boldsymbol{M}$,相应的自反闭包、对称闭包和传递闭包的矩阵分别为 $\boldsymbol{M}_r$,$\boldsymbol{M}_s$ 和 $\boldsymbol{M}_t$,则有

$$\boldsymbol{M}_r = \boldsymbol{M} + \boldsymbol{E},$$

$$\boldsymbol{M}_s = \boldsymbol{M} + \boldsymbol{M}^{\mathrm{T}},$$

$$\boldsymbol{M}_t = \boldsymbol{M} + \boldsymbol{M}^2 + \boldsymbol{M}^3 + \cdots$$

其中,$\boldsymbol{E}$ 表示同阶的单位矩阵,$\boldsymbol{M}^{\mathrm{T}}$ 表示 $\boldsymbol{M}$ 的转置,$+$ 表示矩阵中对应元素的逻辑加。

利用关系图也可以求关系的闭包。

设 R 的关系图为 G,相应的自反闭包、对称闭包和传递闭包的关系图分别为 G_r,G_s 和 G_t,它们的结点集与 G 的结点集相等。除了 G 中原有的边之外,可以用下述方法在 G 中添加新的边,以构成 G_r,G_s 和 G_t。

(1) 考察 G 的每个结点,在没有自环的结点处加上自环,最终得到 G_r。

(2) 考察 G 的每条边,如果有一条从 x_i 到 x_j 的单向边($i \neq j$),则在 G 中添加一条从 x_j 到 x_i 的反向边,最终得到 G_s。

(3) 考察 G 的每个结点 x_i,找出从 x_i 出发的每一条长度不超过 n(n 为图中的顶点个数)的路径,如果从 x_i 到路径终点 x_j 没有直接相连的边,就加上这条边。当检查完 G 的

所有结点后最终得到 G_t。

【**例 4.18**】 设 $A = \{a,b,c,d\}$，A 上的关系 $R = \{<a,b>, <b,a>, <b,c>, <c,d>\}$，求 $r(R),s(R),t(R)$。

解:方法 1　利用定理 4.6 中的公式。

$r(R) = R \cup R^0$

$\quad = \{<a,b>,<b,a>,<b,c>,<c,d>\} \cup \{<a,a>,<b,b>,<c,c>,<d,d>\}$

$\quad = \{<a,b>,<b,a>,<b,c>,<c,d>,<a,a>,<b,b>,<c,c>,<d,d>\},$

$s(R) = R \cup R^{-1}$

$\quad = \{<a,b>,<b,a>,<b,c>,<c,d>\} \cup \{<b,a>,<a,b>,<c,b>,<d,c>\}$

$\quad = \{<a,b>,<b,a>,<b,c>,<c,d>,<c,b>,<d,c>\}$

$\quad$ 因　$R^2 = R \circ R = \{<a,a>,<a,c>,<b,b>,<b,d>\},$

$\quad\quad R^3 = R^2 \circ R = \{<a,b>,<a,d>,<b,a>,<b,c>\},$

$\quad\quad R^4 = R^3 \circ R = \{<a,a>,<a,c>,<b,b>,<b,d>\} = R^2,$

所以

$t(R) = R \cup R^2 \cup R^3$

$\quad = \{<a,b>,<b,a>,<b,c>,<c,d>\} \cup \{<a,a>,<a,c>,<b,b>,<b,d>\}$

$\quad\quad \cup \{<a,b>,<a,d>,<b,a>,<b,c>\}$

$\quad = \{<a,a>,<a,b>,<a,c>,<a,d>,<b,a>,<b,b>,<b,c>,<b,d>,$

$\quad\quad <c,d>\}$

方法 2　利用关系矩阵。

设 R 的关系矩阵为 $\boldsymbol{M}$，则

$$\boldsymbol{M} = \begin{bmatrix} 0 & 1 & 0 & 0 \\ 1 & 0 & 1 & 0 \\ 0 & 0 & 0 & 1 \\ 0 & 0 & 0 & 0 \end{bmatrix}$$

$r(R),s(R),t(R)$ 的关系矩阵 $\boldsymbol{M}_r,\boldsymbol{M}_s,\boldsymbol{M}_t$ 分别为

$$\boldsymbol{M}_r = \boldsymbol{M} + \boldsymbol{E} = \begin{bmatrix} 0 & 1 & 0 & 0 \\ 1 & 0 & 1 & 0 \\ 0 & 0 & 0 & 1 \\ 0 & 0 & 0 & 0 \end{bmatrix} + \begin{bmatrix} 1 & 0 & 0 & 0 \\ 0 & 1 & 0 & 0 \\ 0 & 0 & 1 & 0 \\ 0 & 0 & 0 & 1 \end{bmatrix} = \begin{bmatrix} 1 & 1 & 0 & 0 \\ 1 & 1 & 1 & 0 \\ 0 & 0 & 1 & 1 \\ 0 & 0 & 0 & 1 \end{bmatrix}$$

$$\boldsymbol{M}_s = \boldsymbol{M} + \boldsymbol{M}' = \begin{bmatrix} 0 & 1 & 0 & 0 \\ 1 & 0 & 1 & 0 \\ 0 & 0 & 0 & 1 \\ 0 & 0 & 0 & 0 \end{bmatrix} + \begin{bmatrix} 0 & 1 & 0 & 0 \\ 1 & 0 & 0 & 0 \\ 0 & 1 & 0 & 0 \\ 0 & 0 & 1 & 0 \end{bmatrix} = \begin{bmatrix} 0 & 1 & 0 & 0 \\ 1 & 0 & 1 & 0 \\ 0 & 1 & 0 & 1 \\ 0 & 0 & 1 & 0 \end{bmatrix}$$

$\boldsymbol{M}_t = \boldsymbol{M} + \boldsymbol{M}^2 + \boldsymbol{M}^3 + \cdots$,但由于 $\boldsymbol{M}^4 = \boldsymbol{M}^2$,所以

$$\boldsymbol{M}_t = \boldsymbol{M} + \boldsymbol{M}^2 + \boldsymbol{M}^3$$

$$= \begin{bmatrix} 0 & 1 & 0 & 0 \\ 1 & 0 & 1 & 0 \\ 0 & 0 & 0 & 1 \\ 0 & 0 & 0 & 0 \end{bmatrix} + \begin{bmatrix} 1 & 0 & 1 & 0 \\ 0 & 1 & 0 & 1 \\ 0 & 0 & 0 & 0 \\ 0 & 0 & 0 & 0 \end{bmatrix} + \begin{bmatrix} 0 & 1 & 0 & 1 \\ 1 & 0 & 1 & 0 \\ 0 & 0 & 0 & 0 \\ 0 & 0 & 0 & 0 \end{bmatrix} = \begin{bmatrix} 1 & 1 & 1 & 1 \\ 1 & 1 & 1 & 1 \\ 0 & 0 & 0 & 1 \\ 0 & 0 & 0 & 0 \end{bmatrix}$$

方法 3   利用关系图,$R, r(R), s(R), t(R)$ 的关系图如图 4.8 所示。

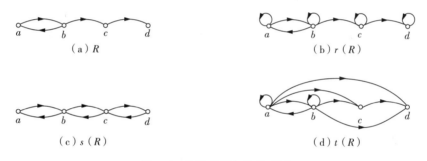

图 4.8 R 及其闭包的关系图

4.6   等价关系与划分

4.6.1   等价关系

定义 4.19   设 R 为非空集合 A 上的关系,如果 R 是自反的、对称的、传递的,则称 R 为 A 上的**等价关系**。设 R 是一个等价关系,如果 $<x,y> \in R$,则称 x 等价于 y,记作 $x \sim y$。

【例 4.19】   (1) 在全体中国人组成的集合上定义"同姓氏"关系,它具备自反、对称、传递的性质,因此是一个等价关系。

(2)"朋友"关系不是等价关系,因为它不是传递的。

(3) 在平面的直线集合 L 上定义的"平行"关系是等价关系,而 L 上的"垂直"关系不是等价关系,因为它既不是自反的,也不是传递的。

(4) 平面上三角形的"全等"关系、"相似"关系等都是等价关系。

(5) 集合之间的"包含"关系是等价关系,而"真包含"关系不是等价关系,因为它不

是自反的,也不是对称的。

从等价关系的定义可知,等价关系的关系图具有如下几个特征:

(1) 每个结点都有自环;

(2) 若从结点 x 到结点 y 有边,则从结点 y 到结点 x 必有边;

(3) 若从结点 x 到结点 y 有一条路径,则从结点 x 到结点 y 必有一条边。

【例 4.20】　设集合 $A=\{1,2,3,4\}$,$R=\{<1,1>$,$<1,4>$,$<4,1>$,$<4,4>$,$<2,2>$,$<2,3>$,$<3,2>$,$<3,3>\}$,验证 R 是 A 上的等价关系。

图 4.9　R 的关系图

解:R 的关系图如图 4.9 所示。

在关系图上,由于每一个结点都有自环,所以关系 R 是自反的;任意两个结点间或无边,或有成对出现的边,所以关系 R 是对称的;从 R 的关系图或序偶表示式可以看出,关系 R 是传递的。综上可得关系 R 是 A 上的等价关系。

【例 4.21】　设整数集 $\mathbf{Z}$ 上的关系 $R=\{<x,y>\mid x\equiv y(\bmod k)\}$,其中 $x\equiv y(\bmod k)$ 叫作 x 与 y 模 k 同余,即 x 除以 k 的余数与 y 除以 k 的余数相等。证明 R 是 $\mathbf{Z}$ 上的等价关系。

证明:因 $x\equiv y(\bmod k)$ 表示 x 除以 k 的余数与 y 除以 k 的余数相等,所以它亦可表示为 $x-y$ 是 k 的整数倍。

设任意 $a,b,c\in\mathbf{Z}$,则

(1) 因为 $a-a=k\times 0$,故 $<a,a>\in R$,所以 R 是自反的。

(2) 若 $a\equiv b(\bmod k)$,则 $a-b=k\times t$(t 为整数),于是 $b-a=-k\times t$,即 $b\equiv a(\bmod k)$,所以 R 是对称的。

(3) 若 $a\equiv b(\bmod k)$,$b\equiv c(\bmod k)$,则 $a-b=k\times t$(t 为整数),$b-c=k\times s$(s 为整数),于是 $a-c=(a-b)+(b-c)=k\times(t+s)$,即 $a\equiv c(\bmod k)$,所以 R 是传递的。

综上所述,在整数集 $\mathbf{Z}$ 上,R 是自反的、对称的、传递的,因此 R 是 $\mathbf{Z}$ 上的等价关系。

4.6.2　等价类

定义 4.20　设 R 是非空集合 A 上的等价关系,对任意的 $x\in A$,令

$$[x]_R=\{y\mid y\in A\wedge<x,y>\in R\}$$

则称 $[x]_R$ 为 x 关于 R 的等价类,简称 x 的等价类,简记为 $[x]$。

如例 4.20 中,$[1]_R=[4]_R=\{1,4\}$,$[2]_R=[3]_R=\{2,3\}$。例 4.21 中,若 R 是模 3 同余的关系,则整数集 $\mathbf{Z}$ 上的元素所产生的等价类是

$$[0]_R=\{\cdots,-6,-3,0,3,6,\cdots\},$$

$$[1]_R=\{\cdots,-5,-2,1,4,7,\cdots\},$$

$$[2]_R=\{\cdots,-4,-1,2,5,8,\cdots\}$$

且有

$$[0]_R=[3]_R=[-3]_R=\cdots,$$

$$[1]_R = [4]_R = [-2]_R = \cdots,$$

$$[2]_R = [5]_R = [-1]_R = \cdots$$

下面的定理给出了等价类的性质。

定理 4.7　设 R 为非空集合 A 上的等价关系,对任意的 $x,y \in A$,有以下结论成立。

(1) $[x]_R \neq \varnothing$,且 $[x]_R \subseteq A$;

(2) 若 $<x,y> \in R$,则 $[x]_R = [y]_R$;

(3) 若 $<x,y> \notin R$,则 $[x]_R \bigcap [y]_R = \varnothing$;

(4) $\underset{x \in A}{\bigcup} [x]_R = A$。

证明:(1) 由于 R 是集合 A 上的关系,所以由等价类的定义可知,$[x]_R \subseteq A$。又因 R 是等价关系,所以 R 是自反的,即对任意的 $x \in A$,都有 $<x,x> \in R$,所以 $x \in [x]_R$。综上可得,$[x]_R \neq \varnothing$,且 $[x]_R \subseteq A$。

(2) 任取 $z,z \in [x]_R \Rightarrow <x,z> \in R \Rightarrow <z,x> \in R$(因为 R 是对称的)。再由 $<x,y> \in R$,得 $<z,y> \in R$(因为 R 是传递的)$\Rightarrow <y,z> \in R$(因为 R 是对称的),所以 $z \in [y]_R$。 至此,$[x]_R \subseteq [y]_R$。 同理可证 $[y]_R \subseteq [x]_R$。 综上,若 $<x,y> \in R$,则 $[x]_R = [y]_R$。

(3) 假设 $[x]_R \bigcap [y]_R \neq \varnothing$,则必存在 $z \in ([x]_R \bigcap [y]_R)$,从而有 $z \in [x]_R \wedge z \in [y]_R$,即 $<x,z> \in R \wedge <y,z> \in R$ 成立。根据 R 的对称性和传递性必有 $<x,y> \in R$,这与 $<x,y> \notin R$ 矛盾,故假设错误,原命题成立。

(4) 先证 $\underset{x \in A}{\bigcup} [x]_R \subseteq A$,任取 $y,y \in \underset{x \in A}{\bigcup} [x]_R \Rightarrow \exists x(x \in A \wedge y \in [x]_R) \subseteq y \in A$(因为 $[x]_R \subseteq A$),从而有 $\underset{x \in A}{\bigcup} [x]_R \subseteq A$。

再证 $A \subseteq \underset{x \in A}{\bigcup} [x]_R$,任取 $y,y \in A \Rightarrow y \in [y]_R \wedge y \in A \Rightarrow y \in \underset{x \in A}{\bigcup} [x]_R$,从而有 $A \subseteq \underset{x \in A}{\bigcup} [x]_R$。

综上可得,$\underset{x \in A}{\bigcup} [x]_R = A$。

4.6.3　商集与划分

定义 4.21　设 R 是非空集合 A 上的等价关系,以 R 的所有等价类为元素构成的集合称为 A **关于 R 的商集**,记作 A/R,即

$$A/R = \{[x]_R \mid x \in A\}$$

在例 4.20 中,$A/R = \{[1]_R,[2]_R\}$。在例 4.21 中,若 R 是模 3 同余的关系,则 $A/R = \{[0]_R,[1]_R,[2]_R\}$。

【例 4.22】　(1) 非空集合 A 上的全域关系 E_A 是 A 上的等价关系,对任意 $x \in A$ 有 $[x] = A$,商集 $A/E_A = \{A\}$。

(2) 非空集合 A 上的恒等关系 I_A 是 A 上的等价关系,对任意 $x \in A$ 有 $[x] = \{x\}$,商集 $A/I_A = \{\{x\} \mid x \in A\}$

(3) 在整数集合 $\mathbf{Z}$ 上模 n 的等价关系,其等价类是

$$[0] = \{\cdots,-2n,-n,0,n,2n,\cdots\} = \{nz \mid z \in \mathbf{Z}\} = n\mathbf{Z},$$

$$[1] = \{\cdots, -2n+1, -n+1, 1, n+1, 2n+1, \cdots\}$$

$$= \{nz+1 \mid z \in \mathbf{Z}\} = n\mathbf{Z}+1,$$

$$[2] = \{\cdots, -2n+2, -n+2, 2, n+2, 2n+2, \cdots\}$$

$$= \{nz+2 \mid z \in \mathbf{Z}\} = n\mathbf{Z}+2,$$

$$\cdots\cdots$$

$$[n-1] = \{\cdots, -2n+n-1, -n+n-1, n-1, n+n-1, \cdots\}$$

$$= \{nz+n-1 \mid z \in \mathbf{Z}\} = n\mathbf{Z}+n-1$$

所以,商集为$\{[0], [1], \cdots, [n-1]\}$。

定义 4.22 设A是非空集合,如果存在一个A的子集族π($\pi \subseteq P(A)$,是A的子集构成的集合)满足以下条件:

(1) $\varnothing \notin \pi$;

(2) π中任意两个元素不交;

(3) π中所有元素的并集等于A。

则称π为A的一个**划分**,且称π中的元素为A的**划分块**。

【例 4.23】 设集合$A = \{a, b, c, d\}$,判断下面的子集族是否为A的划分。

(1) $\pi_1 = \{\{a\}, \{b\}, \{c\}, \{d\}\}$;

(2) $\pi_2 = \{\{a, b\}, \{c\}, \{a, d\}\}$;

(3) $\pi_3 = \{\varnothing, \{a, b\}, \{c, d\}\}$;

(4) $\pi_4 = \{\{a\}, \{b, c\}, \{d\}\}$;

(5) $\pi_5 = \{\{a\}, \{b, c\}\}$;

(6) $\pi_6 = \{\{a, b, c, d\}\}$。

解: 由划分的定义可知,π_1,π_4和π_6是A的划分,其中,π_1将A分为4个划分块,是A的最大划分,π_6将A分为1个划分块,是A的最小划分。π_2不是A的划分,因为$\{a, b\} \bigcap \{a, d\} = \{a\}$;$\pi_3$不是$A$的划分,因为$\varnothing \in \pi_3$;$\pi_5$不是$A$的划分,因为$\{a\} \bigcup \{b, c\} = \{a, b, c\} \neq A$。

由商集和划分的定义不难看出,非空集合A上定义等价关系R,由它产生的等价类都是A的非空子集,不同的等价类之间不交,并且所有等价类的并集就是A。因此,所有等价类的集合,即商集A/R,就是A的一个划分,称为由R所诱导的划分。反之,在非空集合A上给定一个划分π,则A被分割成若干个划分块。如下定义A上的二元关系R,对任何元素$x, y \in A$,如果x和y在同一个划分块中,则xRy。那么,可以证明R是A上的等价关系,称为由划分π所诱导的等价关系,且该等价关系的商集就等于π。所以集合A上的等价关系与集合A的划分是一一对应的。

定理 4.8 给定集合A的一个划分$\pi = \{S_1, S_2, \cdots, S_n\}$,则由该划分确定的关系

$$R = (S_1 \times S_1) \bigcup (S_2 \times S_2) \bigcup \cdots \bigcup (S_n \times S_n)$$

是A上的等价关系,称该关系R为由划分π所诱导的等价关系。

证明: (1) 自反性。因为$A = S_1 \bigcup S_2 \bigcup \cdots \bigcup S_n$,所以对任意的$x \in A$,必存在某个

$i>0$,使得 $x\in S_i$,所以 $<x,x>\in S_i\times S_i$,即 $<x,x>\in R$,因此 R 是自反的。

(2) 对称性。对任意的 $x,y\in A$,如果 $<x,y>\in R$,则必存在某个 $j>0$,使得 $<x,y>\in S_j\times S_j$,从而 $<y,x>\in S_j\times S_j$,即 $<y,x>\in R$,因此 R 是对称的。

(3) 传递性。对任意的 $x,y,z\in A$,如果 $<x,y>\in R$,$<y,z>\in R$,则必分别存在某个 $i,j>0$,使得 $<x,y>\in S_i\times S_i$,$<y,z>\in S_j\times S_j$,即 $x,y\in S_i$ 且 $y,z\in S_j$,从而 $y\in S_i\cap S_j$。由于不同划分块的交为空集,所以 $S_i=S_j$,因此 x 和 z 同属于集合 A 的一个划分块 S_i,从而 $<x,z>\in R$,所以 R 是传递的。

综上可知,R 是 A 上的等价关系。

【例 4.24】　给定集合 $A=\{1,2,3,4,5\}$,找出 A 上的等价关系 R,使 R 能产生划分 $\{\{1,2\},\{3\},\{4,5\}\}$,并画出 R 的关系图。

解:等价关系 R 可由如下方法产生:

$$R_1=\{1,2\}\times\{1,2\}=\{<1,1>,<1,2>,<2,1>,<2,2>\}$$

$$R_2=\{3\}\times\{3\}=\{<3,3>\}$$

$$R_3=\{4,5\}\times\{4,5\}=\{<4,4>,<4,5>,<5,4>,<5,5>\}$$

$$R=R_1\cup R_2\cup R_3$$
$$=\{<1,1>,<1,2>,<2,1>,<2,2>,<3,3>,<4,4>,$$
$$<4,5>,<5,4>,<5,5>\}$$

A 上的等价关系 R 对应的关系图如图 4.10 所示。

【例 4.25】　设集合 $A=\{1,2,3\}$,求出 A 上所有的等价关系。

解:(1) 集合 A 上的等价关系与集合 A 的划分是一一对应的,因此可以先找出集合 A 的所有不同划分:只有 1 个划分块的划分 π_1 如图 4.11(a) 所示,具有两个划分块的划分 π_2,π_3,π_4 如图 4.11(b)、(c)、(d) 所示,具有 3 个划分块的 π_5 如图 4.11(e) 所示。

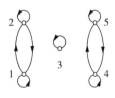

图 4.10　R 的关系图

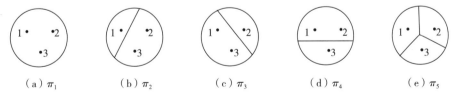

(a) π_1　　　　(b) π_2　　　　(c) π_3　　　　(d) π_4　　　　(e) π_5

图 4.11　集合 A 的各种划分

(2) 假设由划分块 π_i 所诱导的等价关系为 $R_i(i=1,2,3,4,5)$,则

$$R_1=\{1,2,3\}\times\{1,2,3\}$$
$$=\{<1,2>,<1,3>,<2,3>,<2,1>,<3,1>,<3,2>\}\cup I_A$$
$$=E_A,$$

$$R_2 = (\{1\} \times \{1\}) \cup (\{2,3\} \times \{2,3\})$$
$$= \{<2,3>, <3,2>\} \cup I_A,$$

$$R_3 = (\{2\} \times \{2\}) \cup (\{1,3\} \times \{1,3\})$$
$$= \{<1,3>, <3,1>\} \cup I_A,$$

$$R_4 = (\{3\} \times \{3\}) \cup (\{1,2\} \times \{1,2\})$$
$$= \{<1,2>, <2,1>\} \cup I_A,$$

$$R_5 = (\{1\} \times \{1\}) \cup (\{2\} \times \{2\}) \cup (\{3\} \times \{3\})$$
$$= \{<1,1>, <2,2>, <3,3>\}$$
$$= I_A$$

4.7　偏 序 关 系

在一个集合上,常常需要考虑元素的次序关系,其中很重要的一类关系称作偏序关系。

4.7.1　偏序关系与哈斯图

定义 4.23　设 R 是非空集合 A 上的关系,如果 R 是自反的、反对称的、传递的,则称 R 为 A 上的**偏序关系**,简称**偏序**,记作 $\leqslant$。如果 $<x,y> \in$ 偏序关系 R,则可记为 $x \leqslant y$,读作"x 小于等于 y"。

注意:这里的"小于等于"不是数的大小,而是指它们在偏序关系中位置的先后。

【**例 4.26**】　证明实数集 **R** 上的小于等于关系"$\leqslant$"是偏序关系。

证明:(1) 对于任何实数 $a \in \mathbf{R}$,有 $a \leqslant a$ 成立,故"$\leqslant$"是自反的。

(2) 对任何实数 $a,b \in \mathbf{R}$,如果 $a \leqslant b$ 且 $b \leqslant a$,则必有 $a=b$,故"$\leqslant$"是反对称的。

(3) 对任何实数 $a,b,c \in \mathbf{R}$,如果 $a \leqslant b, b \leqslant c$,则必有 $a \leqslant c$,故"$\leqslant$"是传递的。

综上,"$\leqslant$"是实数集 **R** 上的偏序关系。

【**例 4.27**】　给定集合 $A = \{2,3,6,8\}$,令关系 $R = \{<x,y> \mid x,y \in A \wedge x \text{ 整除 } y\}$,验证关系 R 是 A 上的偏序关系。

解:$R = \{<x,y> \mid x,y \in A \wedge x \text{ 整除 } y\}$
$$= \{<2,2>, <3,3>, <6,6>, <8,8>, <2,6>, <2,8>, <3,6>\}$$

R 对应的关系矩阵 M 为

$$M = \begin{bmatrix} 1 & 0 & 1 & 1 \\ 0 & 1 & 1 & 0 \\ 0 & 0 & 1 & 0 \\ 0 & 0 & 0 & 1 \end{bmatrix}$$

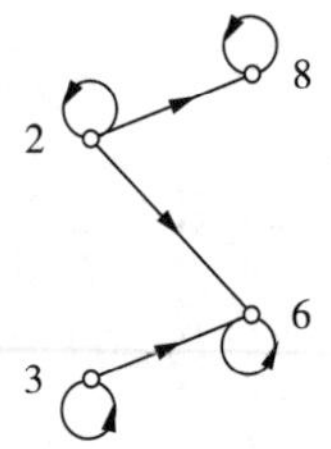

R 对应的关系图 G 如图 4.12 所示。

图 4.12　关系图 G

由关系矩阵或关系图均可看出 R 是自反的、反对称、传递的,因此 R 是 A 上的偏序关系。

定义 4.24　集合 A 和 A 上的偏序关系一起称为一个**偏序集**,记作 $<A,\leqslant>$。

例如,整数集 $\mathbf{Z}$ 和小于等于关系构成偏序集 $<\mathbf{Z},\leqslant>$,集合 A 的幂集 $P(A)$ 和包含关系构成偏序集 $<P(A),R_{\subseteq}>$ 等。

为了更清楚地描述偏序集中元素间的层次关系,下面介绍"盖住"的概念。

定义 4.25　设 $<A,\leqslant>$ 为偏序集,对任意的 $x,y\in A$,如果有 $x\leqslant y$ 或 $y\leqslant x$ 成立,则称 x 与 y 是**可比的**。如果 $x<y$(即 $x\leqslant y\wedge x\neq y$),且不存在 $z\in A$ 使得 $x<z<y$,则称 **y 盖住 x**,并记 $\text{cov }A=\{<x,y>\mid x,y\in A\wedge y$ 盖住 $x\}$。

例如,在偏序集 $<\mathbf{Z}^+,\leqslant>$ 中,$\leqslant$ 为整除关系,整数 2 和 3 是不可比的,因为 2 不能整除 3,3 也不能整除 2。而 2 和 4 是可比的,2 和 8 也是可比的。但由于 $2<4$,且不存在 $z\in\mathbf{Z}^+$ 使得 $2<z$ 且 $z<4$,所以 2 盖住 4。类似地,虽然 $2<8$,但存在 $4\in\mathbf{Z}^+$ 使得 $2<4$ 并且 $4<8$,所以 2 不能盖住 8。

对于给定的偏序集 $<A,\leqslant>$,它的盖住关系是唯一的,所以可用盖住的性质画出**偏序集合图**(或称**哈斯图**),其作图规则如下:

(1) 用小圆圈代表元素;

(2) 如果 $x<y$ 即 $x\leqslant y$ 且 $x\neq y$,则将代表 y 的小圆圈画在代表 x 的小圆圈之上;

(3) 如果 $<x,y>\in\text{cov }A$,则在 x 和 y 之间用直线连接。

【例 4.28】　设 A 是正整数 $m=12$ 的因子构成的集合,$\leqslant$ 为 A 上的整除关系,

(1) 画出 $\leqslant$ 的关系图;

(2) 求 $\text{cov }A$,并画出对应的哈斯图。

解:(1) $m=12$ 的因子构成的集合 $A=\{1,2,3,4,6,12\}$。

A 上的整除关系 $\leqslant=\{<1,2>,<1,3>,<1,4>,<1,6>,<1,12>,$

$$<2,4>,<2,6>,<2,12>,<3,6>,<3,12>,$$

$$<4,12>,<6,12>\}\bigcup I_A$$

由此,$\leqslant$ 的关系图如图 4.13(a) 所示。

(2) $\text{cov }A=\{<1,2>,<1,3>,<2,4>,<2,6>,<3,6>,<4,12>,<6,12>\}$

偏序集 $<A,\leqslant>$ 的哈斯图如图 4.13(b) 所示。

由此例题可以看出,哈斯图比一般的关系图要简单得多,在哈斯图中的每个结点都没有自环,只有具有盖住关系的两个结点之间才有直接相连的边,且一定是位置高的结点盖住位置低的结点。

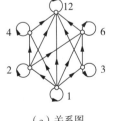

（a）关系图

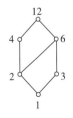

（b）哈斯图

图 4.13　关系图与哈斯图

【例 4.29】 画出偏序集 $< P(\{a,b,c\}),R_\subseteq >$ 的哈斯图。

解:哈斯图如图 4.14 所示。

【例 4.30】 已知偏序集 $<A,R>$ 的哈斯图如图 4.15 所示,试求出集合 A 和偏序关系 R 的表达式。

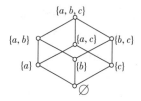

图 4.14 $< P(\{a,b,c\}),R_\subseteq >$ 的哈斯图

图 4.15 $<A,R>$ 的哈斯图

解: $A=\{a,b,c,d,e,f,g,h\}$,

$R=\{<b,d>,<b,e>,<b,f>,<c,d>,<c,e>,<c,f>,<d,f>,$
$<e,f>,<g,h>\} \bigcup I_A$

4.7.2 偏序集中的特殊元素

定义 4.26 设 $<A,\leqslant>$ 为偏序集,$B \subseteq A$,若存在 $b \in B$,使得:

(1) $\forall x(x \in B \rightarrow b \leqslant x)$ 成立,则称 b 是 B 的**最小元**;

(2) $\forall x(x \in B \rightarrow x \leqslant b)$ 成立,则称 b 是 B 的**最大元**;

(3) $\neg \exists x(x \in B \wedge x < b)$,则称 b 是 B 的**极小元**;

(4) $\neg \exists x(x \in B \wedge b < x)$,则称 b 是 B 的**极大元**。

【例 4.31】 已知集合 $A=\{a,b\}$,$< P(A),\subseteq >$ 为偏序集,分别求 $B_1=\{\varnothing,\{a\}\}$,$B_2=\{\{a\},\{b\}\}$,$B_3=\{\varnothing,\{a\},\{b\}\}$,$B_4=\{\{a\},\{b\},\{a,b\}\}$ 的最大元、最小元、极大元和极小元。

解: $< P(A),\subseteq >$ 的哈斯图如图 4.16 所示。

若 $B_1=\{\varnothing,\{a\}\}$,则 $\{a\}$ 是 B_1 的最大元,也是 B_1 的极大元,$\varnothing$ 是 B_1 的最小元,也是 B_1 的极小元。

若 $B_2=\{\{a\},\{b\}\}$,则 B_2 没有最大元和最小元,因为 $\{a\}$ 和 $\{b\}$ 是不可比的,同时 B_2 的极大元和极小元均为 $\{a\}$ 和 $\{b\}$。

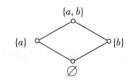

图 4.16 $< P(A),\subseteq >$ 的哈斯图

若 $B_3=\{\varnothing,\{a\},\{b\}\}$,则 B_3 没有最大元,极大元是 $\{a\}$ 和 $\{b\}$,B_3 的最小元是 $\varnothing$,极小元也是 $\varnothing$。

若 $B_4=\{\{a\},\{b\},\{a,b\}\}$,则 $\{a,b\}$ 是 B_4 的最大元,也是 B_4 的极大元,B_4 没有最小元,极小元是 $\{a\}$ 和 $\{b\}$。

由以上定义和实例可以看出:(1) 若 $<A,\leqslant>$ 为偏序集且 $B \subseteq A$,则 B 的最大(最小)元不一定存在,但如果存在,则必定是唯一的。因为,假设 a 和 b 都是 B 的最大元,则有 $b \leqslant a$ 和 $a \leqslant b$,由偏序关系的反对称性可得 $a=b$,即最大元唯一。最小元与此类似。

(2) 对于有穷集,极大(极小)元一定存在,而且可能有多个极大(极小)元,但不同的极大

（极小）元之间是不可比的。（3）孤立结点既是极大元，也是极小元。

定义 4.27　设 $<A,\leqslant>$ 为偏序集，$B\subseteq A$，若存在 $a\in A$，使得：

（1）$\forall x(x\in B\to x\leqslant a)$ 成立，则称 a 是 B 的**上界**；

（2）$\forall x(x\in B\to a\leqslant x)$ 成立，则称 a 是 B 的**下界**；

（3）令 $C=\{a\mid a$ 为 B 的上界$\}$，则称 C 的最小元为 B 的**最小上界**或**上确界**；

（4）令 $D=\{a\mid a$ 为 B 的下界$\}$，则称 D 的最大元为 B 的**最大下界**或**下确界**。

由定义 4.27 可知：（1）子集合 B 的上（下）界和上（下）确界都是在集合 A 中寻找的。（2）B 的上（下）界不一定存在，即使存在也不一定唯一。（3）B 的上（下）确界不一定存在，但若存在则必定唯一。（4）若 B 有上（下）确界，则一定有上（下）界，反之不然。

【例 4.32】　设集合 $X=\{x_1,x_2,x_3,x_4,x_5\}$，偏序集 $<X,R>$ 的哈斯图如图 4.17 所示，找出 X 的最大元、最小元、极大元和极小元，找出子集 $\{x_1,x_2,x_3\}$，$\{x_2,x_3,x_4\}$，$\{x_3,x_4,x_5\}$ 的上界、下界、上确界和下确界。

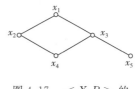

图 4.17　$<X,R>$ 的哈斯图

解：X 的最大元为 x_1，无最小元，极大元为 x_1，极小元为 x_4,x_5。

$\{x_1,x_2,x_3\}$ 的上界为 x_1，上确界为 x_1，下界为 x_4，下确界为 x_4。

$\{x_2,x_3,x_4\}$ 的上界为 x_1，上确界为 x_1，下界为 x_4，下确界为 x_4。

$\{x_3,x_4,x_5\}$ 的上界为 x_1,x_3，上确界为 x_3，无下界，无下确界。

4.7.3　全序关系与拓扑排序

定义 4.28　设 $<A,\leqslant>$ 为偏序集，若对任意的 $x,y\in A$，x 与 y 都是可比的（即 $x\leqslant y$ 或 $y\leqslant x$，二者必居其一），则称偏序关系 $\leqslant$ 为 A 上的**全序关系**，且称 $<A,\leqslant>$ 为**全序集**或者**链**。

由定义 4.28 可以看出，全序关系一定是偏序关系，但反之则不然。由于全序关系的哈斯图是一条直线，所以全序关系也称为**线序关系**，全序集也称为**线序集**。

例如，自然数集上的小于等于关系是偏序关系，且对任意 $i,j\in\mathbf{N}$ 必有 $i\leqslant j$ 或 $j\leqslant i$，所以它也是全序关系，而整除关系不是正整数集合上的全序关系。

【例 4.33】　给定 $A=\{\varnothing,\{a\},\{a,b\},\{a,b,c\}\}$ 上的包含关系，证明 $<A,\subseteq>$ 是一个全序集。

证明：因为 $\varnothing\subseteq\{a\}\subseteq\{a,b\}\subseteq\{a,b,c\}$，所以 A 中任意两个元素都有包含关系，且集合 A 上的包含关系是偏序关系，即 $<A,\subseteq>$ 是偏序集，其哈斯图如图 4.18 所示。故 $<A,\subseteq>$ 是全序集。

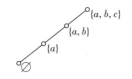

图 4.18　$<A,\subseteq>$ 的哈斯图

下面介绍拓扑排序，"拓扑排序"是计算机科学中用到的术语，在数学中其对应的术语为"偏序的线性化"。

对一个有穷非空偏序集 $<A,\leqslant>$ 进行**拓扑排序**是指将其扩展成一个相容的全序

集 $<A,<>$。这里的相容即对任意的 $a,b \in A$,若 $a \leqslant b$,则 $a < b$。

例如,若一个项目由 20 个不同的任务构成,某些任务只能在其他任务结束之后开始(即已知此任务集合上的一个偏序集,其中 $a \leqslant b$ 表示 a 结束后 b 才能开始)。为安排好这个项目,需要求出与这个偏序相容的所有 20 个任务的顺序(即求此任务集合上的一个全序)。如何找到这些任务的执行顺序呢?

引理 1 每个有穷非空偏序集 $<A,\leqslant>$ 至少有一个极小元。

证明:选择 A 的一个元素 a_0,如果 a_0 不是极小元,那么存在元素 a_1,满足 $a_1 < a_0$。如果 a_1 不是极小元,那么存在元素 a_2,满足 $a_2 < a_1$。继续这一过程,使得如果 a_n 不是极小元,那么存在元素 a_{n+1} 满足 $a_{n+1} < a_n$。因为这个偏序集只含有穷个元素,所以这个过程一定会结束并且具有极小元 a_i。

为了在偏序集 $<A,\leqslant>$ 上定义一个全序,首先选择一个极小元素 a_1。由引理 1 可知,这样的元素存在。接着,正如读者应自行验证的,$<A-\{a_1\},\leqslant>$ 也是一个偏序集。如果它是非空的,选择这个偏序集的一个极小元 a_2,然后再移出 a_2,如果还有其他的元素留下来,在 $A-\{a_1,a_2\}$ 中选择一个极小元 a_3。继续这个过程,只要还有元素留下来,就在 $A-\{a_1,a_2,\cdots,a_k\}$ 中选择一个极小元 a_{k+1}。

因为 A 是有穷集,所以这个过程一定会终止。最终产生一个元素序列 $a_1,a_2,\cdots,a_n$。所需要的全序 $\leqslant_t$ 定义为 $a_1 <_t a_2 <_t \cdots <_t a_n$。这个全序与初始偏序相容。为看出这一点,注意如果在初始偏序中 $b < c$,则 c 在算法的某个阶段 b 已经被移出时,被选择为极小元,否则 c 就不是极小元。

下面给出拓扑排序算法的伪代码。

```
void topologicalsort(< A, ≤>)
{    k = 1;
     while(A! = ∅)
{    ak = A 的极小元素;
     printf(ak);
     A = A − {ak};
     k ++;
}
}
```

【**例 4. 34**】 给定集合 $A=\{1,2,4,5,12,20\}$,$|$ 为集合 A 上的整除关系,找出与偏序集 $<A,|>$ 相容的一个全序。

解:首先画出偏序集 $<A,|>$ 的哈斯图,如图 4.19(a) 所示,然后选择一个极小元,这个元素一定是 1,因为它是唯一的极小元。下一步选择 $<\{2,4,5,12,20\},|>$ 的一个极小元。在这个偏序集中有两个极小元,即 2 和 5,如图 4.19(b) 所示,选择哪一个都可以,这里选择5。剩下的元素是 $\{2,4,12,20\}$,如图 4.19(c) 所示,在这一步,唯一的极小元是 2,因此选择 2。下一步选择 4,因为它是 $<\{4,12,20\},|>$ 的唯一极小元,如图 4.19(d) 所示。因为 12 和 20 都是 $<\{12,20\},|>$ 的极小元,如图 4.19(e) 所示,所以下一步选择哪一个都可以,这里选择 20。最后只剩下元素12,选择 12。这样就产生了全序 $1 < 5 < 2 < 4 < 20 < 12$。

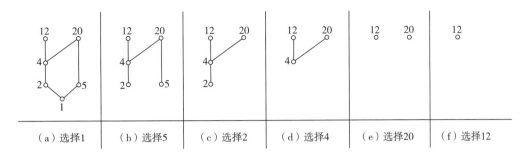

| （a）选择1 | （b）选择5 | （c）选择2 | （d）选择4 | （e）选择20 | （f）选择12 |

图 4.19　$<A,|>$ 的拓扑排序过程

【例 4.35】　一个计算机公司的开发项目需要完成 7 个任务。其中某些任务只能在其他任务结束后才能开始。考虑如下建立任务上的偏序,如果任务 Y 在任务 X 结束后才能开始,则 $X<Y$。这 7 个任务对应于这个偏序的哈斯图如图 4.20 所示。设计一个全序关系,使得按照这个全序执行这些任务能够完成这个项目。

图 4.20　7 个任务的
哈斯图

解: 可以通过执行一个拓扑排序得到 7 个任务的排列顺序,排序的步骤如图 4.21 所示。由图所得的排序结果为 $A<C<B<E<F<D<G$,这是一种可行的任务次序。

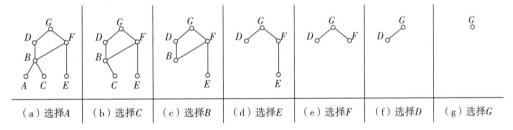

| （a）选择A | （b）选择C | （c）选择B | （d）选择E | （e）选择F | （f）选择D | （g）选择G |

图 4.21　7 个任务的拓扑排序过程

4.8　函　　数

函数是数学中的一个基本概念。在高等数学中,函数的概念是从变量的角度提出来的,并且在实数集上进行讨论的,这种函数一般是连续或间断连续的函数。这里将连续函数的概念推广到对离散量的讨论,即将函数看作一种特殊的二元关系。前面所讨论的有关集合或关系的运算和性质,对函数完全适用。

函数的概念无论是在日常生活中,还是在计算机科学中都非常重要。例如,各种高级程序语言中都使用了大量的函数。实际上,计算机的任何输出都可以看成某些输入的函数。

4.8.1　函数的定义

定义 4.29　设 f 为二元关系,若对任意的 $x \in \mathrm{dom}\, f$ 都存在唯一的 $y \in \mathrm{ran}\, f$,使得 $<x,y>\in f$ 成立,则称 f 为**函数**。

例如,关系 $f_1 = \{<x_1,y_1>, <x_2,y_2>, <x_3,y_2>\}$ 是函数,而 $f_2 = \{<x_1,y_1>,$ $<x_1,y_2>, <x_2,y_2>, <x_3,y_1>\}$ 就不是函数。

函数一般用大写或小写英文字母来表示。如果 $<x,y> \in f$,则记作 $f(x)=y$,这时称 x 为函数 f 的**自变量**,y 为 x 在函数 f 下的**函数值**(或**像**),x 为 y 的**原像**。

因为函数是集合,所以两个函数 f 和 g 相等就是它们的集合表达式相等,即 $f=g$ $\Leftrightarrow f \subseteq g \wedge g \subseteq f$。 也就是,$\mathrm{dom}\, f = \mathrm{dom}\, g$ 且对任意的 $x \in \mathrm{dom}\, f = \mathrm{dom}\, g$,有 $f(x)=g(x)$。

定义 4.30   设 A,B 是集合,如果函数 f 满足:

(1) $\mathrm{dom}\, f = A$;

(2) $\mathrm{ran}\, f \subseteq B$;

则称 f 是**从 A 到 B 的函数**,记作 $f:A \to B$。

【**例 4.36**】   判断下列从 A 到 B 的关系中哪些是函数。如果是函数,请写出其值域。

(1) $f_1 = \{<0,a>, <1,c>, <2,b>\}$,其中 $A=\{0,1,2\}$,$B=\{a,b,c\}$;

(2) $f_2 = \{<0,a>, <0,b>, <2,a>\}$,其中 $A=\{0,1,2\}$,$B=\{a,b,c\}$;

(3) $f_3 = \{<0,a>, <1,a>, <2,a>\}$,其中 $A=\{0,1,2\}$,$B=\{a,b,c\}$;

(4) $f_4 = \{<x,y> \mid y-x=1, x,y \in \mathbf{Z}^+\}$,其中 $A=B=\mathbf{Z}^+$;

(5) $f_5 = \{<x,y> \mid x-y=1, x,y \in \mathbf{Z}^+\}$,其中 $A=B=\mathbf{Z}^+$。

解:(1) 在 f_1 中,因为 A 的每个元素都有唯一的像和它对应,所以 f_1 是函数。其值域是 A 中每个元素的像的集合,即 $\mathrm{ran}\, f_1 = \{a,b,c\}$。

(2) 在 f_2 中,因为元素 0 有两个不同的像 a 和 b,这与像的唯一性矛盾;另外,并非 A 的每个元素都有像,如元素 1 就没有对应的像。所以,f_2 不是函数。

(3) 在 f_3 中,因为 A 的每个元素都有唯一的像和它对应,所以 f_3 是函数。其值域 $\mathrm{ran}\, f_3 = \{a\}$。

(4) 在 f_4 中,A 的每个元素都有唯一的像和它对应,所以 f_4 是函数。其值域 $\mathrm{ran}\, f_3 = \{2,3,4,\cdots\}$。

(5) 在 f_5 中,因为 A 的元素 1 没有对应的像,所以,f_5 不是函数。

定义 4.31   设 A,B 是集合,所有从 A 到 B 的函数构成集合 B^A,读作"B 上 A",即

$$B^A = \{f \mid f:A \to B\}$$

【**例 4.37**】   设 $A=\{0,1,2\}$,$B=\{a,b\}$,求 B^A。

解:从 A 到 B 的函数 f 形如:

$$f = \{<0,\square>, <1,\square>, <2,\square>\},$$

其中,每个 $\square$ 都可以用 B 中的任一元素代替。

于是,有

$$f_1 = \{<0,a>, <1,a>, <2,a>\},$$

$$f_2 = \{<0,a>, <1,a>, <2,b>\},$$

$$f_3 = \{<0,a>, <1,b>, <2,a>\},$$

$$f_4 = \{<0,a>,<1,b>,<2,b>\},$$

$$f_5 = \{<0,b>,<1,a>,<2,a>\},$$

$$f_6 = \{<0,b>,<1,a>,<2,b>\},$$

$$f_7 = \{<0,b>,<1,b>,<2,a>\},$$

$$f_8 = \{<0,b>,<1,b>,<2,b>\}$$

因此，$B^A = \{f_1, f_2, \cdots, f_8\}$。

一般地，若 $|A| = m$，$|B| = n$，m 和 n 不全为 0，则 $|B^A| = n^m$。

函数是一种特殊的关系，它与一般关系相比较，具有如下差别：

(1) 个数差别。因为二元关系是笛卡尔积 $A \times B$ 的任何子集，所以，从 A 到 B 的所有二元关系的个数为 2^{mn} 个，而从 A 到 B 的所有函数却仅有 n^m 个。

(2) 第一元素存在差别。关系中每个序偶的第一元素可以相同，函数中每个序偶的第一元素一定互不相同。

(3) 集合基数的差别。每一个函数的基数都为 $|A|$ 个($|f| = |A|$)，但关系的基数为 $0 \sim |A| \times |B|$。

4.8.2　函数的类型

定义 4.32　设 $f : A \to B$，

(1) 若对任意的 $y \in \mathrm{ran}\, f$，都存在唯一的 $x \in A$ 使得 $f(x) = y$，则称 f 是**单射**的(或**一对一**的)；

(2) 若 $\mathrm{ran}\, f = B$，则称 f 是**满射**的(或**到上**的)；

(3) 若 f 既是单射的，又是满射的，则称 f 是**双射**的(或**一一到上**的)。

【例 4.38】　判断下面的函数是否为单射、满射或双射的，并说明理由。

(1) $A = \{1,2,3,4,5\}$，$B = \{a,b,c,d\}$，
$$f = \{<1,a>,<2,c>,<3,b>,<4,a>,<5,d>\};$$

(2) $A = \{1,2,3\}$，$B = \{a,b,c,d\}$，$f = \{<1,a>,<2,c>,<3,b>\}$；

(3) $A = \{1,2,3\}$，$B = \{1,2,3\}$，$f = \{<1,2>,<2,3>,<3,1>\}$；

(4) $f : \mathbf{R} \to \mathbf{R}$，$f(x) = -x^2 + 2x - 1$；

(5) $f : \mathbf{Z}^+ \to \mathbf{Z}$，$f(x) = \ln x$；

(6) $f : \mathbf{R} \to \mathbf{Z}$，$f(x) = \lfloor x \rfloor$；

(7) $f : \mathbf{R} \to \mathbf{R}$，$f(x) = 2x + 1$；

(8) $f : \mathbf{R}^+ \to \mathbf{R}^+$，$f(x) = (x^2 + 1)/x$。

解：(1) 因为 $<1,a> \in f$，且 $<4,a> \in f$，所以 f 不是单射的；因为 $\mathrm{ran}\, f = B$，所以 f 是满射的；f 不是双射的。

(2) 因 A 中的不同元素对应不同的像，所以 f 是单射的；因 $\mathrm{ran}\, f \subset B$，所以 f 不是满射的；f 不是双射的。

(3) f 是单射的、满射的，也是双射的。

(4) $f : \mathbf{R} \to \mathbf{R}$，$f(x) = -x^2 + 2x - 1$ 是开口向下的抛物线，不是单调函数，并且在 $x =$

1 时,函数 $f(x)$ 取得极大值 0。因此,它既不是单射的也不是满射的。

(5) $f:\mathbf{Z}^+ \to \mathbf{R}, f(x)=\ln x$ 是单调上升的,所以它是单射的;但因 ran $f=\{\ln 1,$ $\ln 2,\cdots\} \subset \mathbf{R}$,所以它不是满射的,进而也不是双射的。

(6) $f:\mathbf{R} \to \mathbf{Z}, f(x)=\lfloor x \rfloor$ 是满射的,但不是单射的,例如 $f(1.5)=f(1.2)=1$,所以它不是双射的。

(7) $f:\mathbf{R} \to \mathbf{R}, f(x)=2x+1$ 是单调的并且 ran $f=\mathbf{R}$,所以它是满射、单射、双射的。

(8) $f:\mathbf{R}^+ \to \mathbf{R}^+, f(x)=(x^2+1)/x$,当 $x \to 0$ 时,$f(x) \to +\infty$;当 $x \to +\infty$ 时,$f(x) \to +\infty$;在 $x=1$ 处,函数 $f(x)$ 取极小值 $f(1)=2$。所以,该函数既不是单射的也不是满射的,更不是双射的。

由定义 4.32 和例 4.38 可以看出,若 A 和 B 为有限集合,f 是从 A 到 B 的函数,则

(1) f 是单射的必要条件为 $|A| \leqslant |B|$;

(2) f 是满射的必要条件为 $|A| \geqslant |B|$;

(3) f 是双射的必要条件为 $|A| = |B|$。

下面给出一些常用的函数。

定义 4.33　设 A,B 为集合,

(1) 如果 $A=B$,且对任意的 $x \in A$,都有 $f(x)=x$,则称 f 为 A 上的**恒等函数**,记为 I_A;

(2) 如果 $b \in B$,且对任意的 $x \in A$,都有 $f(x)=b$,则称 f 为**常值函数**;

(3) 对实数 x,$f(x)$ 为大于等于 x 的最小整数,则称 $f(x)$ 为**上取整函数**,记为 $f(x)=\lceil x \rceil$;

(4) 对实数 x,$f(x)$ 为小于等于 x 的最大整数,则称 $f(x)$ 为**下取整函数**,记为 $f(x)=\lfloor x \rfloor$;

(5) 设 E 为全集,对于任意的 $A \subseteq E$,集合 A 的**特征函数**定义为从 E 到 $\{0,1\}$ 的一个函数 χ_A,且 $\chi_A(x)=\begin{cases} 0, x \notin A, \\ 1, x \in A; \end{cases}$

(6) 如果 $f(x)$ 是集合 A 到集合 $B=\{0,1\}$ 上的函数,则称 $f(x)$ 为**布尔函数**;

(7) 设 R 是 A 上的等价关系,令 $g:A \to A/R$ 且 $g(a)=[a]$,它把 A 中的元素 a 映射 a 的等价类 $[a]$ 中,此时称 g 是从 A 到商集 A/R 的**自然映射**。

4.8.3　函数的运算

由于函数是一种特殊的二元关系,所以函数的复合就是关系的复合。所有与复合有关的定理都适用于函数的复合。

定义 4.34　设 $f:A \to B, g:B \to C$ 是两个函数,则 f 与 g 的复合运算

$$g \circ f=\{<x,z>| \ \exists y(<x,y> \in f \land <y,z> \in g)\}$$

是从 A 到 C 的函数,记为 $g \circ f:A \to C$,称为函数 f 与函数 g 的**复合函数**。

由此定义可以看出:

(1) 函数 f 和 g 可以复合的前提条件是 f 的值域是 g 的定义域的一部分;

(2) $\mathrm{dom}(g \circ f)=\mathrm{dom}\,f, \mathrm{ran}(g \circ f) \subseteq \mathrm{ran}\,g$;

(3) 对任意的 $x \in A$,都有 $g \circ f(x) = g(f(x))$。

【例 4.39】 设 $f : \mathbf{R} \to \mathbf{R}, g : \mathbf{R} \to \mathbf{R}, h : \mathbf{R} \to \mathbf{R}$,满足 $f(x) = 2x, g(x) = (x+1)^2$, $h(x) = x/2$,求 $g \circ f, f \circ g, h \circ (g \circ f), (h \circ g) \circ f$。

解: $g \circ f(x) = g(f(x)) = g(2x) = (2x+1)^2$;

$f \circ g(x) = f(g(x)) = f((x+1)^2) = 2(x+1)^2$;

$h \circ (g \circ f)(x) = h((g \circ f)(x)) = h((2x+1)^2) = (2x+1)^2/2$;

$(h \circ g) \circ f(x) = (h \circ g)(2x) = h((2x)^2) = (2x+1)^2/2$。

由此可见,函数的复合不满足交换律,但满足结合律。

定理 4.9 设 $f : A \to B, g : B \to C$,则

(1) 如果 f, g 是满射的,则 $g \circ f : A \to C$ 也是满射的;

(2) 如果 f, g 是单射的,则 $g \circ f : A \to C$ 也是单射的;

(3) 如果 f, g 是双射的,则 $g \circ f : A \to C$ 也是双射的。

证明:(1) 对任意的 $c \in C$,因为 g 是满射的,所以存在 $b \in B$ 使得 $g(b) = c$。对于 b,又因为 f 是满射,所以必存在 $a \in A$,使得 $f(a) = b$。因此,对任意的 $c \in C$,必存在 $a \in A$,使得 $c = g(b) = g(f(a)) = g \circ f(a)$ 成立,所以 $g \circ f : A \to C$ 是满射的。

(2) 对任意的 $a_1, a_2 \in A, a_1 \neq a_2$,由于 f 是单射的,所以 $f(a_1) \neq f(a_2)$,且 $f(a_1)$, $f(a_2) \in B = \mathrm{dom}\, g$。又因 g 是单射的,所以 $g(f(a_1)) \neq g(f(a_2))$,即 $g \circ f(a_1) \neq g \circ f(a_2)$。从而有 $g \circ f : A \to C$ 是单射的。

(3) 由(1)、(2) 知,$g \circ f : A \to C$ 是双射的。

定理 4.9 表明,函数的复合运算能够保持函数满射、单射和双射的性质。但该定理的逆命题不一定成立。

下面讨论函数的逆运算。

定义 4.35 设 f 是从 A 到 B 的函数。如果

$$f^{-1} = \{<y, x> | <x, y> \in f\}$$

是从 B 到 A 的函数,则称 $f^{-1} : B \to A$ 是函数 f 的**逆函数**(或**反函数**)。

需要注意的是,对于一般关系 R,可以通过求逆运算得到其逆关系,但是对于函数 f 来说,它的逆 f^{-1} 一定是二元关系,但不一定是函数。也就是说,并不是所有的函数都有逆函数。例如,函数 $f = \{<a, b>, <c, b>\}$,$f^{-1} = \{<b, a>, <b, c>\}$ 就不是函数,因为它破坏了函数的单值性。

定理 4.10 设 $f : A \to B$ 是双射函数,则 f^{-1} 是函数,并且是从 B 到 A 的双射函数。

证明:(1) 先证明 f^{-1} 是从 B 到 A 的函数。

因为 f 是函数,所以 f^{-1} 是关系,且

$$\mathrm{dom}\, f^{-1} = \mathrm{ran}\, f = B, \quad \mathrm{ran}\, f^{-1} = \mathrm{dom}\, f = A$$

对于任意的 $y \in B$,假设有 $x_1, x_2 \in A$ 使得 $<y, x_1> \in f^{-1} \wedge <y, x_2> \in f^{-1}$ 成立,则由逆的定义有 $<x_1, y> \in f \wedge <x_2, y> \in f$ 成立。再由 f 的单射性可得 $x_1 = x_2$,这说明对任意的 $y \in B$ 只有唯一的值与之对应,即 f^{-1} 是函数,且是从 B 到 A 的函数。

(2) 又因 $\mathrm{ran}\, f^{-1} = \mathrm{dom}\, f = A$,所以 $f^{-1} : B \to A$ 是满射的。

(3) 再证明 $f^{-1} : B \to A$ 的单射性。

对任意的 $y_1,y_2 \in B,y_1 \neq y_2$,假设存在 $x \in A$ 使得 $f^{-1}(y_1)=f^{-1}(y_2)=x$ 成立,则必有 $f(x)=y_1 \wedge f(x)=y_2,y_1 \neq y_2$,这与 f 是函数矛盾。所以,$f^{-1}(y_1) \neq f^{-1}(y_2)$,即 $f^{-1}:B \rightarrow A$ 是单射的。

综上可得,如果 $f:A \rightarrow B$ 是双射函数,则 $f^{-1}:B \rightarrow A$ 也是双射函数。

定理 4.11　对任意的双射函数 $f:A \rightarrow B$ 和它的反函数 $f^{-1}:B \rightarrow A$,它们的复合函数都是恒等函数,且满足

$$f^{-1} \circ f=I_A, \quad f \circ f^{-1}=I_B$$

证明:因为 f 是双射函数,所以 f^{-1} 也是双射函数。由定理4.9可知,$f^{-1} \circ f$ 和 $f \circ f^{-1}$ 都是双射函数。

设 $x \in A,y \in B$,如果 $f(x)=y$,则有 $f^{-1}(y)=x$,于是

$$(f^{-1} \circ f)(x)=f^{-1}(f(x))=f^{-1}(y)=x$$

因此,应有 $f^{-1} \circ f=I_A$。

与此类似,还可以得出

$$(f \circ f^{-1})(y)=f(f^{-1}(y))=f(x)=y$$

因此,$f \circ f^{-1}=I_B$。

【例 4.40】 令 $f:\{0,1,2\} \rightarrow \{a,b,c\}$,其定义如图 4.22 所示,求 $f^{-1} \circ f$ 和 $f \circ f^{-1}$。

解:由图知,$f=\{<0,c>,<1,a>,<2,b>\}$,
$f^{-1}=\{<a,1>,<b,2>,<c,0>\}$,所以
$f^{-1} \circ f=\{<0,0>,<1,1>,<2,2>\}$,
$f \circ f^{-1}=\{<a,a>,<b,b>,<c,c>\}$

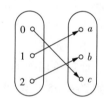

图 4.22　函数 f

定理 4.12　若 $f:A \rightarrow B$ 是双射函数,则 $(f^{-1})^{-1}=f$。

证明:因为 $f:A \rightarrow B$ 是双射函数,所以 $f^{-1}:B \rightarrow A$ 是双射函数,进而 $(f^{-1})^{-1}:A \rightarrow B$ 也是双射函数。

又因为 $\mathrm{dom}\, f=\mathrm{dom}(f^{-1})^{-1}=A$,且有 $<x,y> \in (f^{-1})^{-1} \Leftrightarrow <y,x> \in f^{-1} \Leftrightarrow <x,y> \in f$,故 $(f^{-1})^{-1}=f$。

定理 4.13　若 $f:X \rightarrow Y,g:Y \rightarrow Z$ 均为双射函数,则 $(g \circ f)^{-1}=f^{-1} \circ g^{-1}$。

证明:(1) 因 $f:X \rightarrow Y,g:Y \rightarrow Z$ 均为双射函数,故 f^{-1} 和 g^{-1} 均存在,且 $f^{-1}:Y \rightarrow X$,$g^{-1}:Z \rightarrow Y$,所以 $f^{-1} \circ g^{-1}:Z \rightarrow X$。

由定理 4.9 知,$g \circ f:X \rightarrow Z$ 是双射的,故 $(g \circ f)^{-1}$ 是存在的,且 $(g \circ f)^{-1}:Z \rightarrow X$。

(2) 对 $\forall z \in Z \Rightarrow$ 存在唯一的 $y \in Y$,使得 $g(y)=z \Rightarrow$ 存在唯一的 $x \in X$,使得 $f(x)=y$,故

$$(f^{-1} \circ g^{-1})(z)=f^{-1}(g^{-1}(z))=f^{-1}(y)=x,$$

又

$$(g \circ f)(x)=g(f(x))=g(y)=z,$$

故

$$(g \circ f)^{-1}(z) = x,$$

所以,对 $\forall z \in Z$,有

$$(g \circ f)^{-1}(z) = (f^{-1} \circ g^{-1})(z)$$

由(1)、(2) 可知,$(g \circ f)^{-1} = f^{-1} \circ g^{-1}$。

【例 4.41】 设 $A = \{0,1,2\}, B = \{a,b,c\}, C = \{\alpha,\beta,\gamma\}$。若有 $f:A \rightarrow B, g:B \rightarrow C$,其中 $f = \{<1,c>,<2,a>,<3,b>\}, g = \{<a,\gamma>,<b,\beta>,<c,\alpha>\}$。求 $(g \circ f)^{-1}$ 和 $f^{-1} \circ g^{-1}$。

解:

$$g \circ f = \{<1,\alpha>,<2,\gamma>,<3,\beta>\},$$

$$(g \circ f)^{-1} = \{<\alpha,1>,<\gamma,2>,<\beta,3>\},$$

$$f^{-1} = \{<c,1>,<a,2>,<b,3>\},$$

$$g^{-1} = \{<\gamma,a>,<\beta,b>,<\alpha,c>\},$$

$$f^{-1} \circ g^{-1} = \{<\gamma,2>,<\beta,3>,<\alpha,1>\} = (g \circ f)^{-1}$$

习 题 4

1. 设 $A=\{1,2\},B=\{a,b,c\}$，求 $P(A)\times A,A\times B,B\times B,(A\times B)\cap(B\times A)$。

2. 设 A,B,C,D 为任意的集合，判断以下等式是否成立，并说明理由。

(1) $(A\cup B)\times(C\cup D)=(A\times C)\cup(B\times D)$；

(2) $(A-B)\times(C-D)=(A\times C)-(B\times D)$。

3. 设 A,B,C,D 为四个非空集合，证明：$A\times B\subseteq C\times D$ 当且仅当 $A\subseteq C$ 且 $B\subseteq D$。

4. 设 $A=\{1,2,3,4\},B=\{a,b,c\},R_1=\{<1,1>,<1,2>,<2,3>,<2,4>,<4,2>\},R_2=\{<1,a>,<1,b>,<1,c>,<2,a>,<2,b>,<2,c>\}$。分别求出 R_1 和 R_2 的关系矩阵和关系图。

5. 设 $R=\{<a,1>,<b,2>,<c,0>\}$，求 $\mathrm{dom}\,R,\mathrm{ran}\,R,\mathrm{fld}\,R,R^{-1}$。

6. 设 R_1 和 R_2 是整数集 $\mathbf{Z}$ 上的二元关系，分别求它们的定义域、值域和域。

(1) $R_1=\{<x,y>\mid x,y\in\mathbf{Z}\wedge x\leqslant y\}$；

(2) $R_2=\{<x,y>\mid x,y\in\mathbf{Z}\wedge\mid x\mid=\mid y\mid=3\}$。

7. 设 $S=\{1,2,3,4\},R$ 是 S 上的关系，其关系矩阵是

$$\begin{bmatrix}1&0&0&1\\1&0&0&0\\0&0&0&1\\1&0&0&0\end{bmatrix}$$

(1) 求关系 R 的表达式；

(2) 求 $\mathrm{dom}\,R,\mathrm{ran}\,R$；

(3) 求 $R\circ R,R^{-1}$。

8. 设 R 是从 X 到 Y 的关系，S 是从 Y 到 Z 的关系，证明：若 $\mathrm{ran}\,R\cap\mathrm{dom}\,S=\varnothing$，则 $S\circ R=\varnothing$。

9. 设 $A=\{1,2,3\},R=\{<x,y>\mid x,y\in A\wedge x+3y<8\},S=\{<2,3>,<4,2>\}$，求：

(1) R 的集合表达式；

(2) $\mathrm{dom}\,R,\mathrm{ran}\,R,\mathrm{fld}\,R$；

(3) $R^{-1},\sim R$；

(4) $R\circ S,R^3$。

10. 设集合 $A=\{0,1,2,3,4,5\},R$ 和 S 均为 A 上的关系，且 $R=\{<x,y>\mid x+y=4\}$，$S=\{<x,y>\mid y-x=1\}$，求 $R\circ S,S\circ R,R^2,S^3$。

11. 给定集合 $X=\{a,b,c\},R$ 是 X 上的二元关系，R 的关系矩阵为

$$\begin{bmatrix}1&0&1\\1&1&0\\1&1&1\end{bmatrix}$$

求 R^{-1} 和 $R\circ R^{-1}$ 的关系矩阵。

12. 设 $F=\{<a,\{a\}>,<\{a\},\{a,\{a\}\}>\}$，求 $F\circ F,F\upharpoonright\{a\},F[\{a\}]$。

13. 设 $R = \{<x,y> \mid x,y \in \mathbf{Z}^+ \wedge x+3y=12\}$，求 $R \circ R, R \upharpoonright \{2,3,4,6\}, R[\{3\}]$。

14. 集合 $A = \{1,2,3\}$，A 上有如下几种关系，讨论这些关系具有的性质。

(1) $R_1 = \{<1,1>, <1,2>, <1,3>, <3,3>\}$；

(2) $R_2 = \{<1,1>, <1,2>, <2,1>, <2,2>, <3,3>\}$；

(3) $R_3 = \{<1,1>, <1,2>, <2,2>, <2,3>\}$；

(4) $R_4 = \varnothing$；

(5) $R_5 = A \times A$。

15. $A = \{1,2,3\}$，举出 A 上关系 R 的例子，使其分别具有下述性质。

(1) R 既是对称的又是反对称的；

(2) R 既不是对称的又不是反对称的；

(3) R 是可传递的。

16. 讨论下列整数集合上的关系具有哪些性质。

$R_1 = \{<x,y> \mid x \leqslant y\}$；

$R_2 = \{<x,y> \mid x > y\}$；

$R_3 = \{<x,y> \mid x = y \text{ 或 } x = -y\}$；

$R_4 = \{<x,y> \mid x = y\}$；

$R_5 = \{<x,y> \mid x = y+1\}$；

$R_6 = \{<x,y> \mid x+y \leqslant 3\}$。

17. 设 $S = \{1,2,3\}$，图 4.23 给出了 S 上的 5 个关系，分析它们具有哪些性质。

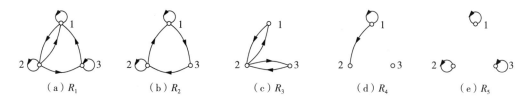

（a）R_1 （b）R_2 （c）R_3 （d）R_4 （e）R_5

图 4.23 $R_1, R_2, \cdots, R_5$ 的关系图

18. 设 $A = \{a,b,c\}$，$R = \{<a,b>, <b,b>, <b,c>\}$ 是 A 上的二元关系，求 $r(R)$，$s(R)$，$t(R)$。

19. 设 $A = \{a,b,c,d,e\}$，R 为 A 上的关系，R 的关系矩阵 $\boldsymbol{M}$ 如下：

$$\boldsymbol{M} = \begin{bmatrix} 1 & 1 & 0 & 0 & 0 \\ 1 & 1 & 0 & 0 & 0 \\ 0 & 0 & 1 & 1 & 1 \\ 0 & 0 & 1 & 1 & 1 \\ 0 & 0 & 1 & 1 & 1 \end{bmatrix}$$

验证 R 是 A 上的等价关系。

20. 对任意非空集合 S，若 $P(S) - \{\varnothing\}$ 是 S 的非空子集族，那么 $P(S) - \{\varnothing\}$ 能否构成 S 的划分？

21. 设 $A = \{1,2,3,4\}$，试问：

(1) 集合 A 共有多少种不同的划分？

(2) 集合 A 上共有哪些不同的等价关系?

22. 设 S 为任意的非空集合,证明:$P(S)$ 上的包含关系 $\subseteq=\{<A,B> \mid A,B \in P(S),A \subseteq B\}$ 是偏序关系。

23. 设偏序集 $<A,R>$ 的哈斯图如图 4.24 所示,求集合 A 的偏序关系 R。

图 4.24　$<A,R>$ 的哈斯图

24. 设 $A=\{2,3,5,7,14,15,21\}$,A 上的偏序关系 $R=\{<2,14>,<3,15>,<3,21>,<5,15>,<7,14>,<7,21>,<2,2>,<3,3>,<5,5>,<7,7>,<14,14>,<15,15>,<21,21>\}$,求 $B=\{2,7,3,21,14\}$ 的极大元、极小元、最大元和最小元。

25. 设集合 $A=\{2,3,6,12,24,36\}$,A 上整除关系 R 是一个偏序关系,令 $B_1=\{2,3\}$,$B_2=\{6,12\}$,$B_3=\{24,36\}$,$B_4=\{2,3,6\}$,$B_5=\{2,3,6,12\}$。

(1) 求 cov A,并画出偏序集 $<A,R>$ 的哈斯图;

(2) 求 $A,B_1 \sim B_5$ 的极大元、极小元、最大元和最小元;

(3) 求 $A,B_1 \sim B_5$ 的上界、下界、上确界和下确界。

26. 设 $A=\{a,b,c,d,e,f,g,h\}$,偏序集 $<A,R>$ 的哈斯图如图 4.25 所示,令 $B_1=\{b,d,e,g\}$,$B_2=\{b,c,d,e,f,g\}$,$B_3=\{a,c,d\}$,$B_4=\{d,e\}$。

图 4.25　$<A,R>$ 的哈斯图

(1) 求 B_1,B_2,B_3,B_4 的极大元、极小元、最大元和最小元;

(2) 求 B_1,B_2,B_3,B_4 的上界、下界、上确界和下确界。

27. 构造下述集合的例子。

(1) 非空线序集,其中某些子集没有最小元;

(2) 非空偏序集,它不是线序集,其中某些子集没有最大元;

(3) 一偏序集有一子集,它存在一个最大下界(下确界),但没有最小元;

(4) 一偏序集有一子集,它存在上界,但没有最小上界(上确界)。

28. 画出图 4.26 所示的集合 $\{1,2,3,4\}$ 上的 4 个偏序关系的哈斯图,并指出其中的全序关系。

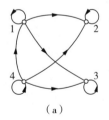 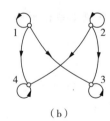 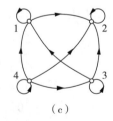 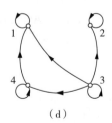

（a）　　　　　　　（b）　　　　　　　（c）　　　　　　　（d）

图 4.26　4 个偏序关系图

29. 找出集合 $A=\{0,1,2,3\}$ 上包含序偶 $<0,3>$ 和 $<2,1>$ 的全序关系。

30. 求出完成例 4.35 中开发任务的所有可能顺序。

31. 设 $A=\{1,2,3,4\}$,$B=\{a,b,c,d\}$,判断下列从 A 到 B 的关系中哪些是函数。如果是函数,请写出其值域。

(1) $f_1 = \{<1,a>, <2,a>, <3,d>, <4,c>\}$;

(2) $f_2 = \{<1,a>, <2,a>, <2,d>, <4,c>\}$;

(3) $f_3 = \{<1,a>, <2,b>, <3,d>, <4,c>\}$;

(4) $f_4 = \{<2,b>, <3,d>, <4,c>\}$。

32. 判断下列关系中哪些能构成函数。

(1) $f_1 = \{<x,y> \mid x,y \in \mathbf{N}, \text{且 } x+y < 10\}$;

(2) $f_2 = \{<x,y> \mid x,y \in \mathbf{R}, \text{且 } x = y^2\}$;

(3) $f_3 = \{<x,y> \mid x,y \in \mathbf{R}, \text{且 } y = x^2\}$;

(4) $f_4 = \{<x,y> \mid x,y \in \mathbf{N}, \text{且 } y \text{ 为小于 } x \text{ 的素数的个数}\}$;

(5) $f_5 = \{<x,y> \mid x,y \in \mathbf{R}, \text{且 } y = \mid x \mid\}$;

(6) $f_6 = \{<x,y> \mid x,y \in \mathbf{R}, \text{且 } x = \mid y \mid\}$;

(7) $f_7 = \{<x,y> \mid x,y \in \mathbf{R}, \text{且 } \mid x \mid = \mid y \mid\}$。

33. 假设 f 和 g 是函数,证明 $f \bigcap g$ 也是函数。

34. 判断下述函数是否为单射、满射或双射的,并说明理由。

(1) $f: \mathbf{R} \to \mathbf{R}, f(x) = x^3$;

(2) $f: \mathbf{R} \to \mathbf{R}, f(x) = \mid 2x \mid + 1$;

(3) $f: \mathbf{R} \times \mathbf{R} \to \mathbf{R} \times \mathbf{R}, f(<x,y>) = <x+y, x-y>$;

(4) $f: \mathbf{N} \to \mathbf{N}, f(x) = \begin{cases} 1, & x \text{ 是奇数,} \\ 0, & x \text{ 是偶数}; \end{cases}$

(5) $f: \mathbf{N} \to \{0,1\}, f(x) = \begin{cases} 0, & x \text{ 是奇数,} \\ 1, & x \text{ 是偶数}; \end{cases}$

(6) A 为集合, $f: A \to P(A), f(x) = \{x\}$;

(7) R 为集合 A 上的等价关系, $f: A \to A/R, f(a) = [a]_R$。

35. 设 $A = \{a,b,c\}$,写出 A 的每个子集的特征函数。

36. 设 $A = \{1,2,3\}, R = \{<1,2>, <2,1>\} \bigcup I_A$ 是 A 上的等价关系,写出 A 到商集 A/R 的自然映射 g。

37. 假设 $f: A \to B$ 并定义一个函数 $G: B \to P(A)$,对于 $b \in B, G(b) = \{x \in A \mid f(x) = b\}$。证明,如果 f 是从 A 到 B 满射的,则 G 是单射的;其逆命题成立吗?

38. 设 $f,g,h \in R^R$,且有 $f(x) = x+3, g(x) = 2x+1, h(x) = x/2$,分别求 $f \circ g, g \circ f$, $f \circ f, g \circ g, h \circ f, g \circ h, f \circ h, f \circ h \circ g$。

39. 设 f 和 g 均为从整数集 $\mathbf{Z}$ 到 $\mathbf{Z}$ 的函数, $f(x) = x+1, g(x) = x^2, f$ 和 g 可逆吗? 如果可逆,求出其逆函数;如果不可逆,请说明原因。

40. 设 $f: \mathbf{R} \to \mathbf{R}, g: \mathbf{R} \to \mathbf{R}$,

$$f(x) = \begin{cases} x^2, & x \geqslant 3, \\ -2, & x < 3, \end{cases}$$

$$g(x) = x+2$$

(1) 求 $f \circ g$ 和 $g \circ f$;

(2) 如果 f 和 g 存在反函数,求出它们的反函数。

第5章 图

图论是一门很有实用价值的学科,它在自然科学、社会科学等领域均有很多应用。自 20 世纪中叶以来,随着计算机科学的蓬勃发展,图论的应用范围不断拓展,已渗透到诸如语言学、逻辑学、物理学、化学、电信工程、计算机科学以及数学的其他分支中,特别是在计算机科学领域中的形式语言、数据结构、分布式系统、操作系统等方面。图论的相关知识发挥着重要的作用,例如:在计算机科学中,图论提供了一种非常优美且实用的描述离散结构层次关系的数据结构 —— 树;图论的算法,如广度优先搜索算法和深度优先搜索算法、最短路径算法、最小生成树算法、图的着色算法、树的编码算法等,都与计算机科学有着千丝万缕的联系,且已经产生了巨大的社会和经济效益。

需要提醒的是,图论中讨论的图不是微积分、解析几何、几何学中讨论的图形,而是客观世界中某些具体事物间联系的一种数学抽象。例如,二元关系的关系图就不考虑顶点的位置及连线的长短或曲直,而只关心哪些顶点之间有连线。这种数学抽象就是图论中图的概念。

图论包含的内容十分丰富,本书只介绍图论的初步知识,分为两章:一是图,二是特殊图。

5.1 图的基本概念

5.1.1 无向图和有向图

在第 4 章给出了笛卡尔积的概念,这里为了定义无向图,需要给出无序积的概念。

定义 5.1 设 A,B 为集合,记 $A\&B=\{(x,y)\mid x\in A\wedge y\in B\}$ 为集合 A 与 B 的**无序积**,其中无序对 $(x,y)=(y,x)$。

【**例 5.1**】 设 $A=\{a,b\}$,$B=\{1,2,3\}$,则

$$A\&B=\{(a,1),(a,2),(a,3),(b,1),(b,2),(b,3)\},$$

$$B\&A=\{(1,a),(1,b),(2,a),(2,b),(3,a),(3,b)\}=A\&B$$

定义 5.2 一个**无向图**是一个有序的二元组 $<V,E>$,记作 G,其中

(1) $V\neq\varnothing$ 称为顶点集,其元素称为顶点或结点。

(2) E 称为边集,它是无序积 $V\&V$ 的多重子集,其元素称为无向边,简称边。

所谓多重集合或者多重集是指元素可以重复出现的集合,某元素重复出现的次数称为该元素的重复度。例如,在多重集合 $\{a,a,b,b,b,c,d\}$ 中,a,b,c,d 的重复度分别为 2,3,1,1。

定义 5.3 一个**有向图**是一个有序的二元组 $<V,E>$,记作 D,其中

（1）$V \neq \varnothing$ 称为顶点集，其元素称为顶点或结点。

（2）E 称为边集，它是笛卡尔积 $V \times V$ 的多重子集，其元素称为有向边，简称边（或弧）。

上面给出了无向图和有向图的集合定义，但人们总是习惯用图形来表示它们，即用小圆圈（或实心点）来表示顶点，用顶点之间的连线表示无向边，用有方向的连线表示有向边。

【例 5.2】　（1）无向图 $G = <V,E>$，其中 $V = \{v_1,v_2,v_3,v_4,v_5\}$，$E = \{(v_1,v_2),(v_1,v_5),(v_2,v_3),(v_2,v_3),(v_2,v_5),(v_3,v_5),(v_5,v_5)\}$，$G$ 对应的图形如图 5.1(a) 所示。

（2）有向图 $D = <V,E>$，其中 $V = \{v_1,v_2,v_3,v_4,v_5\}$，$E = \{<v_1,v_3>,<v_1,v_5>,<v_2,v_2>,<v_2,v_3>,<v_3,v_4>,<v_3,v_4>,<v_4,v_5>,<v_5,v_1>\}$，$D$ 对应的图形如图 5.1(b) 所示。

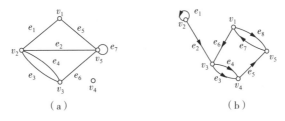

图 5.1　无向图 G 和有向图 D

一般情况下，用 G 表示无向图，用 D 表示有向图，但有时也可以用 G 泛指无向图和有向图。

定义 5.4　设 $G = <V,E>$ 是无向图，边 $e = (u,v) \in E$，称 u,v 为 e 的**端点**，并称 e 与 u（或 v）**关联**，u,v 彼此相邻；图 G 中，关联于同一个顶点的边称为**自环**（或环），无边关联的顶点称为**孤立点**；若连接图 G 的两个顶点 u 和 v 的边数超过 1，则称 G 为**多重图**，对应的边为**重边**（或**平行边**）；无自环的非多重图称为**简单图**，非简单图称为**复杂图**，它存在环或者平行边。

例如，在图 5.1(a) 中，$e_7 = (v_5,v_5)$ 为环，v_4 为孤立点，e_3 和 e_4 为平行边，图 G 是一个复杂图。

定义 5.5　设 $D = <V,E>$ 是有向图，弧 $e = <u,v> \in E$，称 u,v 为 e 的**端点**，其中 u 为 e 的**起点**，v 为 e 的**终点**，并称 u **邻接到** v，v **邻接自** u；如果弧 e 的起点 u 和终点 v 重合，即 $u = v$，则称弧 e 为**自环**（或环），无边关联的顶点称为**孤立点**；若图 D 中以 u 为起点，以 v 为终点的弧数超过 1，则称 D 为**多重图**，对应的边为**重边**或**平行边**；无自环的非多重图称为**简单图**，非简单图称为**复杂图**，它存在环或者平行边。

例如，在图 5.1(b) 中，$e_1 = (v_2,v_2)$ 为环，e_3 和 e_4 为平行边，图 D 是一个复杂图。

对图 $G = <V,E>$，还有如下一些基本概念和术语。

（1）若 $|V(G)|$，$|E(G)|$ 均为有限集，则称 G 为**有限图**。

（2）若 $|V(G)| = n$，则称 G 为 **n 阶图**。

（3）只有顶点而没有边或弧（即 $|V(G)| = n > 0$，$|E(G)| = 0$）的图，称为**零图**。n 阶零图常记为 N_n，特别地，仅含一个孤立点的零图 N_1 称为**平凡图**，没有顶点的图称为**空图**。

5.1.2　度和握手定理

定义 5.6　(1) 在无向图 $G=\langle V,E\rangle$ 中,与顶点 v 相关联的边的数目称为顶点 v 的**度**,记作 $d(v)$。

(2) 在有向图 $D=\langle V,E\rangle$ 中,以顶点 v 为起点的弧数称为顶点 v 的**出度**,记作 $d^+(v)$;以顶点 v 为终点的弧数称为顶点 v 的**入度**,记作 $d^-(v)$;以顶点 v 为端点的弧数称为顶点 v 的**度**,记作 $d(v)$。显然,$d(v)=d^+(v)+d^-(v)$。

(3) 在任何图 G(无向图或有向图)中,所有顶点的度的最大值称为 G 的**最大度**,记为 $\Delta(G)$;所有顶点的度的最小值称为 G 的**最小度**,记为 $\delta(G)$。对有向图 D,$\Delta^+(D)$ 和 $\Delta^-(D)$ 分别表示 D 的最大出度和最大入度,$\delta^+(D)$ 和 $\delta^-(D)$ 分别表示 D 的最小出度和最小入度。

例如,在图 5.1(a) 中,$d(v_1)=2,d(v_2)=4,d(v_3)=3,d(v_4)=0$。特别地,顶点 v_5 作为环 e_7 的端点 2 次,也就是说,e_7 与 v_5 的关联次数是 2,进而 $d(v_5)=5$。所以,$\Delta(G)=5$,$\delta(G)=0$。在图 5.1(b) 中,顶点 v_2 作为环 e_1 的起点 1 次,终点 1 次,作为端点共有 2 次,所以 $d^+(v_2)=2,d^-(v_2)=1,d(v_2)=3$;$d^+(v_1)=2,d^-(v_1)=1,d(v_1)=3$;$d^+(v_3)=2$,$d^-(v_3)=2,d(v_3)=4$;$\Delta(D)=4,\delta(D)=3,\Delta^+(D)=2,\Delta^-(D)=2,\delta^+(D)=1,\delta^-(D)=1$。

称度为 1 的顶点为**悬挂顶点**,其关联的边为**悬挂边**。

定理 5.1(握手定理)　对任意的图 $G=\langle V,E\rangle$,若 $V=\{v_1,v_2,\cdots,v_n\}$,$|E|=m$,则

$$\sum_{i=1}^{n}d(v_i)=2m$$

证明:图中的每条边均关联两个顶点,在计算度数时,每条边提供的度数均为 2,图 G 有 m 条边,所以度数共为 $2m$。

对于有向图,上式也可以写成

$$\sum_{i=1}^{n}d^+(v_i)+\sum_{i=1}^{n}d^-(v_i)=2m,$$

$$\sum_{i=1}^{n}d^+(v_i)=\sum_{i=1}^{n}d^-(v_i)=m$$

握手定理是图论中的基本定理,它有一个重要推论。

推论　在任何图中,度数为奇数的顶点必为偶数个。

证明:设 V_1 和 V_2 分别为图 $G=\langle V,E\rangle$ 中度数为奇数和偶数的顶点集,则

$$V_1\bigcup V_2=V,\quad V_1\bigcap V_2=\varnothing$$

由握手定理可知,

$$2m=\sum_{v\in V}d(v)=\sum_{v\in V_1}d(v)+\sum_{v\in V_2}d(v)$$

由于 $2m$ 是偶数,$\sum_{v\in V_2}d(v)$ 也是偶数,所以 $\sum_{v\in V_1}d(v)$ 必为偶数,但因 V_1 中的顶点度数均为奇数,所以 $|V_1|$ 应为偶数。

设 $V=\{v_1,v_2,\cdots,v_n\}$ 为无向图 G 的顶点集,称 $(d(v_1),d(v_2),\cdots,d(v_n))$ 为图 G 的 **度数序列**。例如,图 5.1(a) 的度数序列是 $(2,4,3,0,5)$,其中有 2 个奇数;图 5.1(b) 的度数序列是 $(3,3,4,3,3)$,其中有 4 个奇数。同样,可以对有向图定义 **出度序列** $(d^+(v_1),d^+(v_2),\cdots,d^+(v_n))$ 与 **入度序列** $(d^-(v_1),d^-(v_2),\cdots,d^-(v_n))$。例如,图 5.1(b) 的出度序列和入度序列分别是 $(2,2,2,1,1)$ 和 $(1,1,2,2,2)$。

若任意给定的非负整数序列 $d=(d_1,d_2,\cdots,d_n)$ 是某个无向图的度数序列,则称序列 d 是 **可图化的**;进一步,若 d 恰好构成 n 阶无向简单图的度数序列,称该序列是 **可简单图化的**。

定理 5.2　非负整数序列 $d=(d_1,d_2,\cdots,d_n)$ 是可图化的,当且仅当 $\sum_{i=1}^{n} d_i$ 为偶数。

证明:(1) 由握手定理可知必要性显然。

(2) 下面证明充分性。

可用多种方法作出 n 阶无向图 $G=<V,E>$,下面介绍其中的一种方法。

令 $V=\{v_1,v_2,\cdots,v_n\}$,按照如下方法产生边集 E。

若 $d_i(i=1,2,\cdots,n)$ 为偶数,则为顶点 v_i 画 $\lfloor d_i/2 \rfloor$ 个环,每个环为顶点 v_i 提供 2 度,一共提供 d_i 度。

若 $d_i(i=1,2,\cdots,n)$ 为奇数,则为顶点 v_i 画 $\lfloor d_i/2 \rfloor$ 个环,每个环为顶点 v_i 提供 2 度,一共提供 d_i-1 度。而序列 $(d_1,d_2,\cdots,d_n)$ 有偶数个奇数,将这些奇数两两配对,如 (d_j,d_k) 配对,就在对应的顶点 (v_j,v_k) 之间连一条无向边,该无向边将为顶点 v_j 和 v_k 分别提供 1 度。按此方法,将使得每个顶点 v_i 的度为 $d_i(1\leqslant i\leqslant n)$。

由此证明了 $d=(d_1,d_2,\cdots,d_n)$ 是可图化的。

【例 5.3】　回答下列问题:

(1) $d_1=(2,3,3,5,6)$ 和 $d_2=(1,2,2,3,4)$ 是否为可图化的度数序列?

(2) $d_3=(1,4,2,3,4,4)$ 是否为可简单图化的度数序列?

(3) 已知图 G 中有 11 条边,1 个 4 度顶点,4 个 3 度顶点,其余顶点的度数均不大于 2,问 G 中至少有几个顶点?

解:(1) 由定理 5.2 可知,$d_1=(2,3,3,5,6)$ 不可图化;$d_2=(1,2,2,3,4)$ 可图化,如图 5.2(a) 所示,还可以找到多个图以 d_2 作为度数序列。

(2) 首先 d_3 是可图化的,如图 5.2(b) 所示。要判定一个给定的度数序列是否是可简单图化的,可使用下面的 **Havel-Hakimi 定理**。假设存在以 d_3 为顶点序列的无向简单图,首先将它的度数序列从大到小排序,得到 $(4,4,4,3,2,1)$。然后去掉第一个顶点,并将该顶点的所有边删除:因为第一个顶点的度数是 4,所以从第二个顶点

（a）　　　　　　（b）

图 5.2　可图化度数序列的示例

开始向后连续取 4 个顶点,每个顶点的度数减 1,其余顶点的度数保持不变,即由 $(4,4,3,2,1)$ 得到序列 $(3,3,2,1,1)$,此时序列仍可图化。同理,去掉序列 $(3,3,2,1,1)$ 的第一个顶点(度数为 3),并将其后连续 3 个顶点的度数减 1,可由 $(3,2,1,1)$ 得到 $(2,1,0,1)$。重新排序得到 $(2,1,1,0)$,此时序列仍可图化。如此反复,最后得到 $(0,0,0)$。由此判定 $d_3=(1,4,2,3,4,4)$ 是可简单图化的度数序列。如果在上述的循环处理过程中,当前序

列出现负数,则为不可简单图化的情况。

(3) 由握手定理,G 中的各顶点度之和为 22,1 个 4 度顶点,4 个 3 度顶点,共 16 度,还剩 6 度;若其余顶点全是 2 度顶点,则还需要 3 个顶点,所以 G 至少有 $1+4+3=8$ 个顶点。考虑到可以任意添加孤立点,所以无法确定最多有多少个顶点。

5.1.3　完全图、子图和补图

定义 5.7　(1) 设 $G=<V,E>$ 是 n 阶无向简单图,若 G 的任何顶点都与其余的 $n-1$ 个顶点相邻,则称 G 为 **n 阶无向完全图**,记为 K_n。

(2) 设 $D=<V,E>$ 是 n 阶有向简单图,若 D 的任何两个不同的顶点 u 和 v,u 邻接到 v,v 也邻接到 u,则称 D 为 **n 阶有向完全图**。

例如,图 5.3 中的 (a)、(b)、(c) 分别是无向完全图 K_3,K_4,K_5,(d) 是 3 阶有向完全图。

(a)　　　　　(b)　　　　　(c)　　　　　(d)

图 5.3　完全图

在无向完全图 K_n 中,边数 $m=C_n^2=\dfrac{n(n-1)}{2}$;在 n 阶有向完全图中,边数 $m=2C_n^2=n(n-1)$。

定义 5.8　设 $G=<V,E>,G'=<V',E'>$ 是两个无向图,

(1) 若 $V'\subseteq V,E'\subseteq E$,则称 G' 是 G 的**子图**,并称 G 是 G' 的**母图**,记为 $G'\subseteq G$。

(2) 若 $G'\subseteq G$ 且 $G'\neq G$,则称 G' 是 G 的一个**真子图**;若 $G'\subseteq G,V'=V$,则称 G' 是 G 的**生成子图**。

(3) 以 V' 为顶点集,以两个端点均在 V' 中的全体边为边集,并保持它们的关联关系得到的 G 的子图,称为 G 的由 V' 导出的(顶点)**导出子图**,记为 $G[V']$。

(4) 以 E' 为边集,以与 E' 中边关联的顶点的全体为顶点集,并保持它们的关联关系得到的 G 的子图,称为 G 的由 E' 导出的(边)**导出子图**,记为 $G[E']$。

对于有向图,也可以类似地定义子图与导出子图的概念。

在图 5.4 中,(b)、(c) 是 (a) 的子图,(c) 也是 (a) 的生成子图。图 (b) 是顶点集 $\{v_2, v_3, v_4\}$ 的导出子图,也是边集 $\{e_2,e_3,e_4,e_6\}$ 的导出子图。图 (c) 同时也是边集 $\{e_1,e_2,e_5\}$ 的导出子图。

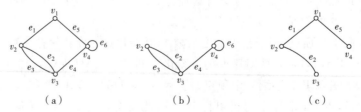

图 5.4　子图示例

定义 5.9 设 $G = <V, E>, G_1 = <V, E_1>$ 均为简单图,若满足:

(1) $E \cap E_1 = \varnothing$;

(2) $<V, E \cup E_1>$ 是完全图;

则称 G_1 是 G 的**补图**,记作 $\overline{G}$。

在图 5.5 中(a) 和(b) 互为补图,(c) 和(d) 互为补图。

(a)　　　　　　(b)　　　　　　(c)　　　　　　(d)

图 5.5　补图示例

5.1.4　图的同构

图是表达事物之间关系的工具,在画图时,由于顶点位置的不同,边的曲直不同,同一事物之间的关系可能画出不同形状的图来,如图 5.6 所示。

(a)　　　　　　(b)　　　　　　(c)　　　　　　(d)

图 5.6　对应同一关系的不同形状的图

图 5.6 中(a)、(b)、(c)、(d) 虽然形状不同,但都表示同一种关系,为此引入同构的概念。

定义 5.10 设 $G_1 = <V_1, E_1>, G_2 = <V_2, E_2>$ 是两个无向图,若存在一个双射函数 $f: V_1 \rightarrow V_2$,对于所有顶点 $u, v \in V_1$,满足 $(u, v) \in E_1$ 当且仅当 $(f(u), f(v)) \in E_2$,并且 (u, v) 与 $(f(u), f(v))$ 的重数相同,则称图 G_1 与 G_2 是**同构**的,记为 $G_1 \cong G_2$。

类似地,若 G_1 与 G_2 是有向图,也可定义它们同构的概念。

形象地说,两个图同构是指通过调整顶点位置和名称、边的形状和长短,但不改变顶点和边之间的关联关系可以使两个图重合。或者说,同构是指两个图中的顶点和边具有相同的邻接关系。

在图 5.7 中,构造(a) 和(b) 的顶点之间的双射函数 $p(i) = v_i (i = 1, 2, 3, 4)$,可以验证 p 满足定义 5.10,因此(a) 和(b) 是同构的;构造(c) 和(d) 的顶点之间的双射函数 $k(i) = v_i (i = 1, 2, 3, 4, 5, 6)$,可以验证(c) 和(d) 是同构的;同理,不难验证(e) 和(f) 也是同构的,其中,图(e) 称为**彼得森图**。

实际上,判定两个图同构是一个非常困难的问题,因为在两个 n 阶简单图的顶点集之间就有 $n!$ 种可能的一一对应。当 n 较大时,通过检验每一种对应来看它是否保持顶点和边之间的关联关系,这样是不可行的。

但是,可以根据两个图同构的必要条件:(1)顶点数相同;(2)边数相同;(3)度数序

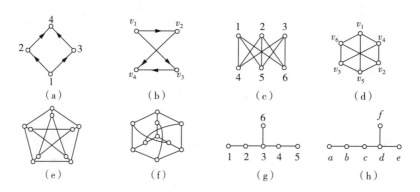

图 5.7　图的同构与非同构

列相同；(4) 对于一个图中的任一顶点，在另一图中必然有度数相同的顶点，且与二者相邻接顶点的性质相同，来说明两个图是不同构的。例如，对于图 5.7 中的(g)和(h)，假设两者是同构的，则必存在双射函数 $t:V_g \rightarrow V_h$ 满足定义 5.10，V_g 与 $t(V_g)$ 的度数一定相同，因此有 $t(3)=d$。(g)中的顶点 3 与一个 1 度顶点 6 和两个 2 度顶点 2,4 相邻接，而(h)中的顶点 d 与两个 1 度顶点 e,f 邻接，和一个 2 度顶点 c 相邻接。由此可以说明图(g)和图(h)不同构。

【例 5.4】 按要求画图：

(1) 画出含 4 条边的所有非同构的 5 阶无向简单图；

(2) 画出含 2 条边的所有非同构的 3 阶有向简单图。

解：(1)由握手定理可知，所求的无向简单图中所有顶点的度数之和为 $4\times2=8$，最大度小于或等于 4。于是，将 8 分解为由 5 个非负整数组成的序列，其中，满足可简单图化的度数序列为：$(4,1,1,1,1)$，$(3,2,2,1,0)$，$(3,2,1,1,1)$，$(2,2,2,2,0)$，$(2,2,2,1,1)$。

按上述度数序列所画的无向简单图即为所求，如图 5.8 所示。

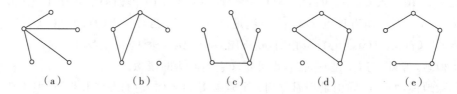

| (a) | (b) | (c) | (d) | (e) |

图 5.8　5 阶 4 条边非同构的无向简单图

(2)由握手定理可知，所求的有向简单图中所有顶点的度数之和为 $2\times2=4$，最大出度和最大入度均小于或等于 2。于是，将 4 分解为由 3 个非负整数组成的满足可简单图化的度数序列为：$(2,1,1)$ 和 $(2,2,0)$。

当度数序列为 $(2,1,1)$ 时，若入度序列为 $(1,1,0)$，则出度序列为 $(1,0,1)$，如图 5.9(a) 所示；若入度序列为 $(2,0,0)$，则出度序列为 $(0,1,1)$，如图 5.9(b) 所示；若入度序列为 $(0,1,1)$，则出度序列为 $(2,0,0)$，如图 5.9(c) 所示。

当度数序列为 $(2,2,0)$ 时，若入度序列为 $(1,1,0)$，则出度序列为 $(1,1,0)$，如图 5.9(d) 所示。

图 5.9 3 阶 2 条边非同构的有向简单图

5.2 图的连通性

在现实世界中,常常需要考虑这样的问题,比如任意两个城市之间是否有火车通行,或者在计算机网络中,任意两台计算机之间是否可以进行信息传递而达到资源共享。对于类似的问题,都可以通过图的通路和连通性加以研究。

5.2.1 通路与回路

定义 5.11 设图 G 中顶点和边的交替序列 $\Gamma = v_0 e_1 v_1 e_2 \cdots e_l v_l$,若 v_{i-1} 和 v_i 是 e_i 的端点(当 G 是有向图时,要求 v_{i-1} 是 e_i 的始点,v_i 是 e_i 的终点),$i = 1, 2, \cdots, l$,则称 Γ 为顶点 v_0 到 v_l 的**通路**。v_0 和 v_l 分别称为此通路的**起点**和**终点**,Γ 中边的数目 l 称为 Γ 的**长度**。当 $v_0 = v_l$ 时,称此通路为**回路**。

若 Γ 中的所有边互不相同,则称 Γ 为**简单通路**或**迹**。当 $v_0 = v_l$ 时,称此简单通路为**简单回路**。

若 Γ 中除 v_0 和 v_l 外,所有顶点互不相同,所有边也互不相同,则称此通路为**初级通路**(**基本通路**或**路径**)。当 $v_0 = v_l$ 时,称此初级通路为**初级回路**(**基本回路**或**圈**)。

有边重复出现的通路称为**复杂通路**,有边重复出现的回路为**复杂回路**。

在上述定义中,回路是通路的特殊情况,但通常当起点和终点不同时才说是通路。在一般情况下,如果顶点互不相同,必有边也互不相同。在初级通路(回路)的定义中既要求顶点互不相同,又要求边互不相同,这只是为了排除一种特殊情况:沿着边 (u,v) 从 u 到 v,再沿着这条边回到 v。它不是初级回路。根据定义,初级通路(回路)都是简单通路(回路),但反之不真。

有时还可以用顶点序列 $v_0 v_1 v_2 \cdots v_l$ 表示 v_0 到 v_l 的通路,用 $v_0 v_1 v_2 \cdots v_l v_0$ 表示 v_0 到 v_0 的回路,或者用 $v_0 \xrightarrow{*} v_l$ 表示 v_0 到 v_l 之间存在长度大于等于 1 的通路,用 $v_0 \xrightarrow{l} v_l$ 表示 v_0 到 v_l 之间存在长度为 l 的通路。

【例 5.5】 对图 5.10 中的两个图,判断:

(1) 图(a)中的通路 $v_1 e_1 v_2 e_6 v_5 e_7 v_3 e_2 v_2 e_6 v_5 e_8 v_4$,$v_1 e_5 v_5 e_7 v_3 e_2 v_2 e_6 v_5 e_8 v_4$,$v_1 e_1 v_2 e_6 v_5 e_7 \ v_3 e_3 v_4$ 是否是简单通路,是否是初级通路;

(2) 图(b)中的回路 $v_3 e_5 v_4 e_7 v_1 e_4 v_3 e_3 v_2 e_2 v_2 e_1 v_1 e_4 v_3$,$v_3 e_3 v_2 e_2 v_2 e_1 v_1 e_4 v_3$,$v_3 e_3 v_2 e_1 v_1 e_4 v_3$ 是否是简单回路,是否是初级回路。

解: (1) 在图(a)中:

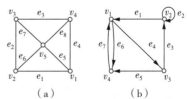

图 5.10 无向图和有向图

$v_1e_1v_2e_6v_5e_7v_3e_2v_2e_6v_5e_8v_4$ 是一条长度为 6 的通路,其中有重复的边 e_6,因此它不是简单通路,也不是初级通路。

$v_1e_5v_5e_7v_3e_2v_2e_6v_5e_8v_4$ 是一条长度为 5 的通路,其中没有重复的边,但有重复的顶点 v_5,因此它是简单通路,但不是初级通路。

$v_1e_1v_2e_6v_5e_7v_3e_3v_4$ 是一条长度为 4 的通路,既没有重复的边,也没有重复的顶点,因此它是简单通路,同时也是初级通路。

(2) 在图(b)中:

$v_3e_5v_4e_7v_1e_4v_3e_3v_2e_1v_1e_4v_3$ 是一条长度为 6 的回路,其中有重复的边 e_4,因此它不是简单回路,也不是初级回路。

$v_3e_3v_2e_2v_2e_1v_1e_4v_3$ 是一条长度为 4 的回路,其中没有重复的边,但有重复的顶点 v_2,因此它是简单回路,但不是初级回路。

$v_3e_3v_2e_1v_1e_4v_3$ 是一条长度为 3 的回路,既没有重复的边,也没有重复的顶点,因此它是简单回路,同时也是初级回路。

定理 5.3　在一个 n 阶图 G 中,若从顶点 u 到顶点 $v(u\neq v)$ 存在通路,则从 u 到 v 存在长度小于等于 $n-1$ 的通路。

证明:设 $v_0e_1v_1e_2v_2\cdots e_lv_l$ 是从 $u=v_0$ 到 $v=v_l$ 的一个通路。如果 $l>n-1$,由于图中只有 n 个顶点,在 $v_0,v_1,\cdots,v_l$ 中一定有 2 个是相同的顶点。设 $v_i=v_j,i<j$,那么 $v_ie_{i+1}v_{i+1}\cdots e_jv_j$ 是一条回路。删去这条回路,得到 $v_0e_1v_1\cdots e_iv_{j+1}\cdots e_lv_l$ 仍是从 $u=v_0$ 到 $v=v_l$ 的一个通路,其长度减少 $j-i$。如果它的长度仍大于 $n-1$,则可以重复上述做法,直到得到长度不超过 $n-1$ 的通路为止。

推论　在一个 n 阶图 G 中,若从顶点 u 到顶点 $v(u\neq v)$ 存在通路,则 u 到 v 存在长度小于等于 $n-1$ 的初级通路。

下述定理和推论可类似证明。

定理 5.4　在一个 n 阶图 G 中,如果存在 v 到自身的回路,则存在 v 到自身长度小于等于 n 的回路。

推论　在一个 n 阶图 G 中,如果存在 v 到自身的简单回路,则存在 v 到自身长度小于等于 n 的初级回路。

5.2.2　无向图的连通性

定义 5.12　设无向图 $G=<V,E>$,对任意的 $u,v\in V$,若 u,v 之间存在通路,则称 u 和 v 是**连通的**,记作 $u\sim v$。规定:任何顶点与自身总是连通的,即 $v\sim v$。

显然,顶点之间的连通关系 $R=\{<x,y>|x,y\in V\wedge x$ 与 y 连通$\}$ 是顶点集 V 上的等价关系,因为它是自反的、对称的、传递的。

定义 5.13　若无向图 G 是平凡图或 G 中的每一对不同顶点之间都有通路,则该图为**连通图**。

因此,在网络中的任何两台计算机都可以通信,当且仅当这个网络的图为连通图。

定义 5.14　在无向图 G 中,利用连通关系 R 诱导出顶点集 V 的划分,得到的等价类记作 $V_1,V_2,\cdots,V_m$,所有 V_i 及其关联的边组成的子图 $G[V_i]$ 称为图 G 的**连通分支**,且记图 G 的连通分支数为 $p(G)$。

由定义可知,若 G 为连通图,则 $p(G)=1$;若 G 为非连通图,则 $p(G) \geqslant 2$;在所有的 n 阶无向图中,n 阶零图是连通分支最多的,$p(N_n)=n$。

【例 5.6】　判断图 5.11 中两个图的连通性,并计算它们的连通分支数。

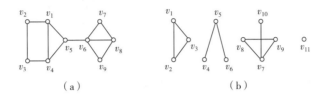

图 5.11　无向连通图和非连通图

解:图(a)是连通图,有 1 个连通分支;图(b)是非连通图,有 4 个连通分支。

定义 5.15　在无向图 G 中,如果顶点 u 和 v 之间是连通的,则 u 和 v 之间的最短路径称为短程线,其长度(边数)称为 u 和 v 之间的距离,记作 $d(u,v)$。若 u 与 v 不连通,规定 $d(u,v)=+\infty$。

例如,图 5.11(a) 中的 $d(v_5,v_8)=2$。

顶点之间的距离 $d(u,v)$ 满足如下性质:

(1) $d(u,v) \geqslant 0$,当且仅当 $u=v$ 时等号成立;

(2) $d(u,v)=d(v,u)$;

(3) $d(u,v)+d(v,w) \geqslant d(u,w)$,称为三角不等式。

以下考虑图的连通性的"牢固程度",即在图中删除顶点或边对连通性的影响。需要注意的是,在图中删除一个顶点时要同时删除其关联的边,但删除边时不删除其关联的顶点。在图 G 中删除顶点集合 V 记作 $G-V$,删除边集 E 记作 $G-E$。

定义 5.16　在无向图 $G=<V,E>$ 中,

(1) 若有顶点集 $V' \subseteq V$,使得 $p(G-V') > p(G)$,但图 G 删除了 V' 的任何真子集后,连通分支数不变,则称 V' 是 G 的一个点割集。若一个顶点构成一个点割集,则称该顶点为割点或关节点。没有关节点的连通图称为重连通图。

(2) 若有边集 $E' \subseteq E$,使得 $p(G-E') > p(G)$,而删除 E' 的任何真子集后,图 G 的连通分支数不变,则称 E' 是 G 的一个边割集。若一个边构成一个边割集,则称该边为割边或桥。

例如,在图 5.11(a) 中,$\{v_5\}$、$\{v_6\}$、$\{v_1,v_3\}$、$\{v_2,v_4\}$ 为点割集,顶点 v_5,v_6 是割点;$\{(v_5,v_6)\}$、$\{(v_1,v_2),(v_3,v_4)\}$、$\{(v_1,v_2),(v_2,v_3)\}$ 等为边割集,边 (v_5,v_6) 是割边。

割点和割边有许多实际应用。比如,在一个通信网络中一般不允许出现割点,无论哪一个站点出现故障或遭到破坏,都不会影响系统正常工作;一个航空网若是重连通的,则当某条航线因天气等原因关闭时,旅客仍可通过别的航线绕行;在战争中,要摧毁敌军的运输线,仅需破坏其运输网中的关节点即可。

5.2.3　有向图的连通性

定义 5.17　设 $D=<V,E>$ 是一个有向图,对任意的 $u,v \in V$,若从 u 到 v 存在通路,则称 u 可达 v,记作 $u \to v$,规定 v 总是可达自身的,即 $v \to v$。若 $u \to v$ 且 $v \to u$,则称 u

与 v 是相互可达的,记作 $u \leftrightarrow v$,规定 $v \leftrightarrow v$。

对于有向图而言,顶点间的可达关系不再是等价关系。它仅仅是自反的和传递的,一般来说,不是对称的。因此,有向图的连通较无向图要复杂一些。

定义 5.18 设 $D = < V, E >$ 是一有向图,若 D 的基图① 是连通图,则称 D 是**弱连通图**;若对任意的 $u, v \in V$,$u \to v$ 与 $v \to u$ 至少有一个成立,即 D 中的任意两个顶点至少有一个可达另一个,则称 D 是**单向连通图**;若对任意的 $u, v \in V$,有 $u \leftrightarrow v$,即 D 中任意两个顶点是相互可达的,则称 D 是**强连通图**。

例如,在图 5.12 中,(a) 是强连通图,(b) 是单向连通图,(c) 是弱连通图。

图 5.12　强连通图、单向连通图和弱连通图

不难看出,强连通图一定是单向连通图,单向连通图一定是弱连通图,反之未必真。

定理 5.5 有向图 D 是强连通图当且仅当 D 中存在一条回路,它至少经过图中的每个顶点一次。

证明:(1) 充分性。若 D 中有一回路,它至少经过每个顶点一次,则图中任何两个顶点都是相互可达的,可见图 D 是强连通图。

(2) 必要性。若有向图 D 是强连通的,则图中任意两个顶点都是相互可达的,故可作出一个回路,它经过图中的所有顶点。若不然则必有一个回路不通过某一顶点 v,因此 v 与回路上的每个顶点均互不可达,这与 D 是强连通图矛盾。

定理 5.6 有向图 D 是单向连通图当且仅当 D 中存在一条通路,它至少经过图中的每个顶点一次。

证明略。

定义 5.19 设有向图 $D = < V, E >$,D' 是 D 的子图,若

(1) D' 是强连通的(单向连通的、弱连通的);

(2) 对任意的 $D'' \subseteq D$,若 $D' \subset D''$,则 D'' 不是强连通的(单向连通的、弱连通的);

那么称 D' 为 D 的**强连通分支(单向连通分支、弱连通分支)**或称为**强分图(单向分图、弱分图)**。

【例 5.7】 求图 5.13 中两个有向图的强连通分支、单向连通分支和弱连通分支。

解:图 5.13(a) 中,由 $\{v_2\}$,$\{v_6\}$ 和 $\{v_1, v_3, v_4, v_5, v_7\}$ 导出的子图都是强连通分支;由 $\{v_1, v_2, v_3, v_4, v_5, v_7\}$ 和 $\{v_1, v_3, v_4, v_5, v_6, v_7\}$ 导出的子图都是单向连通分支;图 5.13(a) 本身为弱连通分支。

图 5.13(b) 中,由 $\{v_1\}$,$\{v_2\}$,$\{v_3\}$,$\{v_4\}$ 和 $\{v_5, v_6, v_7\}$ 导出的子图都是强连通分支;由 $\{v_1, v_2, v_3\}$,$\{v_1, v_3, v_4\}$ 和 $\{v_5, v_6, v_7\}$ 导出的子图都是单向连通分支;由 $\{v_1, v_2, v_3, v_4\}$

---

① 不考虑有向图边的方向而得到的无向图称为该有向图的基图。

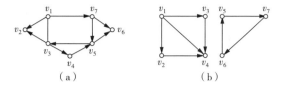

图 5.13　两个有向图

和 $\{v_5,v_6,v_7\}$ 导出的子图都是弱连通分支。

5.3　图的矩阵表示

前面讨论了图的集合表示和图形表示,为了更好地让计算机存储和处理图形,图还可以用矩阵来表示。本节主要讨论图的关联矩阵、邻接矩阵和可达矩阵。

5.3.1　关联矩阵

1. 无向图的关联矩阵

定义 5.20　设无向图 $G=<V,E>$,$V=\{v_1,v_2,\cdots,v_i,\cdots,v_n\}$,$E=\{e_1,e_2,\cdots,e_j,\cdots,e_m\}$,令 m_{ij} 为顶点 v_i 与边 e_j 的关联次数,则称 $(m_{ij})_{n\times m}$ 为 G 的**关联矩阵**,记作 $M(G)$。

根据定义,图 5.14 中 G_1 和 G_2 的关联矩阵分别为

$$M(G_1)=\begin{bmatrix} 1 & 1 & 0 & 0 & 0 & 0 \\ 1 & 0 & 1 & 1 & 0 & 0 \\ 0 & 1 & 1 & 0 & 1 & 1 \\ 0 & 0 & 0 & 1 & 1 & 1 \\ 0 & 0 & 0 & 0 & 0 & 0 \end{bmatrix},\quad M(G_2)=\begin{bmatrix} 2 & 1 & 1 & 1 & 0 \\ 0 & 1 & 1 & 0 & 0 \\ 0 & 0 & 0 & 1 & 1 \\ 0 & 0 & 0 & 0 & 1 \end{bmatrix}$$

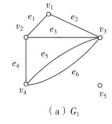

（a）G_1

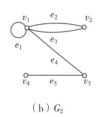

（b）G_2

图 5.14　无向图 G_1 和 G_2

不难看出,无向图的关联矩阵具有以下性质:

(1) $\sum_{i=1}^{n} m_{ij}=2(j=1,2,\cdots,m)$,即矩阵的每列元素和均为 2,因为每条边关联两个顶点(环的两个关联顶点重合);

(2) $\sum_{j=1}^{m} m_{ij}=d(v_i)(i=1,2,\cdots,n)$,即矩阵的每行元素和为对应顶点的度数;

（3）$\displaystyle\sum_{i=1}^{n}\sum_{j=1}^{m}m_{ij}=\sum_{i=1}^{n}d(v_i)=2m$，即矩阵所有元素之和等于 $2m$；

（4）若有两列完全相同，则它们对应的两条边为平行边；

（5）若某行全为 0，则它对应的顶点为孤立点。

2. 有向图的关联矩阵

定义 5.21　设有向无环图 $D=<V,E>$，$V=\{v_1,v_2,\cdots,v_i,\cdots,v_n\}$，$E=\{e_1,e_2,\cdots,e_j,\cdots,e_m\}$，令

$$m_{ij}=\begin{cases}1,&v_i \text{ 为 } e_j \text{ 的起点,}\\ 0,&v_i \text{ 与 } e_j \text{ 不关联,}\\ -1,&v_i \text{ 为 } e_j \text{ 的终点,}\end{cases}$$

则称 $(m_{ij})_{n\times m}$ 为有向图 D 的**关联矩阵**。

根据定义，图 5.15 中 G_3 的关联矩阵为

$$\boldsymbol{M}(G_3)=\begin{bmatrix}1&-1&1&0&0&0\\-1&1&0&-1&0&0\\0&0&-1&1&1&1\\0&0&0&0&-1&-1\end{bmatrix}$$

图 5.15　有向无环图 G_3

有向无环图的关联矩阵与无向图的关联矩阵的性质相类似：

（1）$\displaystyle\sum_{i=1}^{n}m_{ij}=0(j=1,2,\cdots,m)$，即矩阵的每列元素和均为 0；

（2）$\displaystyle\sum_{j=1}^{m}(m_{ij}=1)=d^+(v_i)(i=1,2,\cdots,n)$，$\displaystyle\sum_{j=1}^{m}(m_{ij}=-1)=-d^-(v_i)(i=1,2,\cdots,n)$，即矩阵的每行元素中，1 的个数为对应顶点的出度数，而 -1 的个数为对应顶点的入度数；

（3）$\displaystyle\sum_{i=1}^{n}\sum_{j=1}^{m}(m_{ij}=1)=\sum_{i=1}^{n}d^+(v_i)=\sum_{i=1}^{n}d^-(v_i)=m$，即矩阵中 1 的个数等于 -1 的个数，等于 m；

（4）若有两列完全相同，则它们对应的两条边为平行边；

（5）若某行全为 0，则它对应的顶点为孤立点。

5.3.2　邻接矩阵

1. 无向图的邻接矩阵

定义 5.22　设无向简单图 $G=<V,E>$，$V=\{v_1,v_2,\cdots,v_n\}$，$E=\{e_1,e_2,\cdots,e_m\}$，令

$$a_{ij}=\begin{cases}0,&\text{不存在边}(v_i,v_j),\\1,&\text{存在边}(v_i,v_j),\end{cases}$$

则称 $(a_{ij})_{n \times n}$ 为 G 的 **邻接矩阵**，记作 $\boldsymbol{A}(G)$，或简记为 $\boldsymbol{A}$。

例如，图 5.16(a) 所示的无向简单图 G_4 的邻接矩阵为

$$A(G_4) = \begin{bmatrix} 0 & 1 & 1 & 1 \\ 1 & 0 & 0 & 0 \\ 1 & 0 & 0 & 1 \\ 1 & 0 & 1 & 0 \end{bmatrix}$$

显然，无向简单图的邻接矩阵为对称的 $0-1$ 矩阵，且主对角线元素全为 0。

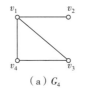

（a）G_4　　　（b）G_5

图 5.16　无向简单图与带环和多重边的无向图

邻接矩阵也可以用来表示带有环和多重边的无向图。当 v_i 点出现环时，$a_{ii}=1$；当出现多重边 (v_i, v_j) 时，a_{ii} 则为多重边的条数。此时，邻接矩阵不再是 $0-1$ 矩阵。

例如，图 5.16(b) 所示的无向图 G_5 的邻接矩阵为

$$\boldsymbol{A}(G_5) = \begin{bmatrix} 0 & 3 & 0 & 2 \\ 3 & 1 & 1 & 0 \\ 0 & 1 & 0 & 2 \\ 2 & 0 & 2 & 0 \end{bmatrix}$$

带权无向图一般为简单图，若 w_{ij} 为边 (v_i, v_j) 的权，则其邻接矩阵 $\boldsymbol{A} = (a_{ij})_{n \times n}$，其中

$$a_{ij} = \begin{cases} w_{ij}, & \text{若 } i \neq j \text{ 且存在边 }(i,j), \\ 0, & i = j, \\ \infty, & \text{其他} \end{cases}$$

例如，图 5.17 所示的带权无向图 G_6 的邻接矩阵为

$$\boldsymbol{A}(G_6) = \begin{bmatrix} 0 & 5 & 7 & 10 \\ 5 & 0 & \infty & \infty \\ 7 & \infty & 0 & 15 \\ 10 & \infty & 15 & 0 \end{bmatrix}$$

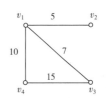

图 5.17　带权无向图 G_6

2. 有向图的邻接矩阵

定义 5.23　设有向图 $D=<V,E>$，$V=\{v_1,v_2,\cdots,v_n\}$，$E=\{e_1,e_2,\cdots,e_m\}$，令 $a_{ij}^{(1)}$ 为顶点 v_i 邻接到顶点 v_j 的边的条数，称 $(a_{ij}^{(1)})_{n\times n}$ 为 D 的**邻接矩阵**，记作 $A(D)$，或简记为 A。

例如，图 5.18 所示的有向图 G_7 的邻接矩阵为

$$A(G_7)=\begin{bmatrix}0 & 1 & 0 & 0\\0 & 1 & 2 & 0\\1 & 0 & 0 & 1\\0 & 0 & 1 & 0\end{bmatrix}$$

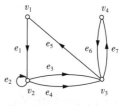

图 5.18　有向图 G_7

有向图的邻接矩阵具有以下性质：

(1) 矩阵第 i 行元素之和为顶点 v_i 的出度数，即 $\sum_{j=1}^{n}a_{ij}^{(1)}=d^{+}(v_i)(i=1,2,\cdots,n)$；

(2) 矩阵第 j 列元素之和为顶点 v_j 的入度数，即 $\sum_{i=1}^{n}a_{ij}^{(1)}=d^{-}(v_j)(j=1,2,\cdots,n)$；

(3) 矩阵中的所有元素之和等于 m，即 $\sum_{i=1}^{n}\sum_{j=1}^{n}a_{ij}^{(1)}=\sum_{j=1}^{n}\sum_{i=1}^{n}a_{ij}^{(1)}=\sum_{i=1}^{n}d^{+}(v_i)=\sum_{j=1}^{n}d^{-}(v_j)=m$；

(4) 矩阵元素 $a_{ij}^{(1)}$ 为从顶点 v_i 到顶点 v_j 长度为 1 的通路的条数，$\sum_{i=1}^{n}\sum_{j=1}^{n}a_{ij}^{(1)}$ 为有向图 D 中所有长度为 1 的通路的总条数，矩阵对角线元素之和 $\sum_{i=1}^{n}a_{ii}^{(1)}$ 为 D 中所有长度为 1 的回路的总条数。

利用邻接矩阵的幂，还可以求出图中从顶点 v_i 到顶点 v_j 长度为 l 的通路条数。

定理 5.7　设 $A=(a_{ij}^{(1)})_{n\times n}$ 为有向图 D 的邻接矩阵，A 的 $l(l\geq 1)$ 次幂 $A^l=(a_{ij}^{(l)})_{n\times n}$ 中的元素 $a_{ij}^{(l)}$ 为从顶点 v_i 到顶点 v_j 长为 l 的通路条数，$a_{ii}^{(l)}$ 为过顶点 v_i 长为 l 的回路条数，$\sum_{i=1}^{n}\sum_{j=1}^{n}a_{ij}^{(l)}$ 为 D 中长度为 l 的通路总条数，$\sum_{i=1}^{n}a_{ii}^{(l)}$ 为 D 中长度为 l 的回路总条数。

推论　设 $B_r=A+A^2+\cdots+A^r(r\geq 1)$，则

(1) B_r 中的元素 $b_{ij}^{(r)}$ 为 D 中从顶点 v_i 到顶点 v_j 长度小于等于 r 的通路条数，$b_{ii}^{(r)}$ 为过顶点 v_i 长度小于等于 r 的回路条数；

(2) $\sum_{i=1}^{n}\sum_{j=1}^{n}b_{ij}^{(r)}$ 为 D 中长度小于等于 r 的通路总条数，$\sum_{i=1}^{n}b_{ii}^{(r)}$ 为 D 中长度小于等于 r 的回路总条数。

【例 5.8】　设有向图 D 如图 5.18 所示，求：

(1) D 中从 v_2 到 v_3 长为 4 的通路有多少条；

(2) D 中过顶点 v_2 且长为 3 的回路有多少条；

（3）D 中长为 4 的通路有多少条；

（4）D 中长度小于等于 4 的通路共有多少条。

解：首先构造有向图 D 的邻接矩阵 A 及 A 的前 4 次幂。

$$A = \begin{bmatrix} 0 & 1 & 0 & 0 \\ 0 & 1 & 2 & 0 \\ 1 & 0 & 0 & 1 \\ 0 & 0 & 1 & 0 \end{bmatrix}, \quad A^2 = \begin{bmatrix} 0 & 1 & 2 & 0 \\ 2 & 1 & 2 & 2 \\ 0 & 1 & 1 & 0 \\ 1 & 0 & 0 & 1 \end{bmatrix}, \quad A^3 = \begin{bmatrix} 2 & 1 & 2 & 2 \\ 2 & 3 & 4 & 2 \\ 1 & 1 & 2 & 1 \\ 0 & 1 & 1 & 0 \end{bmatrix}, \quad A^4 = \begin{bmatrix} 2 & 3 & 4 & 2 \\ 4 & 5 & 8 & 4 \\ 2 & 2 & 3 & 2 \\ 1 & 1 & 2 & 1 \end{bmatrix}$$

根据定理 5.7 可以得到：

（1）从 v_2 到 v_3 长为 4 的通路条数为 $a_{23}^{(4)} = 8$。

（2）过顶点 v_2 且长为 3 的回路条数为 $a_{22}^{(3)} = 3$。

（3）长为 4 的通路总条数为 $\sum_{i=1}^{4} \sum_{j=1}^{4} a_{ij}^{(4)} = 46$。

（4）为求出 D 中长度小于等于 4 的通路总条数，需要先求出 B_4，根据定理 5.7 的推论可知：

$$B_4 = A + A^2 + A^3 + A^4 = \begin{bmatrix} 4 & 6 & 8 & 4 \\ 8 & 10 & 16 & 8 \\ 4 & 4 & 6 & 4 \\ 2 & 2 & 4 & 2 \end{bmatrix}$$

所以，$\sum_{i=1}^{4} \sum_{j=1}^{4} b_{ij}^{(4)} = 92$，即 D 中长度小于等于 4 的通路共有 92 条。

5.3.3 可达矩阵

定义 5.24 设有向图 $D = <V, E>$，$V = \{v_1, v_2, \cdots, v_n\}$，$E = \{e_1, e_2, \cdots, e_m\}$，令

$$p_{ij} = \begin{cases} 1, & i = j, \\ 1, & i \neq j \text{ 且 } v_i \text{ 可达 } v_j, \\ 0, & i \neq j \text{ 且 } v_i \text{ 不可达 } v_j, \end{cases}$$

则称 $(p_{ij})_{n \times n}$ 为 D 的**可达矩阵**，记作 $P(D)$，或简记为 P。

对于不同的两个顶点 v_i 和 v_j，若 v_i 到 v_j 是可达的，即存在从顶点 v_i 到顶点 v_j 的通路，根据定理 5.3，两个顶点之间必存在一条长度小于等于 $n-1$ 的通路，则 $a_{ij}^{(1)} + a_{ij}^{(2)} + \cdots + a_{ij}^{(n-1)} > 0$（即 $b_{ij}^{(n-1)} > 0$）；否则，若顶点 v_i 到顶点 v_j 不可达，则 $b_{ij}^{(n-1)} = 0$。所以，有向图的可达矩阵可以通过其邻接矩阵以下面的方法求出，即，当 $i \neq j$ 时，若 $b_{ij}^{(n-1)} > 0$，则 $p_{ij} = 1$，否则 $p_{ij} = 0$；当 $i = j$ 时，$p_{ii} = 1$。

例如，求图 5.15 的可达矩阵 P，可以先求出其邻接矩阵 A，然后求出 B_3。

$$A = \begin{bmatrix} 1 & 1 & 1 & 0 \\ 1 & 1 & 0 & 0 \\ 0 & 1 & 1 & 2 \\ 0 & 0 & 0 & 0 \end{bmatrix},$$

$$B_3 = A + A^2 + A^3 = \begin{bmatrix} 1 & 1 & 1 & 0 \\ 1 & 1 & 0 & 0 \\ 0 & 1 & 1 & 2 \\ 0 & 0 & 0 & 0 \end{bmatrix} + \begin{bmatrix} 2 & 3 & 2 & 2 \\ 2 & 2 & 1 & 0 \\ 1 & 2 & 1 & 2 \\ 0 & 0 & 0 & 0 \end{bmatrix} + \begin{bmatrix} 5 & 7 & 4 & 4 \\ 4 & 5 & 3 & 2 \\ 3 & 4 & 2 & 2 \\ 0 & 0 & 0 & 0 \end{bmatrix} = \begin{bmatrix} 8 & 11 & 7 & 6 \\ 7 & 8 & 4 & 2 \\ 4 & 7 & 4 & 6 \\ 0 & 0 & 0 & 0 \end{bmatrix}$$

于是,可达矩阵

$$P = \begin{bmatrix} 1 & 1 & 1 & 1 \\ 1 & 1 & 1 & 1 \\ 1 & 1 & 1 & 1 \\ 0 & 0 & 0 & 1 \end{bmatrix}$$

不难看出,有向图 D 的可达矩阵 P 具有如下性质:

(1)可达矩阵的主对角线元素都是 1,即 $p_{ii}=1(1 \leqslant i \leqslant n)$;

(2)D 是强连通图当且仅当 D 的可达矩阵 P 的所有元素均为 1;

(3)D 是单向连通图当且仅当 $P \vee P^{\mathrm{T}}$ 的所有元素均为 1。

5.4　图的应用

5.4.1　渡河问题

【例 5.9】　一个摆渡人要把一只狼、一只羊和一捆菜运过河去。由于船很小,每次摆渡人至多只能带一样东西。另外,如果人不在旁边时,狼要吃羊,羊要吃菜。问摆渡人怎样才能将它们完好无损地运过河去?

解:用 F 表示摆渡人,W 表示狼,S 表示羊,C 表示菜。

若用 FWSC 表示人和其他三样东西在河的原岸的状态,这样原岸全部可能出现的状态为以下 16 种:

FWSC　FWS　FWC　FSC　WSC　FW　FS　FC

WS　WC　SC　F　W　S　C　∅

这里 ∅ 表示原岸什么也没有,即人、狼、羊、菜都已经运到对岸去了。

根据题意可知,这 16 种情况中有 6 种是不允许的,它们是:WSC,FW,FC,WS,SC,F。如 FC 表示人和菜在原岸,而狼和羊在对岸,这当然是不行的。因此,允许出现的情况只有 10 种。

以这 10 种状态为顶点,以摆渡前原岸的一种状态与摆渡一次后仍在原岸的状态所对应的顶点之间的连线为边作有向图 G,如图 5.19 所示。

图 5.19 给出了两种方案,方案为图中从 FWSC 到 ∅ 的不同的初级通路,它们的长度均为 7,按图中所指的方案,摆渡人只要摆渡 7 次就能将它们全部运到对岸,并且羊和菜完好无损。

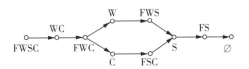

图 5.19　摆渡过程及状态图

5.4.2　均分问题

【例 5.10】　有 3 个没有刻度的桶 a,b,c,其容积分别为 8L,5L,3L。假定桶 a 装满了酒,现要把酒均分成两份。除 3 个桶之外,没有任何其他测量工具,试问应该怎样均分?

解:用 $<B,C>$ 表示桶 b 和桶 c 装酒的情况,可得图 5.20 所示过程。

由此可得两种均分酒的方法:

(1) a 倒满 c→c 倒入 b→a 倒满 c→c 倒满 b→b 倒入 a→c 倒入 b→a 倒满 c→c 倒入 b;

(2) a 倒满 b→b 倒满 c→c 倒入 a→b 倒入 c→a 倒满 b→b 倒满 c→c 倒入 a。

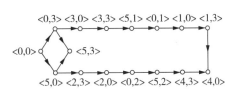

图 5.20　倒酒过程中 b 桶和 c 桶所含酒量的变化图

5.4.3　通信网络问题

自从基尔霍夫运用图论从事电路网络的拓扑分析以来,尤其是近几十年,网络理论的研究和应用十分引人注目,电路网络、运输网络、信息网络等与工程和应用紧密相关的课题受到了高度重视,其中多数问题都与优化有关,涉及问题的费用、容量、可靠性和其他性能指标,有重要的应用价值。

网络应用的一个重要方面就是通信网络,如电话网络、计算机网络、管理信息系统网络、医疗数据网络、银行数据网络、开关网络等。这些网络的基本要求是网络中各个用户能够快速安全地传递信息,不产生差错和故障,同时使建造和维护网络所需的费用较低。因此,通信网络涉及的因素很多,我们不详细介绍,仅说明一些基本知识。

通信网络中最重要的问题之一是网络的结构形式。通信网络是一个强连通的有向图,根据用途和各种性能指标有着不同的结构形式,图 5.21 给出了一些典型的结构。其中,(a) 为环型网络,(b) 为树型网络,(c) 为星型网络,(d) 为分布式网络,(e) 为立方体型网络。

（a）　　　　（b）　　　　（c）　　　　（d）　　　　（e）

图 5.21　通信网络的几种典型结构图

习　题　5

1. 设图 $G=<V,E>$ 如图 5.22 所示：

(1) 写出 G 的集合表示；

(2) 求图 G 的所有顶点的度、出度和入度；

(3) 求图 G 的最大／最小度、最大／最小出度和最大／最小入度；

(4) 指出图 G 的孤立点、悬挂顶点和悬挂边。

图 5.22
有向图 G

2. 证明：设 G 为任意 n 阶无向简单图，则 $\Delta(G) \leqslant n-1$。

3. 下列各组非负整数列中，哪些是可图化的，哪些是可简单图化的？

(1) 1,1,1,2,3；

(2) 2,2,2,2,2；

(3) 3,3,3,3；

(4) 1,2,3,4,5；

(5) 1,3,3,3。

4. 设图 G 有 6 条边，度为 3 和度为 5 的顶点各有 1 个，其余的都是度为 2 的顶点，问 G 中共有多少个顶点？

5. 设图 G 有 10 条边，度为 3 和度为 4 的顶点各 2 个，其余顶点的度数均小于 3，问 G 中至少有多少个顶点？ 在最少顶点的情况下，写出 G 的度数序列、$\Delta(G)$ 和 $\delta(G)$。

6. 证明：在任何由两个或两个以上的人组成的小组里，必有两个人组内朋友的个数相同。

7. 设 9 阶图 G 中，每个顶点的度数不是 5 就是 6，证明：G 中至少有 5 个度为 6 的顶点或者至少有 6 个度为 5 的顶点。

8. 设 n 阶无向图 G 有 m 条边，其中 n_k 个顶点的度为 k，其余顶点的度均为 $k+1$，证明：$n_k = (k+1)n - 2m$。

9. 判断图 5.23 中，图 G_1，G_2，G_3 是否是图 G 的子图、真子图、生成子图、导出子图。

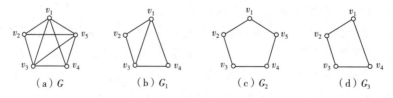

(a) G　　　　(b) G_1　　　　(c) G_2　　　　(d) G_3

图 5.23　无向图 G 及其子图

10. 给出图 5.24 中每个图的一个生成子图和一个包含 3 个顶点的导出子图。

11. 求图 5.25 中 (a)、(b)、(c) 的补图。

12. 证明：在任意 6 个人的集会上，总会有 3 个人相互认识或者 3 个人相互不认识（假设认识是相互的）。

13. 画出含 3 条边的所有非同构的 4 阶无向简单图。

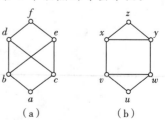

(a)　　　　(b)

图 5.24　两个无向图

14. 证明:设 $G = <V,E>$ 是无向简单图,若 G 不连通,则 G 的补图 $\overline{G}$ 连通。

15. 求图 5.26 的所有点割集、割点、边割集和割边。

   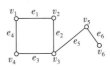

（a） （b） （c）

图 5.25 无向图和有向图 图 5.26 无向图

16. 判断图 5.27 中 G_1,G_2,G_3,G_4 的连通性。

（a）G_1 （b）G_2 （c）G_3 （d）G_4

图 5.27 有向图 G_1,G_2,G_3,G_4

17. 给出图 5.28 中(a)和(b)的关联矩阵和邻接矩阵。

（a） （b）

图 5.28 无向图和有向图

18. 设有向图 $D = <V,E>$,其中 $V = \{v_1,v_2,v_3,v_4\}$,其邻接矩阵为

$$A(D) = \begin{bmatrix} 0 & 2 & 1 & 0 \\ 0 & 0 & 1 & 0 \\ 0 & 0 & 0 & 1 \\ 0 & 0 & 1 & 1 \end{bmatrix}$$

试求 D 中各顶点的出度、入度和度。

19. 设有向图 D 如图 5.29 所示:

(1) 求 v_2 到 v_5 长度为 1,2,3,4 的通路数;

(2) 求 v_5 到 v_5 长度为 1,2,3,4 的回路数;

(3) 求 D 中长度为 4 的通路数;

(4) 求 D 中长度小于或等于 4 的回路数;

(5) 写出 D 的可达矩阵。

图 5.29 有向图 D

第6章 特　殊　图

本章将结合图论的基础知识,进一步介绍一些常用基本图类,如树、欧拉图、哈密顿图、二部图、平面图等。通过研究每种图类的本质特征,并结合一些实际问题来阐述图论的广泛应用性。

6.1　无　向　树

树是一种特别的图,它极为简单而又非常重要,在研究分子生物学、化学、电路网络,特别是计算机算法、数据结构、网络技术、软件工程以及人工智能等领域都有广泛的应用。

6.1.1　无向树的定义和性质

定义6.1　连通且不含回路的无向图称为**无向树**,简称**树**,常用 T 表示。树中度数为1的顶点称为**树叶**,度数大于1的顶点称为**分支点**。平凡图称为**平凡树**。每个连通分支都是树的非连通无向图称为**森林**。

注意,树中没有环和平行边,所以树一定是简单图;在任何非平凡树中,都没有度为0的顶点。

如图6.1所示,(a)、(b)、(c)都是连通且不含回路的无向图,因此它们都是树;(d)连通但含有回路,(e)不连通,因此(d)和(e)都不是树,但由于(e)的两个连通分支都是树,所以(e)是森林。

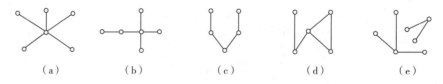

（a）　　　　（b）　　　　（c）　　　　（d）　　　　（e）

图6.1　树、图和森林

定理6.1　设 $G=<V,E>$ 是 n 阶 m 条边的无向图,则以下各命题是等价的。

(1) G 是树;

(2) G 中任意两个顶点之间存在唯一的路径;

(3) G 中无回路且 $m=n-1$;

(4) G 是连通的且 $m=n-1$;

(5) G 是连通的且 G 中的任何边均为桥;

(6) G 中没有回路,但在任何两个不相邻的顶点之间加一条新边后,所得图中就形成唯一的一条含新边的初级回路(圈)。

证明:(1)⇒(2)

对于图 G 中的任意两个顶点,假设它们之间存在两条不同的路径,则这两条路径必形成回路,这与 G 无回路矛盾。

(2)⇒(3)

先证明 G 中无回路。用反证法,假设 G 中有回路,则回路上任意两个顶点之间的路径不唯一,这与前提矛盾。

接着对 n 用归纳法证明 $m = n - 1$。

当 $n = 1$ 时,G 为平凡树,$m = 0$,显然有 $m = n - 1$ 成立。

假设 $n \leqslant k(k \geqslant 1)$ 时,$m = n - 1$ 成立,证 $n = k + 1$ 时,$m = n - 1$ 也成立。取 G 中边 e,$G - e$ 有且仅有两个连通分支 G_1, G_2。设 n_1, n_2 为 G_1, G_2 的顶点数,m_1, m_2 为 G_1, G_2 的边数,则 $n_1 \leqslant k, n_2 \leqslant k$,由归纳假设得 $m_1 = n_1 - 1, m_2 = n_2 - 1$。于是,$m = m_1 + m_2 + 1 = n_1 + n_2 - 2 + 1 = n - 1$。

(3)⇒(4)

只需证明 G 连通。用反证法,假设不然,设 G 有 $s(s \geqslant 2)$ 个连通分支 $G_1, G_2, \cdots, G_s$,每个连通分支 $G_i(1 \leqslant i \leqslant s)$ 均无回路,因而 G_i 都是树。于是有 $m_i = n_i - 1$,$m = \sum_{i=1}^{s} m_i = \sum_{i=1}^{s} n_i - s = n - s$,由于 $s \geqslant 2$,这与 $m = n - 1$ 矛盾。

(4)⇒(5)

只需证明 G 中每条边都是桥。$\forall e \in E$,$G - e$ 只有 $n - 2$ 条边,这与连通图的边数至少为 $n - 1$ 条矛盾,可知 $G - e$ 不连通,故 e 为桥。

(5)⇒(6)

由于 G 中每条边均为桥,因而 G 中无圈,又由 G 是连通的,知 G 为树,由(1)⇒(2)知,$\forall u, v \in V(u \neq v)$,$u$ 到 v 有唯一路径,加新边 (u, v) 得唯一的一个圈。

(6)⇒(1)

只需证明 G 连通。对 $\forall u, v \in V(u \neq v)$,在 u, v 之间加新边 (u, v) 后产生唯一的含 $e = (u, v)$ 一个圈 C。显然 $C - e$ 为 G 中 u 到 v 的通路,所以 u, v 之间是有路的,由 u, v 的任意性可得 G 是连通的。

由定理 6.1 得出:在顶点给定的无向图中,树是边数最多的无回路图,同时树是边数最少的连通图。

在无向图 $G = (n, m)$ 中,若 $m < n - 1$,则 G 是不连通的;若 $m > n - 1$,则 G 必含回路。

定理 6.2 设 T 是 n 阶非平凡无向树,则 T 中至少有 2 片树叶。

证明:非平凡树中每个顶点的度数都大于等于 1。设 T 中有 k 片树叶(度数为 1),则其余 $n - k$ 个顶点的度数都大于等于 2。

由握手定理可得:

$$2m \geqslant k + 2(n - k)$$

再由定理 6.1,$m = n - 1$,代入上式得:

$$2(n-1) \geqslant k + 2(n-k)$$

解得 $k \geqslant 2$。

6.1.2　无向树的应用

有机化学中碳氢化合物 C_nH_{2n+2} 随着 n 取不同的整数而为不同的化合物,例如 $n=1$ 时为甲烷,$n=2$ 时为乙烷,$n=3$ 时为丙烷,$n=4$ 时则由于化学支链结构不同而有丁烷和异丁烷之分,那么当 $n=5,6$ 时情况又如何?

对于有机化学中的碳氢化合物,可以用图来表示分子,其中用顶点表示原子,用边表示原子之间的化学键。英国数学家亚瑟·凯莱在1857年发现了树,当时他正在试图列举形如 C_nH_{2n+2} 的化合物的同分异构体,它们称为饱和碳氢化合物。如当 $n=4$ 时发现有两种不同的丁烷,如图6.2所示。其中,图6.2(a)为正丁烷,图6.2(b)为异丁烷。

实际上,寻找形如 C_nH_{2n+2} 的化合物的同分异构体个数,可以通过求 n 个顶点的非同构树的个数来得到。当 $n=1,2,3$ 时,非同构树的个数均为1,故甲烷、乙烷和丙烷不存在同分异构体的情形。当 $n=4$ 时,4个顶点的树有2个非同构的树,见图6.3。

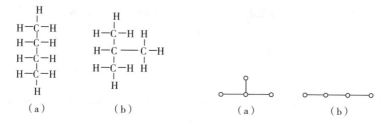

图6.2　两种不同的丁烷(C_4H_{10})　　　图6.3　两个非同构的树($n=4$)

下面求5个顶点的非同构树的个数。

5个顶点的树的边数为4,根据握手定理,所有顶点的度数和为8,最大的度数为4,则可能的度数序列如下:

(1) 4,1,1,1,1;

(2) 3,2,1,1,1;

(3) 2,2,2,1,1。

因而有3种不同的非同构树,见图6.4。故化合物 C_5H_{12} 的同分异构体个数为3。

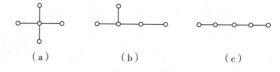

图6.4　3个非同构的树($n=5$)

同理可求得6个顶点的非同构树有6种,见图6.5。由于图6.5(a)中有顶点的度数为5,而碳元素的化合价为4,故舍去图6.5(a)所示的结构,化合物 C_6H_{14} 的同分异构体个数为5。

可见,树为化学家提供了一种分析物质结构的有力工具。

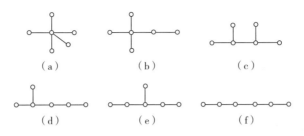

图 6.5 6 个非同构的树($n = 6$)

6.2 生成树和最小生成树

一般的连通图未必是树,但它的一些子图是树,一个图可以有许多子图是树,其中最主要的一类是连通图的特殊生成子图 —— 生成树。

6.2.1 生成树

定义 6.2 设 $G = \langle V, E \rangle$ 是无向连通图,T 是 G 的生成子图,若 T 是树,则称 T 是 G 的**生成树**。G 在 T 中的边称为 T 的**树枝**,G 不在 T 中的边称为 T 的**弦**。T 的所有弦的集合的导出子图称为 T 的**余树**,记作 $\overline{T}$。

例如,图 6.6(a) 是无向连通图,图 6.6(b) 是它的一棵生成树,图 6.6(c) 为该生成树对应的余树。

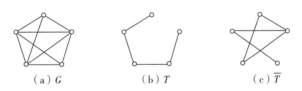

图 6.6 生成树和对应的余树

注意,余树未必是树,也不一定连通。

定理 6.3 无向图 G 有生成树当且仅当 G 是连通的。

证明: 若图 G 有生成树,由于树是连通的,故 G 有连通的生成子图,因此 G 是连通的。

反之,若 G 是连通图,如果 G 没有回路,则 G 本身就是一棵生成树。若 G 至少有一个回路,删去 G 的回路上的一条边,得到图 G_1,它仍是连通的并与 G 有同样的顶点集。若 G_1 没有回路,则 G_1 就是生成树。若 G_1 仍有回路,再删去 G_1 回路上的一条边。重复上述步骤,直至得到一个连通图 H,它没有回路,但与 G 有同样的顶点集,因此它是 G 的生成树。

由定理 6.3 的证明过程可以看出,一个连通图可以有许多生成树。因为在取定一个回路后,就可以从中去掉任一条边,去掉的边不一样,故可能得到不同的生成树。同时,定理 6.3 的证明过程是构造性证明,这种产生生成树的方法称为**破圈法**。

由于树的边数比顶点数少 1,于是有下面的推论。

推论 设 n 阶无向连通图 G 有 m 条边,则 $m \geqslant n - 1$。

下面介绍两种生成树的构造方法。

（1）破圈法

求连通图 $G=<V,E>$ 的生成树的破圈法是每次删除回路中的一条边，重复进行，直到没有回路为止（其删除的边的总数为 $m-n+1$）。

（2）避圈法

求连通图 $G=<V,E>$ 的生成树的避圈法是每次选取 G 中一条与已选取的边不构成回路的边，选取的边的总数为 $n-1$。

说明：由于删除回路上的边和选择不构成任何回路的边有多种选法，所以，用破圈法和避圈法产生的生成树都可能不唯一。

【例 6.1】　分别用破圈法和避圈法求图 6.7 所示的无向连通图 G 的一棵生成树。

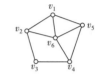

图 6.7　无向连通图 G

解：（1）用破圈法求 G 的一棵生成树的过程如图 6.8 所示。其中，图 6.8(d) 所示的无向树为图 G 的一棵生成树。

（a）　　　　　（b）　　　　　（c）　　　　　（d）

图 6.8　破圈法求生成树的过程

（2）用避圈法求 G 的一棵生成树的过程如图 6.9 所示。其中，图 6.9(e) 所示的无向树为图 G 的一棵生成树。

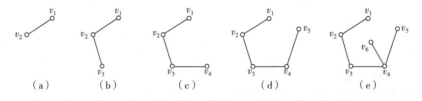

（a）　　　　（b）　　　　（c）　　　　（d）　　　　（e）

图 6.9　避圈法求生成树的过程

用破圈法和避圈法求一个连通图的生成树对比较简单的图施行效率较高。除这两种方法外，还有另外两种求生成树的有效算法 —— 深度优先搜索（回溯法）和广度优先搜索，这里就不一一介绍了，读者可自行查阅相关资料进行学习。

6.2.2　最小生成树及其应用

定义 6.3　设无向连通带权图 $G=<V,E,W>$，T 是 G 的一棵生成树，T 的各边权值之和称为 T 的权，记作 $W(T)$。G 的所有生成树中权最小的生成树称为 G 的**最小生成树**。

对于无向连通图，其生成树可能是不唯一的。同样地，对于一个无向连通带权图，其最小生成树也可能是不唯一的。

求最小生成树有多种算法,这里介绍克鲁斯卡尔(Kruskal)算法、普里姆(Prim)算法和破圈法(管梅谷)。

(1) 克鲁斯卡尔(Kruskal)算法

设 $G=<V,E,W>$ 为 n 阶无向连通带权图,G 中有 m 条边 $e_1,e_2,\cdots,e_m$,它们的权按递增顺序排列,即,$w_1\leqslant w_2\leqslant\cdots\leqslant w_m$。待构造的最小生成树记为 T,初始时 T 中无边。

① 若 e_1 非环,则取 e_1 加入 T 中,若 e_1 为环,则舍弃 e_1;

② 检查 e_2,若 e_2 与 T 中的边不构成回路,则取 e_2 加入 T 中,否则舍弃 e_2;

③ 再检查 $e_3,\cdots$,继续这一过程,直到形成生成树 T(即 T 中包含 $n-1$ 条边)为止。

【例 6.2】 用克鲁斯卡尔算法求图 6.10 所示的带权图的最小生成树。

解: 将所有的边按权值从小到大排列为:(v_1,v_2),(v_2,v_5),(v_2,v_3),(v_2,v_4),(v_3,v_4),(v_1,v_5),(v_1,v_4),(v_4,v_5)。按克鲁斯卡尔算法构造最小生成树的过程如图 6.11 所示。其中,图 6.11(a) 加入边 (v_1,v_2),图 6.11(b) 加入边 (v_2,v_5),图 6.11(c) 若加入边 (v_1,v_5) 则会形成回路,故舍弃 (v_1,v_5),图 6.11(d) 加入边 (v_3,v_4),图 6.11(e) 加入边 (v_2,v_4),至此形成了最小生成树,该树的权 $W(T)=1+1+2+2=6$。

图 6.10 无向连通带权图

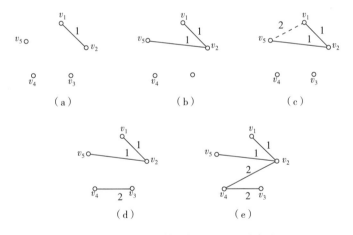

图 6.11 克鲁斯卡尔算法构造最小生成树的过程

(2) 普里姆(Prim)算法

① 在 G 中任意选取一个顶点如 v_1,置 $V_T=\{v_1\}$,$E_T=\varnothing$,$k=1$;

② 在连接两顶点集 V_T 与 $V-V_T$ 的所有边中选取权值最小的边 (v_i,v_j),其中 $v_i\in V_T$ 且 $v_j\in V-V_T$,置 $V_T=V_T\bigcup\{v_j\}$,$E_T=E_T\bigcup\{(v_i,v_j)\}$,$k=k+1$;

③ 重复步骤②,直到 $k=|V|$。

【例 6.3】 用普里姆算法求图 6.10 所示的带权图的最小生成树。

解: (1) 从顶点 v_1 出发,$V_T=\{v_1\}$,$V-V_T=\{v_2,v_3,v_4,v_5\}$,在 V_T 与 $V-V_T$ 之间有边 (v_1,v_2),(v_1,v_4),(v_1,v_5),选择最小边 (v_1,v_2) 加入树 T 中,见图 6.12(a),置 $V_T=V_T\bigcup\{v_2\}$。

（2）$V_T = \{v_1, v_2\}$，$V - V_T = \{v_3, v_4, v_5\}$，在 V_T 与 $V - V_T$ 之间有边 (v_1, v_4)，(v_1, v_5)，(v_2, v_5)，(v_2, v_3)，(v_2, v_4)，选择最小边 (v_2, v_5) 加入树 T 中，见图 6.12(b)，置 $V_T = V_T \bigcup \{v_5\}$。

（3）$V_T = \{v_1, v_2, v_5\}$，$V - V_T = \{v_3, v_4\}$，在 V_T 与 $V - V_T$ 之间有边 (v_1, v_4)，(v_2, v_3)，(v_2, v_4)，(v_4, v_5)，选择最小边 (v_2, v_3) 加入树 T 中，见图 6.12(c)，置 $V_T = V_T \bigcup \{v_3\}$。

（4）$V_T = \{v_1, v_2, v_3, v_5\}$，$V - V_T = \{v_4\}$，在 V_T 与 $V - V_T$ 之间有边 (v_1, v_4)，(v_2, v_4)，(v_3, v_4)，(v_4, v_5)，选择最小边 (v_2, v_4) 加入树 T 中，见图 6.12(d)，置 $V_T = V_T \bigcup \{v_4\}$。

（5）此时 $V_T = \{v_1, v_2, v_3, v_4, v_5\}$，$V - V_T = \varnothing$，算法结束。

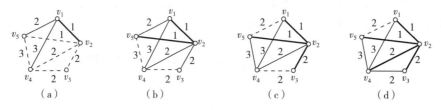

图 6.12　普里姆算法构造最小生成树的过程

（3）破圈法（管梅谷）

该算法是由山东师范大学管梅谷教授于 1975 年提出的，具体步骤如下：

① $T = G$；

② 若 T 中无回路，则 T 就是 G 的最小生成树，算法结束；

③ 任取 T 上的一个回路 C，将 C 上权最大的边删除，转 ②。

【例 6.4】　用破圈法（管梅谷）求图 6.10 所示的带权图的最小生成树。

解：（1）选择圈 (v_1, v_4, v_5, v_1)，删除该圈上权值最大的边 (v_4, v_5)，见图 6.13(a)。

（2）选择圈 (v_1, v_2, v_5, v_1)，删除该圈上权值最大的边 (v_1, v_5)，见图 6.13(b)。

（3）选择圈 (v_1, v_2, v_4, v_1)，删除该圈上权值最大的边 (v_1, v_4)，见图 6.13(c)。

（4）选择圈 (v_2, v_3, v_4, v_2)，删除该圈上权值最大的边 (v_2, v_4)，见图 6.13(d)。此时，剩下的图中没有回路，即为所求的最小生成树。

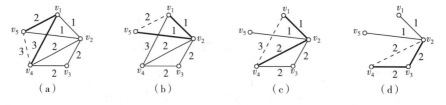

图 6.13　破圈法（管梅谷）构造最小生成树的过程

图的最小生成树具有很高的实际应用价值。比如，某城市要在各个辖区之间修建地铁来缓解地面交通压力和促进经济发展。但由于修建地铁的费用昂贵，因此需要合理安排地铁的建设线路，使乘客能够沿地铁到达各个辖区，并使总的建设费用最少。

为了解决这个问题，可以将各辖区以及它们之间的距离抽象为一个带权无向图，那么总建设费用最少的地铁建设方案实际上就是这个带权无向图的最小生成树，可以利用克鲁斯卡尔（Kruskal）算法、普利姆（Prim）算法或破圈法（管梅谷）实现最小生成树的求解。值得注意的是,总建设费用最少的地铁建设方案(即最小生成树)可能不唯一,但各种可能方案的建设费用一定是相同的。

6.3 根 树

根树的概念和性质在计算机科学技术中有着广泛的应用,它既是一种高效的数据结构,又是一种重要的知识表示方法。

6.3.1 根树的定义和分类

定义 6.4 若有向图的基图是无向树,则称这个有向图为**有向树**。特别地,仅有一个顶点的入度为 0,其余顶点的入度为 1 的有向树称为**根树**。入度为 0 的顶点称为**树根**,入度为 1 出度为 0 的顶点称为**树叶**,入度为 1 出度不为 0 的顶点称为**内点**,内点和树根统称为**分支点**。从树根到任意顶点 v 的路径的长度(即路径中的边数)称为 v 的**层数**,记为 $l(v)$。所有顶点的最大层数称为**树高**,根树 T 的树高记为 $h(T)$。

图 6.14 所示是 3 棵根树,v 为树根。图 6.14(a)表示了自下而上的根树,与自然界的树非常相似;图 6.14(b)表示了自上而下的根树。通常把根树画成图 6.14(c)所示的样式,树根在最上方,边的方向统一地自上而下,故省略了边的方向。

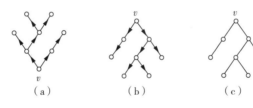

图 6.14 3 棵根树

根树可以方便地表示一个家族的族谱图,下面借助家族成员之间的关系来描述根树顶点之间的关系。

定义 6.5 设 T 为一棵非平凡的根树,对任意的两个顶点 v_i 和 v_j,若 v_i 可达 v_j,则称 v_i 为 v_j 的祖先,v_j 为 v_i 的后代;若 v_i 邻接到 v_j,则称 v_i 为 v_j 的父亲,而 v_j 为 v_i 的儿子;若 v_j,v_k 同为 v_i 的儿子,则称 v_j 和 v_k 为兄弟。

在真正的家族关系中,兄弟之间是有大小顺序的,为此引入有序树的概念。

定义 6.6 如果将根树每一层上的顶点都规定次序,则称这样的根树为**有序树**。

一般地,有序树同一层上的顶点次序为从左向右。

定义 6.7 在根树 T 中,

(1)若每个分支点至多有 k 个儿子,则称 T 为 **k 叉(元)树**;

(2)若每个分支点都恰有 k 个儿子,则称 T 为 **k 叉(元)正则树**;

(3)若 k 叉树 T 是有序的,则称 T 为 **k 叉(元)有序树**;

(4)若 k 叉正则树 T 是有序的,则称 T 为 **k 叉(元)正则有序树**;

(5)若 k 叉正则树的叶子层数都相同,则称 T 为 **k 叉(元)完全正则树**;

(6)若 k 叉完全正则树是有序的,则称 T 为 **k 叉(元)完全正则有序树**。

例如,图 6.15(a) 是 3 叉树,图 6.15(b) 是 2 叉正则树,图 6.15(c) 是 3 叉完全正则树。

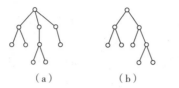

图 6.15　各类根树

定义 6.8　设 T 为一棵根树,v 为 T 中的一个顶点,且 v 不是树根,称 v 及其后代导出的子图 T' 为 T 的以 v 为树根的子树,简称为**根子树**。

在根树中,用得最多的是 2 叉有序树,一般简称为 2 叉树。2 叉树的每个顶点最多有两个儿子,分别称为该顶点的左儿子和右儿子。以这两个儿子顶点为根的子树分别称为该顶点的**左子树**和**右子树**。

6.3.2　最优 2 叉树和最佳前缀码

定义 6.9　设 2 叉树 T 有 t 片树叶 $v_1, v_2, \cdots, v_t$,树叶的权值分别为 $w_1, w_2, \cdots, w_t$,称 $W(T) = \sum_{i=1}^{t} w_i l(v_i)$ 为 T 的**带权路径长度**,其中 $l(v_i)$ 是树叶 v_i 的层数。在所有的带权 $w_1, w_2, \cdots, w_t$ 的 2 叉树中,带权路径长度最小的 2 叉树称为**最优 2 叉树**。

带权为 2,3,5,6,7 的 5 片树叶可以形成多棵不同的 2 叉树,如图 6.16 列出了其中的 3 棵,它们的带权路径长度各不相同。

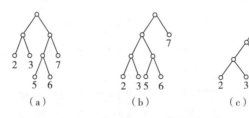

图 6.16　3 棵 2 叉树

$W(T_1) = 2 \times 2 + 3 \times 2 + 5 \times 3 + 6 \times 3 + 7 \times 2 = 57$;

$W(T_2) = 2 \times 3 + 3 \times 3 + 5 \times 3 + 6 \times 3 + 7 \times 1 = 55$;

$W(T_3) = 2 \times 4 + 3 \times 4 + 5 \times 3 + 6 \times 2 + 7 \times 1 = 54$。

如何求解带权 $w_1, w_2, \cdots, w_t (w_1 \leqslant w_2 \leqslant \cdots \leqslant w_t)$ 的最优 2 叉树呢?

1952 年,数学家 David Huffman 给出了求最优 2 叉树的方法,称为**哈夫曼(Huffman)算法**,其步骤如下:

(1) 连接权值为 w_1, w_2 的两片树叶,得到一个新的分支点,其权为 $w_1 + w_2$。

(2) 在 $w_1 + w_2, w_3, \cdots, w_t$ 中选取两个最小的权,连接它们对应的顶点(不一定是树叶),得到新的分支点及所带的权。

(3) 重复(2),直到形成 $t - 1$ 个分支点、t 片树叶为止。

【**例 6.5**】 求带权为 $2,3,5,6,7$ 的最优 2 叉树。

解:图 6.17 给出了利用哈夫曼算法求解最优 2 叉树的计算过程。

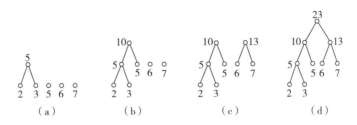

图 6.17 哈夫曼算法求最优 2 叉树的过程

图 6.17(d) 所示的最优 2 叉树的带权路径长度 $W(T)=2\times3+3\times3+5\times2+6\times2+7\times2=51$。由定义可知,处在同一层上的顶点可以交换位置,所以求得的最优 2 叉树是不唯一的。

定义 6.10 设 $\beta=a_1a_2\cdots a_{n-1}a_n$ 是长度为 n 的符号串,称其子串 $a_1,a_1a_2,\cdots,a_1a_2\cdots a_{n-1}$ 分别为 β 的长度为 $1,2,\cdots,n-1$ 的前缀。设 $B=\{\beta_1,\beta_2,\cdots,\beta_i,\cdots,\beta_m\}$ 为一个符号串集合,若对于任意的 $\beta_i,\beta_j\in B,i\neq j,\beta_i$ 与 β_j 互不为前缀,则称 B 为**前缀码**。若 $B=\{\beta_1,\beta_2,\cdots,\beta_i,\cdots,\beta_m\}(i=1,2,\cdots,m)$ 中只出现 2 个符号(如 0,1),则称 B 为**2 元前缀码**。

【**例 6.6**】 判断下列符号串集合是否为前缀码。

(1) $B_1=\{aaa,aab,ab,bb\}$;

(2) $B_2=\{1,00,011,0110\}$;

(3) $B_3=\{1,00,011,0101,01001,01000\}$。

解:B_1 和 B_3 是前缀码,因为 B_1 和 B_3 中不存在一个符号串是另一个的前缀;而 B_2 不是前缀码,因为其中 011 是 0110 的前缀。

下面讨论前缀码与 2 叉树之间的关系。

定理 6.4 任意一棵 2 叉树的叶子可对应一个前缀码。

证明:给定一棵 2 叉树,从每一个分支点引出两条边,对左侧边标以 0,对右侧边标以 1,则每片树叶将可标定一个由 0 和 1 构成的序列,它是由树根到这片树叶的通路上各边标号所组成的序列,显然没有一片树叶的标定序列是另一片树叶标定序列的前缀,因此,任何一棵 2 叉树的树叶可对应一个 2 元前缀码。

由如图 6.18 所示的 2 叉树所产生的前缀码为 $\{000,001,01,10,11\}$。

定理 6.5 任何一个 2 元前缀码都对应一棵 2 叉树。

证明:设给定一个 2 元前缀码,h 表示前缀码中最长序列的长度。画出一棵高度为 h 的正则 2 叉树,并给每一分支点发出的两条边标以 0 和 1。这样,每个顶点可以标定一个二进制序列,它是由树根到该顶点通路上各边的标号所确定,因此,对于长度不超过 h 的每一个二进制序列

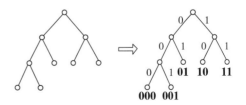

图 6.18 2 叉树及其产生的前缀码

必对应一个顶点。对应于前缀码中的每一序列的顶点,给予一个标记,并将标记顶点的所有后代和发出的边全部删除,这样得到一棵 2 叉树,再删除其中未加标记的树叶,得到一棵新的 2 叉树,它的树叶就对应给定的 2 元前缀码。

在计算机和通信领域中,常用二进制编码来表示符号,称之为**码字**。例如,可用长为 2 的二进制编码 00,01,10,11 分别表示字母 a,b,c,d,称这种表示法为**等长码表示法**。若在传输中,字母 a,b,c,d 出现的频率大体相同,用等长码表示是很好的方法,但当它们出现的频率相差悬殊时,就需要寻找传输它们最省二进制数位的非等长的前缀码,这就是**最佳前缀码**。

由最优 2 叉树所构造的 2 元前缀码称为**哈夫曼编码**,可以证明,它一定是最佳前缀码。

【例 6.7】　在通信电文中,设字符 $a,b,\cdots,h$ 出现的频率分别为

a:25%　　　　　b:20%　　　　　c:15%　　　　　d:10%

e:10%　　　　　f:10%　　　　　g:5%　　　　　h:5%

试构造传输它们的最佳前缀码,并求传输一份包含 10000 个按上述频率出现的字符的电文需要多少个二进制数位;若是用 3 位等长的二进制编码传输,需要多少个二进制数位。

解:为了便于计算,首先将字符 $a,b,\cdots,h$ 出现的频率乘以 100 作为权值,并将权值由小到大排列,即 $w_1=5,w_2=5,w_3=10,w_4=10,w_5=10,w_6=15,w_7=20,w_8=25$。然后用哈夫曼算法以 $w_1,w_2,\cdots,w_8$ 为权构造最优 2 叉树,如图 6.19 所示。

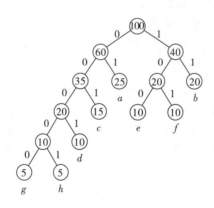

图 6.19　最优 2 叉树

由此最优 2 叉树可以产生字符 $a,b,\cdots,h$ 对应的最佳前缀码如下:

a:01　　　　　b:11　　　　　c:001　　　　　d:0001

e:100　　　　　f:101　　　　　g:00000　　　　　h:00001

将图 6.19 所示的最优 2 叉树记为 T,则 T 的带权路径长度 $W(T)=25\%\times 2+20\%\times 2+15\%\times 3+10\%\times 4+10\%\times 3+10\%\times 3+5\%\times 5+5\%\times 5=2.85$,即按上述最佳前缀码传输电文时,平均每传输一个字符需要 2.85 个二进制数位。所以传输一份包含 10000 个按上述频率出现的字符的电文共需要 28500 个二进制数位。

若是用 3 位等长的二进制编码传输，如 $a:000, b:110, \cdots, h:111$，则整个电文编码的总长度为 $3 \times 10000 = 30000$，即需要 30000 个二进制数位。由此可见，采用最佳前缀码更节省二进制数位。

6.3.3 根树的应用

以树为模型的应用领域非常广泛，比如计算机科学、物理学、地理学、心理学等。下面对根树的应用进行简单介绍。

1. 计算机的文件系统

计算机存储的文件可以组织成目录，目录可以包括文件和子目录。根目录包括整个文件系统。因此，计算机的文件系统可以表示成根树，其中根表示根目录，内点表示子目录，树叶表示文件或空目录。如图 6.20 就表示了一个这样的文件系统。

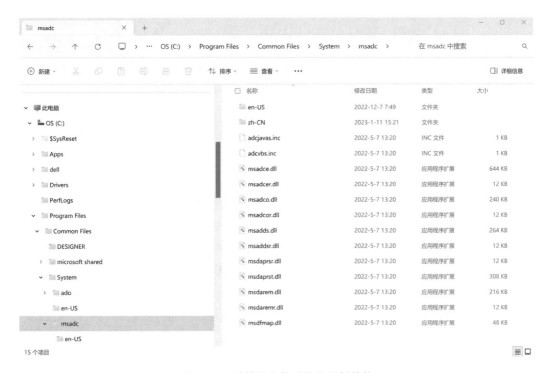

图 6.20 计算机文件系统的根树结构

2. 决策树

设有一棵根树，如果其每个分支点都会提出一个问题，从根开始，每回答一个问题，走相应的边，最后到达一个叶结点，即获得一个决策，则称之为**决策树**。

决策树又称为判定树，是运用于分类的一种树结构，其中的每个内点代表对某个属性的一次测试，每条边代表一个测试结果，树叶代表某个类或者类的分布，最上面的顶点是树根。

下面用决策树表示一个判定算法，并使得在最坏情形下花费的时间最少。

【例 6.8】 现有 5 枚外观一样的硬币，只有 1 枚硬币是伪币，它与其他硬币的重量不同。如何使用一架天平来判别哪枚硬币是伪币，它是重还是轻？

解：设 5 枚硬币分别是 A,B,C,D,E，用"$A:B$"表示将硬币 A 和 B 分别放入天平的左右两边，用"$<$""$=$"和"$>$"分别表示天平左右两边的轻重关系。

显然，当用天平称 A 和 B 两枚硬币时，只有 $A<B,A=B,A>B$ 三种可能的情形，因此可以通过构造三元决策树来解决伪币判定问题。

在图 6.21 所示伪币问题的判定树中，"A,L"表示 A 是伪币且较轻，"A,H"表示 A 是伪币且较重，其余类似。

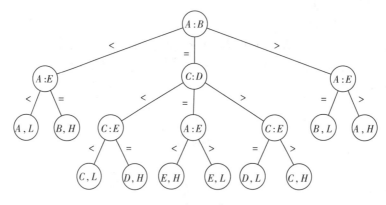

图 6.21　伪币判定树

在判定树中从根到叶子就是一种求解过程，由于该树有 10 片叶子，因此最多有 10 种可能的解。又由于该树的高度为 3，因此，在最坏情形下，做 3 次判别就能得到结论。

3. 博弈树

实际生活中有许多有益的博弈，如围棋、象棋、五子棋等。各种博弈的过程均从初始局面开始，每名选手交替动作，直至结束，其间局面的变化可以表示成一个树形结构，这就是**博弈树**。树的顶点表示博弈进行时所处的局面，树叶表示博弈的终局，从根到叶的路径就是一个决策。给每个树叶指定一个值来表示当博弈在这个树叶所代表的局面终止时第一个选手的得分。对于非胜即负的博弈，用 1 来表示第一个选手获胜，用 -1 来表示第二个选手获胜。对于允许平局的博弈，用 0 标记平局。

下面介绍如何将根树应用到博弈比赛策略的研究中，这种方法已应用到很多的计算机程序的研究中，使得人类可以同计算机比赛，甚至可让计算机同计算机比赛。

作为一般的一个例子，下面考虑一个取火柴的博弈。

【例 6.9】　现有 7 根火柴，甲、乙两人依次从中取走 1 根或 2 根，但不能不取，取走最后一根的就是胜利者。若甲先取，且甲要想获胜，应该采用什么策略？

解：由于每次甲、乙至多有 2 种选择，因此可以构造如图 6.22 所示的 2 元博弈树来描述博弈过程。

图中，用 □ 表示轮到甲取火柴，○ 表示轮到乙取火柴。分支点的左分支表示取 1 根，右分支表示取 2 根，顶点中的数字表示当前火柴的数目。

显然，当出现 ①或 ② 时，甲获胜，不必再进行下去。同样，① 或 ② 是乙获胜的状态。若甲获胜，则设其得 1 分，乙获胜时甲得 -1 分。无疑轮到甲做出决断时，他定会选择取值 1 的对策；而轮到乙做出决断时，他将选择使甲失败，即取值 -1 的对策，这个道理是显而易见的。例如，甲遇到如图 6.23(a) 所示的状态时，甲应选取 $\max(1,-1)=1$，即

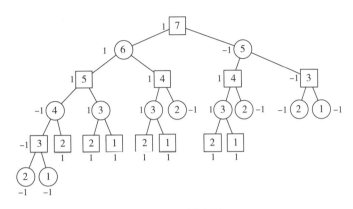

图 6.22　博弈树

甲应取 1 根火柴使状态进入 ③。同理,乙遇到如图 6.23(b)所示的状态时,乙应选取 $\min(1,-1)=-1$,使甲进入必然失败的状态 ③。博弈树中各点的值是自下而上回溯的。

　　如图 6.22 所示,开始时若有 7 根火柴,先下手者胜局已定,除非对手失误。因 ⑥ 时取值 1,故 ⑦ 取 1,而状态 ⑤ 的搜索可以省略去,即只要状态 ⑦ 的甲决策使之进入 ⑥ 即可,这样达到剪枝的目的。

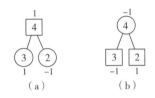

图 6.23　博弈树的中间状态

6.4　欧　拉　图

6.4.1　欧拉图的定义

　　18 世纪中叶在欧洲普鲁士的哥尼斯堡(现俄罗斯加里宁格勒)城内有一条贯穿全市的普雷格尔河,河中有两个小岛,由七座桥相连接,如图 6.24(a)所示。当时该城中的人们热衷于一个问题:一个人怎样才能不重复地走完七座桥,最后回到出发地点? 这就是著名的**"哥尼斯堡七桥问题"**。很长一段时间都没有人能解决这个难题。1736 年,瑞士数学家列昂哈德·欧拉(Leonhard Euler)发表了《哥尼斯堡七桥》的论文,他用 4 个点分别表示两个小岛和两岸,用连接两点的线段表示桥,如图 6.24(b)所示。于是,哥尼斯堡七桥问题就变成了在图 6.24(b)中是否存在经过每条边一次且仅一次的回路,从而使得问题简洁多了,同时也更广泛深刻多了。欧拉在这篇论文中详细阐明了哥尼斯堡七桥问题是无解的,即一个人是无法不重复地走完七座桥,最后再回到出发地点的。欧拉的这篇论文现在被公认为是第一篇关于图论的论文,这也正是欧拉回路和欧拉图这些名字的来源。

　　定义 6.11　经过连通图 G 的每条边一次且仅一次的通路称为**欧拉通路**,具有欧拉通路的图称为**半欧拉图**;经过连通图 G 的每条边一次且仅一次的回路称为**欧拉回路**,具有欧拉回路的图称为**欧拉图**。

　　规定:平凡图为欧拉图。另外,以上定义既适合无向图,也适合有向图。

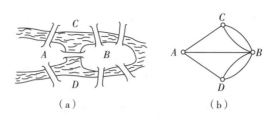

图 6.24　哥尼斯堡七桥问题

从欧拉通路和欧拉回路的定义可知,图中的欧拉通路是经过图中所有边的通路中长度最短的通路,即为通过图中所有边的简单通路;欧拉回路是经过图中所有边的回路中长度最短的回路,即为通过图中所有边的简单回路。

如果仅用边来描述的话,欧拉通路和欧拉回路就是图中所有边的一种全排列。

【例 6.10】　判断如图 6.25 所示的 6 个图是否是欧拉图,是否存在欧拉通路。

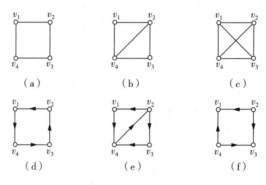

图 6.25　无向图和有向图

解: 在图(a)和图(d)中均可以找出一条回路 $v_1 v_4 v_3 v_2 v_1$,它经过图中的每条边一次且仅一次。因此,图(a)和图(d)都存在欧拉回路,它们都是欧拉图。

在图(b)和图(e)中均可以找出一条通路 $v_2 v_1 v_4 v_2 v_3 v_4$,它经过图中的每条边一次且仅一次。因此,它们都存在欧拉通路,但都不存在欧拉回路,故图(b)和图(e)都是半欧拉图,都不是欧拉图。

图(c)和图(f)都不存在欧拉通路和欧拉回路,故都不是欧拉图。

6.4.2　欧拉图的判定

定理 6.6　无向图 $G=<V,E>$ 是半欧拉图,当且仅当 G 是连通的且恰有两个奇度顶点。

证明: 若 G 为平凡图,则定理显然成立,故下面讨论的均为非平凡图。

(1) 必要性。

设 G 具有一条欧拉通路 $L=v_{i_0} e_{j_1} v_{i_1} e_{j_2} v_{i_2} \cdots v_{i_{m-1}} e_{j_m} v_{i_m}$ $(v_{i_0} \neq v_{i_m})$,则 L 经过 G 中的每条边,由于 G 中无孤立顶点,因而 L 经过 G 的所有顶点,所以 G 是连通的。

对欧拉通路 L 的任意非端点的顶点 v_{i_k},在 L 中每出现 v_{i_k} 一次,都关联两条边 e_{j_k} 和 $e_{j_{k+1}}$,而当 v_{i_k} 重复出现时,它又关联另外的两条边,由于在通路 L 中边不可能重复出现,

因而每出现一次 v_{i_k} 都将使顶点 v_{i_k} 获得 2 度。若 v_{i_k} 在 L 中重复出现 p 次,则 $\deg(v_{i_k})=2p$。

v_{i_0},v_{i_m} 在通路中作为非端点分别出现 p_1 次和 p_2 次,则 $\deg(v_{i_0})=2p_1+1,\deg(v_{i_m})=2p_2+1$,因而 G 有两个奇度顶点。

(2) 充分性。

从两个奇度顶点之一开始构造一条欧拉通路,以每条边最多经过一次的方式通过图中的边。对于偶度顶点,通过一条边进入这个顶点,总可以通过一条未经过的边离开这个顶点,因此,这样的构造过程一定以到达另一个奇度顶点而告终。

如果图中所有的边已用这种方式经过了,显然这就是所求的欧拉通路。如果图中不是所有的边都经过了,就去掉已经过的边,得到一个由剩余的边组成的子图,这个子图的所有顶点的度数均为偶数。

因为原来的图是连通的,所以,这个子图必与已经过的通路在一个或多个顶点相接。从这些顶点中的一个开始,再通过边构造通路,因为顶点的度数全是偶数,所以,这条通路一定最终回到起点。将这条回路加入已构造好的通路中间组合成一条通路。如有必要,这一过程重复下去,直到得到一条通过图中所有边的通路,即欧拉通路。

由定理 6.6 的证明知:若连通的无向图有两个奇度顶点,则它们是欧拉通路的端点。

推论 无向图 $G=<V,E>$ 是欧拉图,当且仅当 G 是连通的,并且所有顶点的度数均为偶数。

定理 6.7 有向图 D 是半欧拉图,当且仅当 D 是连通的,且存在两个特殊顶点:一个顶点的入度比出度大 1,另一顶点的入度比出度小 1,而其余每个顶点的入度等于出度。

推论 有向图 D 是欧拉图,当且仅当 D 是连通的,且所有顶点的入度等于出度。

对任意给定的无向连通图,只需通过对图中各顶点度数的计算,就可以知道它是否存在欧拉通路或欧拉回路,从而确定它是否为半欧拉图或欧拉图;对任意给定的有向连通图,只需通过对图中各顶点出度与入度的计算,就可以知道它是否存在欧拉通路或欧拉回路,从而确定它是否为半欧拉图或欧拉图。

利用这项准则,很容易判断出哥尼斯堡七桥问题是无解的,因为它所对应的图中所有顶点的度数均为奇数,也很容易得到例 6.10 的结论。

设 $G=<V,E>$ 为欧拉图(无向图和有向图),一般来说,G 中存在若干条欧拉回路,求欧拉回路有相应的算法,下面以求无向欧拉图中的欧拉回路为例,介绍 Fleury 算法。

(1) 任取 $v_0\in V$,令 $P_0=v_0,i=0$;

(2) 按下面的方法从 $E-\{e_1,e_2,\cdots,e_i\}$ 中选取 e_{i+1}:

① e_{i+1} 与 v_i 相关联,

② 除非无别的边可选,否则 e_{i+1} 不应该为 $G'=G-\{e_1,e_2,\cdots,e_i\}$ 中的桥;

(3) 将边 e_{i+1} 加入通路 P_0 中,令 $P_0=v_0e_1v_1e_2\cdots e_iv_ie_{i+1}v_{i+1},i=i+1$;

(4) 如果 $i=|E|$,则结束,否则转步骤(2)。

【**例 6.11**】 用 Fleury 算法求图 6.26 所示的无向图的一条欧拉回路。

解:从 v_1 出发,按照 Fleury 算法,每次走一条边,在可能的情况下,不走桥。例如,在

得到 $P_7 = v_1 e_1 v_2 e_2 v_3 e_3 v_4 e_4 v_5 e_5 v_6 e_6 v_7 e_7 v_8$ 时, $G' = G - \{e_1, e_2,$
$\cdots, e_7\}$ 中的 e_8 是桥, 因此下一步选择走 e_9, 而不要走 e_8。

求得从 v_1 出发的一条欧拉回路为

$$P_{12} = v_1 e_1 v_2 e_2 v_3 e_3 v_4 e_4 v_5 e_5 v_6 e_6 v_7 e_7 v_8 e_9 v_2 e_{10} v_4 e_{11} v_6 e_{12} v_8 e_8 v_1$$

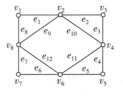

图 6.26　欧拉图

6.4.3　欧拉图的应用

1. 一笔画问题

所谓一笔画问题就是对一个图形,从某点出发,在笔不离纸的情况下,每条边只画一次而不许重复地画完该图。一笔画问题本质上就是一个无向图是否存在欧拉通路(回路)的问题。如果该图为欧拉图,则能够一笔画完该图,并且笔又回到出发点;如果该图只存在欧拉通路,则能够一笔画完该图,但回不到出发点;如果该图中不存在欧拉通路,则不能一笔画完该图。

【例 6.12】　图 6.27 所示的三个图能否一笔画出? 为什么?

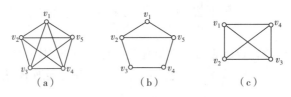

图 6.27　一笔画问题示例

解: 利用定理 6.6 及其推论判定这些图是否存在欧拉通路或欧拉回路即可。

因为图 6.27(a) 和 (b) 中分别有 0 个和 2 个奇度顶点,所以它们分别是欧拉图(存在欧拉回路)和半欧拉图(存在欧拉通路),因此能够一笔画出,并且在图 6.27(a) 中笔能回到出发点,而图 6.27(b) 中笔不能回到出发点。图 6.27(c) 中有 4 个度数为 3 的顶点,所以不存在欧拉通路,因此不能一笔画出。

2. 蚂蚁比赛问题

【例 6.13】　甲、乙两只蚂蚁分别位于图 6.28 中的顶点 A, B 处,并设图中的边长度相等。甲、乙进行比赛:从它们所在的顶点出发,走过图中所有边最后到达顶点 C 处。如果它们的速度相同,问谁先到达目的地?

解: 由于两只蚂蚁速度相同,图中边长相等,因此,谁走的边数少,谁先到达目的地。图中仅有两个奇度顶点 B 和 C,因此存在从 B 到 C 的欧拉通路,边数为 9。由于欧拉通路是经过图中所有边的通路中边数最少的通路,因此,能够走欧拉通路的必定获胜。而蚂蚁乙所处的顶点 B 和目的地 C 正好是欧拉通路的两个端点,所以乙必胜。而蚂蚁甲要想走完所有的边到达 C 至少要先走一条边到达 B,再走一条欧拉通路,因而它至少要走 10 条边才能到达顶点 C。

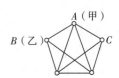

图 6.28　蚂蚁比赛问题示例

3. 道路清扫问题

【例 6.14】　图 6.29(a) 是一个生活小区的道路示意图。问:道路清扫工能否从小区某个门出发清扫所有的道路一遍后从该门离开？能否从小区1号门出发清扫所有的道路一遍后从小区2号门离开？

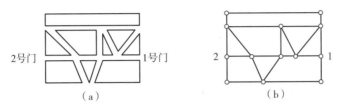

图 6.29 道路清扫问题示例

解：将图 6.29(a)中小区示意图的每个道路口抽象成顶点,小区的道路抽象成边,将其转换图 6.29(b)所示的无向图。

由于图 6.29(b)不是欧拉图,所以道路清洁工不能从小区某个门出发清扫所有的道路一遍后从该门离开,但图(b)存在一条从顶点1到顶点2的欧拉通路,所以道路清扫工可以从小区1号门出发清扫所有的道路一遍后从小区2号门离开。

4. 计算机鼓轮设计

【**例 6.15**】 假设一个旋转鼓轮的表面被等分为8个部分,如图6.30所示,其中每个部分分别由导体或绝缘体构成,图中阴影部分表示导体,空白部分表示绝缘体,导体部分给出信号1,绝缘体部分给出信号0。根据鼓轮转动时所处的位置,三个触头 A,B,C 将获得一定的信息。因此,鼓轮的位置可用二进制信号表示。

试问:如何选取鼓轮8个部分的材料才能使鼓轮每转过一个部分得到一个不同的二进制信号,即每转一周,能得到000到111的8个不同的3位二进制数？

解：可以把8个二进制数排成一个圆圈,使得3个依次相连的数字所组成的8个3位二进制数互不相同。为此,构造一个有向欧拉图,以4个2位二进制数{00,01,10,11}作为顶点,每个顶点 v_iv_j 发出两条边 v_iv_j0 和 v_iv_j1,分别指向顶点 v_j0 和 v_j1,得到如图6.31所示的有向图。该图每个顶点的出度为2,入度为2,且强连通,是一个有向欧拉图。

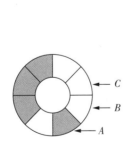

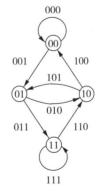

图 6.30 鼓轮的表面结构　　图 6.31 鼓轮设计问题的有向欧拉图

于是,问题转化为在这个有向欧拉图中找一条欧拉回路的问题。例如,000 → 001 → 011 → 111 → 110 → 101 → 010 → 100就是一条欧拉回路。根据邻接边的标号记法,这8个二进制数可写成对应的二进制序列 00011101，把这个序列排成一个圆圈，与所求的鼓轮相对应，就得到鼓轮的一个设计方案。

该鼓轮问题可以推广到 n 位的循环序列，一般地，若存在一个 2^n 个二进制数的循环序列，其中 2^n 个由 n 位二进制数组成的子序列全不相同，将上述 2^n 个二进制数的循环序列称为**布鲁因（De Brujin）序列**。

5. 中国邮路问题

一个邮递员送信，要走完他负责投递的全部街道，完成任务后回到邮局。问：他应按怎样的路线走，他所走的路程才会最短？

如果将这个问题抽象成图论的语言，就是给定一个连通图，连通图的每条边的权值为对应的街道的长度（距离），要在图中求一回路，使得回路的总权值最小。

若图为欧拉图，只要求出图中的一条欧拉回路即可。否则，邮递员要完成任务就得在某些街道上重复走若干次。如果重复走一次，就加一条平行边，于是原来对应的图就变成了多重图。只是要求加进的平行边的总权值最小就行了。问题就转化为：在一个有奇度顶点的带权连通图中，增加一些平行边，使得新图不含奇度顶点，并且增加边的总权值最小。要解决上述问题，应分下面两个大步骤：

（1）增加一些边，使得新图无奇度顶点，称这一步为**可行方案**；

（2）调整可行方案，使其达到增加的边的总权值最小，称这个最后的方案为**最佳方案**。

关于最佳方案有如下两个结论：

① 在最佳方案中，图中每条边的重数小于等于 2。

一般情况下，若边的重数大于等于 3，就去掉偶数条边。

② 在最佳方案中，图中每个基本回路上平行边的总权值不大于该回路的权值的一半。

如果将某条基本回路中的平行边均去掉，而给原来没有平行边的边加上平行边，也不影响图中顶点度数的奇偶性。因而，如果在某条基本回路中，平行边的总权值大于该回路的权值的一半，就做上述调整。

一个最佳方案是满足 ① 和 ② 的可行方案，反之，一个可行方案若满足 ① 和 ② 两条，它也一定是最佳方案，因而 ① 和 ② 是最佳方案的充分必要条件。

【例 6.16】 在图 6.32 中，确定一条从 v_1 到 v_1 的回路，使其经过图中每条边至少一次，且它的权值最小（事实上，所确定的回路从任何一个顶点出发都可以）。

解：（1）确定一个可行方案。

由于图中奇度顶点有偶数个，所以图中奇度顶点可以配对，又由于图的连通性，每对奇度数顶点之间均存在基本通路，在配好对的奇度点之间各确定一条基本通路，然后将通路中的所有边均加一条平行边，这样产生的新图中无奇度顶点，因而存在欧拉回路。

图 6.32 中奇度点有 4 个，即 v_1,v_3,v_4,v_6，任意将它们

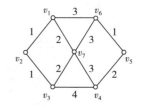

图 6.32　带权无向图

配成 2 对：v_1 与 v_4 配对，v_3 与 v_6 配对。选 v_1 与 v_4 之间的基本通路为 $v_1v_6v_5v_4$，v_3 与 v_6 之间的基本通路为 $v_3v_7v_1v_6$。每条通路中所含的边均加一条平行边。

增加平行边的图如图 6.33(a) 所示,它无奇度顶点,因而是欧拉图。

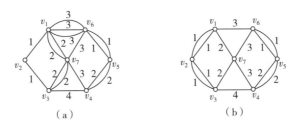

图 6.33 可行方案和最佳方案

增加的边的总权值为

$$W(v_3,v_7)+W(v_7,v_1)+2\times W(v_1,v_6)+W(v_6,v_5)+W(v_5,v_4)=13$$

(2) 调整可行方案,使增加的边的总数减少。

在图 6.33(a) 中边 (v_1,v_6) 的重数为 3,若去掉两条边,既不影响 v_1,v_6 度数的奇偶性,也不影响图的连通性,因而可去掉两条边。

在图 6.33(a) 中,回路 $v_1v_2v_3v_7v_1$ 的权值为 6,而平行边的总权值为 4,大于 3,因而应给予调整。经过调整的图如图 6.33(b) 所示。

平行边的总权值为

$$W(v_1,v_2)+W(v_2,v_3)+W(v_4,v_5)+W(v_5,v_6)=5$$

图 6.33(b) 满足最佳方案的 ① 和 ② 两个条件,从而是最佳方案,从 v_1 出发走出一条欧拉回路,即可确定一条 v_1 到 v_1 权值最小的经过每条边至少一次的回路,如 $v_1v_6v_5v_6v_7$ $v_4v_5v_4v_3v_7v_1v_2v_3v_2v_1$ 就是问题的一个最佳解。

6.5 哈 密 顿 图

与欧拉图非常类似的问题是哈密顿图的问题。

6.5.1 哈密顿图的定义

1859 年哈密顿(W. R. Hamilton) 在给他朋友的一封信中,谈到关于十二面体的一个数学游戏:用一个正十二面体的 20 个顶点代表世界上的 20 个大城市,连接两个顶点的边看成交通线,如图 6.34 所示。问能否从这 20 个城市中的任何一个城市出发,沿着交通线经过每个城市恰好一次,再回到原来的出发地,他把这个问题称为**周游世界问题**。

上述周游世界问题可用图论语言描述为:能否在如图 6.34 所示的图中找到一条包含所有顶点的基本回路。按照图中所给城市的编号,容易找到一条从顶点 1 到 2,再到 3,再到 4……最后到达 20,再回到 1 的包含图中每个顶点的基本回路,即周游世界是可行的。

将这个问题加以推广,即在任意连通图中是否存在

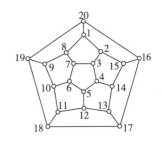

图 6.34 周游世界问题示例

一条包含图中所有顶点的基本通路或基本回路呢？

定义 6.12   给定图 G,若存在一条通路经过图 G 的每个顶点一次且仅一次,则称这条通路为**哈密顿通路**。若存在一条回路,经过图 G 的每个顶点一次且仅一次,则称这条回路为**哈密顿回路**。存在哈密顿回路的图称为**哈密顿图**。

规定:平凡图为哈密顿图。另外,以上定义既适合无向图,也适合有向图。

从哈密顿通路和哈密顿回路的定义可知,图中的哈密顿通路是经过图中所有顶点的通路中长度最短的通路,即为通过图中所有顶点的基本通路;哈密顿回路是经过图中所有顶点的回路中长度最短的回路,即为通过图中所有顶点的基本回路。

如果仅用顶点来描述的话,哈密顿通路就是图中所有顶点的一种全排列,哈密顿回路就是图中所有顶点的一种全排列再加上该排列中第一个顶点的一种排列。

从上述定义还可以看出,若一个图中存在哈密顿通路(回路),则该图是连通的。平行边与自回路存在与否不影响图中是否存在哈密顿通路(回路),因而约定:本节讨论的图均为连通的简单图。

【例 6.17】   判断如图 6.35 所示的 6 个图是否是哈密顿图,是否存在哈密顿通路。

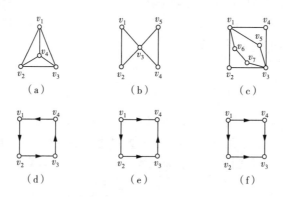

图 6.35   无向图和有向图

解:在图(a)和图(d)中均可以找出一条回路 $v_1 v_2 v_3 v_4 v_1$,它经过图中每个顶点一次且仅一次。因此,图(a)和图(d)都存在哈密顿回路,它们都是哈密顿图。

在图(b)中可以找出一条通路 $v_1 v_2 v_3 v_4 v_5$,在图(e)中可以找出一条通路 $v_1 v_2 v_3 v_4$,它们经过图中每个顶点一次且仅一次。因此,图(b)和图(e)都存在哈密顿通路,但试遍了所有顶点的全排列再加上该排列中第一个顶点的排列,它们都不能构成回路,因此都不存在哈密顿回路,故图(b)和图(e)都不是哈密顿图。

在图(c)和图(f)中,试遍了所有顶点的全排列,它们都不能构成通路,故它们都不存在哈密顿通路,当然也都不是哈密顿图。

综上所述,在图 6.35 所示的 6 个图中,(a)和(d)是哈密顿图;(b)和(e)不是哈密顿图,但存在哈密顿通路;(c)和(f)都不存在哈密顿通路。

6.5.2   哈密顿图的判定

欧拉图和哈密顿图一个是遍历图中所有的边一次且仅一次,一个是遍历图中所有的顶点一次且仅一次,这两个问题在形式上极为相似。判断一个图是否为欧拉图已彻底解决,但是迄今为止,人们还没有找到便于判定哈密顿图的充分必要条件。从这个意义上讲,研究哈密顿图比研究欧拉图要困难得多。下面给出的定理都是关于哈密顿图和哈密顿通路的必要条件或充分条件。

定理 6.8 设无向图 $G=<V,E>$ 是哈密顿图,V_1 是 V 的任意非空子集,则

$$p(G-V_1) \leqslant |V_1|$$

其中,$p(G-V_1)$ 是从 G 中删除 V_1 后所得图的连通分支数。

证明:设 C 是 G 中的一条哈密顿回路,V_1 是 V 的任意非空子集,下面分两种情况讨论。

(1) V_1 中的顶点在 C 中均相邻,删除 C 上 V_1 中的各顶点及关联的边后,$C-V_1$ 仍是连通的,但已非回路,因此 $p(G-V_1)=1 \leqslant |V_1|$。

(2) V_1 中的顶点在 C 上有 $r(2 \leqslant r \leqslant |V_1|)$ 个互不相邻,删除 C 上 V_1 中的各顶点及关联的边后,将 C 分为互不相连的 r 段,即 $p(G-V_1)=r \leqslant |V_1|$。

一般情况下,V_1 中的顶点在 C 中既有相邻的,又有不相邻的。因此,总有 $p(G-V_1) \leqslant |V_1|$。

又因 C 是 G 的生成子图,从而 $C-V_1$ 也是 $G-V_1$ 的生成子图,故有

$$p(G-V_1) \leqslant p(C-V_1) \leqslant |V_1|$$

推论 设无向图 $G=<V,E>$ 中存在哈密顿通路,则对 V 的任意非空子集 V_1,都有

$$p(G-V_1) \leqslant |V_1|+1$$

需要注意的是:

(1) 定理 6.8 给出的是哈密顿图的必要条件,而不是充分条件,彼得森图[见第 5 章图 5.7(e)]对 V 的任意非空子集 V_1 均满足 $p(G-V_1) \leqslant |V_1|$,但它不是哈密顿图。

(2) 定理 6.8 在应用中本身用处不大,但它的逆否命题却非常有用,人们经常利用定理 6.8 的逆否命题来判断某些图不是哈密顿图,即若存在 V 的某个非空子集 V_1 使得 $p(G-V_1)>|V_1|$,则 G 不是哈密顿图。例如,在图 6.35(c) 中取 $V_1=\{v_1,v_3\}$,则 $p(G-V_1)=4>|V_1|=2$,因而图 6.35(c) 不是哈密顿图。

【例 6.18】 证明图 6.36 所示的无向图 G 不是哈密顿图。

证明:令 S 为图中 3 个实心顶点的集合,则 $|S|=3$,而 $p(G-S)=4$,由于 $p(G-S)>|S|$,故 G 不是哈密顿图。

定理 6.9 设 $G=<V,E>$ 是 n 阶无向简单图,若对于 G 中任意两个不相邻的顶点 u 和 v,均有

$$d(u)+d(v) \geqslant n-1,$$

则 G 中存在哈密顿通路。

图 6.36 无向图

证明:首先证明满足上述条件的 G 是连通图。

用反证法:假设 G 不是连通的,则 G 至少有两个阶数分别为 n_1,n_2 的连通分支 G_1 和 G_2。设顶点 $v_1 \in V(G_1)$,$v_2 \in V(G_2)$,显然 $d(v_1) \leqslant n_1-1$,$d(v_2) \leqslant n_2-1$。从而,$d(v_1)+d(v_2) \leqslant n_1+n_2-2 \leqslant n-2$,这与已知矛盾,故 G 是连

通图。

下面证 G 中存在哈密顿通路。

设 $P=v_1v_2\cdots v_k$ 为 G 中经过的顶点互不相同的 v_1 到 v_k 的一条极大路径,即 P 的始点 v_1 与终点 v_k 不与 P 外的顶点相邻,$k\leqslant n$。

（1）若 $k=n$,则 P 为 G 中经过所有顶点的通路,即为哈密顿通路,定理成立。

（2）若 $k<n$,则说明 G 中还存在 P 外的顶点,但此时可以证明存在仅经过 P 上所有顶点的基本回路,证明如下。

① 若在 P 上 v_1 与 v_k 相邻,则 $v_1v_2\cdots v_kv_1$ 为仅经过 P 上所有顶点的基本回路。

② 若在 P 上 v_1 与 v_k 不相邻,假设 v_1 在 P 上与 $v_{i_1}=v_2,v_{i_2},v_{i_3},\cdots,v_{i_j}$ 相邻（j 必定大于或等于 2,否则 $d(v_1)+d(v_k)\leqslant 1+k-2<n-1$）,此时 v_k 必与 $v_{i_2},v_{i_3},\cdots,v_{i_j}$ 相邻的顶点 $v_{i_2-1},v_{i_3-1},\cdots,v_{i_j-1}$ 至少之一相邻（否则 $d(v_1)+d(v_k)\leqslant j+k-2-(j-1)=k-1<n-1$）。设 v_k 与 $v_{i_r-1}(2\leqslant r\leqslant j)$ 相邻,如图 6.37(a) 所示,在 P 中添加边 (v_1,v_{i_r}) 和 (v_k,v_{i_r-1}),删除边 (v_{i_r-1},v_{i_r}),得基本回路 $C=v_1v_2\cdots v_{i_r-1}v_kv_{k-1}\cdots v_{i_r}v_1$。

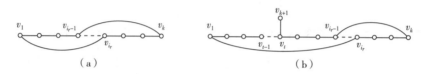

图 6.37　证明辅助图

（3）证明存在比 P 更长的通路。

因为 $k<n$,所以 V 中还有一些顶点不在 C 中,由 G 的连通性知,存在 C 外的顶点与 C 上的顶点相邻,不妨设 $v_{k+1}\in V-V(C)$ 且与 C 上的顶点 v_t 相邻,如图 6.37(b) 所示,在 C 中删除边 (v_{t-1},v_t) 而添加边 (v_t,v_{k+1}) 得到通路 $P'=v_{t-1}\cdots v_1v_{i_r}\cdots v_kv_{i_r-1}\cdots v_tv_{k+1}$。显然 P' 比 P 长 1,且 P' 上有 $k+1$ 个不同的顶点。

对 P' 重复（1）～（3）,得到 G 中的哈密顿通路或比 P' 更长的基本通路,由于 G 中顶点数目有限,故在有限步内一定得到 G 中的一条哈密顿通路。

推论 1　设 $G=<V,E>$ 是 n 阶无向简单图,若对于 G 中任意两个不相邻的顶点 u 和 v,均有

$$d(u)+d(v)\geqslant n,$$

则 G 中存在哈密顿回路。

推论 2　设 $G=<V,E>$ 是 $n(n\geqslant 3)$ 阶无向简单图,若对于 G 中任意的顶点 v,有

$$d(v)\geqslant n/2,$$

则 G 是哈密顿图。

需要注意的是,上述推论给出的是哈密顿图的充分条件,而不是必要条件。例如,在六边形中,任意两个不相邻的顶点的度数之和都是 $4<6$,但六边形是哈密顿图。

【例 6.18】　考虑在 7 天内安排 7 门课程的考试,使得同一位教师所任的两门课程考试不安排在接连的两天里。试证:如果没有教师担任多于 4 门课程,则符合上述要求的考试安排总是可能的。

证明:设 G 为具有 7 个顶点的图,每个顶点对应于一门课程考试,如果这两个顶点对应的课程考试是由不同教师担任的,那么这两个顶点之间有一条边。因为每个教师所任课程数不超过 4,故每个顶点的度数至少是 3,任两个顶点的度数之和至少是 6,故根据定理 6.9 可知,G 中存在哈密顿通路,每一条哈密顿通路对应着 7 门课程的一次考试安排。

关于有向图的哈密顿通路,这里只给出一个充分条件。

定理 6.10　设 $G=<V,E>$ 是 $n(n \geqslant 2)$ 阶有向简单图,如果忽略 G 中边的方向而得到的无向图中含生成子图 K_n,则有向图 G 中存在哈密顿通路。

例如,图 6.38 所对应的无向图中含完全图 K_5,由定理 6.10 知,该图中含有哈密顿通路。事实上,通路 $v_3 v_5 v_4 v_2 v_1$ 就是其中的一条哈密顿通路。

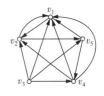

图 6.38　有向图

6.5.3　哈密顿图的应用

设有 n 个城市,城市之间的道路长度均大于等于 0,或者也可以为 ∞(表示对应的这两个城市之间无交通线)。一个货郎为了销售货物,从某个城市出发,要经过每个城市一次且仅一次,最后回到出发的城市,问他如何走才能使他走过的路线最短? 这就是著名的**货郎担问题**(也称**旅行商问题**,或 **TSP 问题**)。

这个问题可化归为如下的图论问题。$G=<V,E,W>$ 为一个 n 阶带权完全图,各边的权值非负,且有些边的权值可能为 ∞,求 G 中一条最短的哈密顿回路,这就是货郎担问题的数学模型。

显然,研究这个问题是十分有趣且有实用价值的。但是很可惜,至今尚未找到解决货郎担问题很有效的算法,它是众多 NP 难问题中的一个。当然,这个问题从理论上说,可以用枚举法来解。但当完全图的顶点较多时,枚举法的运算量是十分惊人的,即使是使用计算机也很难实现。

例如,从第一个城市到第二个城市有 $n-1$ 种走法,从第二个城市到第三个城市有 $n-2$ 种走法,$\cdots\cdots$,因而共有 $(n-1)!$ 种走法。若考虑 $v_1 v_2 \cdots v_n v_1$ 和 $v_1 v_n v_{n-1} \cdots v_2 v_1$ 是同一条回路,则共有 $(n-1)!/2$ 条不同的哈密顿回路。为了比较权值的大小,对每条哈密顿回路都要做 $n-1$ 次加法,故加法的总数为 $(n-1)(n-1)!/2$。当有 40 个城市时,$(n-1)(n-1)!/2$ 的近似值为 3.77×10^{47},假设一台计算机每秒完成 10^{11} 次(百亿次)加法,将需要超过 1.19×10^{29} 年才能完成所需的加法次数,这显然是不现实的。

在实际应用中通常都是采用以下的最邻近算法或抄近路算法,它们为货郎担问题提供了一个近似解。

最邻近算法:

(1) 以 v_i 为始点,在其余 $n-1$ 个顶点中,找出与始点 v_i 最邻近的顶点 v_j(如果与 v_i 最邻近的顶点不唯一,则任选其中的一个作为 v_j),形成具有一条边的通路 $v_i v_j$。

(2) 假设 x 是最新加入这条通路中的顶点,从不在通路上的顶点中选取一个与 x 最邻近的顶点,把连接 x 与此顶点的边加到这条通路中,重复这一步,直到 G 中所有顶点都包含在通路中。

(3) 把始点和最后加入的顶点之间的边放入,就得到一条回路。

【**例 6.19**】　用最邻近算法计算图 6.39 中以 v_1 为始点的一条近似最短哈密顿回路。

解：从顶点 v_1 开始，根据最邻近算法构造一条哈密顿回路的过程如图 6.40(a)～(e)所示。

按上述步骤构造的哈密顿回路 $v_1 v_4 v_2 v_5 v_3 v_1$ 的总距离为 $4+7+8+16+12=47$。

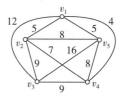

图 6.39　带权哈密顿图

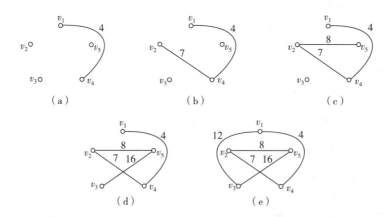

图 6.40　最邻近算法构造哈密顿回路的过程

同理，用最邻近算法以其他顶点为始点求得的哈密顿回路和总距离如下：

以 v_2 为始点的哈密顿回路为 $v_2 v_1 v_4 v_5 v_3 v_2$，总距离为 42。

以 v_3 为始点的哈密顿回路为 $v_3 v_2 v_1 v_4 v_5 v_3$，总距离为 42；或者 $v_3 v_4 v_1 v_5 v_2 v_3$，总距离为 35；或者 $v_3 v_4 v_1 v_2 v_5 v_3$，总距离为 42。

以 v_4 为始点的哈密顿回路为 $v_4 v_1 v_2 v_5 v_3 v_4$，总距离为 42；或者 $v_4 v_1 v_5 v_2 v_3 v_4$，总距离为 35。

以 v_5 为始点的哈密顿回路为 $v_5 v_1 v_4 v_2 v_3 v_5$，总距离为 41。

所以，图 6.39 中的最短哈密顿回路的权值应为 35，最长哈密顿回路的权值应为 48。

由此可见，用最邻近算法求得的哈密顿回路几乎为最长的哈密顿回路，因而最邻近算法不是好的算法，它的误差可以很大。

抄近路算法：

(1) 求 G 中的一棵最小生成树 T。

(2) 将 T 中各边均加一条与原边权值相同的平行边，设所得图为 G'，显然 G' 是欧拉图。

(3) 求 G' 中的一条欧拉回路 E。

(4) 在 E 中按如下方法求从顶点 v 出发的一个哈密顿回路 H：从 v 出发，沿 E 访问 G' 中的各个顶点，在没有访问完所有顶点之前，一旦出现重复出现的顶点，就跳过它走到下一个顶点，这种算法称为抄近路算法。$W(H)$ 作为最短哈密顿回路的长度的近似值。

【**例 6.20**】　用抄近路算法计算图 6.39 中以 v_1 为始点的一条近似最短哈密顿回路。

解：从顶点 v_1 开始，根据抄近路算法构造一条哈密顿回路的步骤如下：

（1）求图 6.39 的一棵最小生成树 T，如图 6.41(a) 所示；

（2）将 T 中各边均加平行边，所得图为 G'，如图 6.41(b) 所示；

（3）求从顶点 v_1 出发的欧拉回路 $E_1 = v_1 v_5 v_1 v_4 v_1 v_2 v_3 v_2 v_1$；

（4）求从顶点 v_1 出发的哈密顿回路 $H_1 = v_1 v_5 v_4 v_2 v_3 v_1$，如图 6.41(c) 所示，$W(H_1) = 41$。

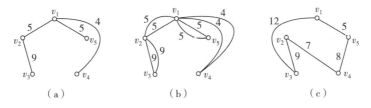

图 6.41　抄近路算法构造哈密顿回路的过程

下面求从顶点 v_3 出发的哈密顿回路。

（1）求图 6.39 的一棵最小生成树 T；

（2）将 T 中各边均加平行边，所得图为 G'；

（3）从顶点 v_3 出发的欧拉回路 $E_3 = v_3 v_2 v_1 v_5 v_1 v_4 v_1 v_2 v_3$；

（4）从顶点 v_3 出发的哈密顿回路 $H_3 = v_3 v_2 v_1 v_5 v_4 v_3$，$W(H_3) = 36$。

由此可见，用抄近路算法求得的最短哈密顿回路的近似值比最邻近算法好得多。在这个算法中能给出 $W(H)$ 的较好估计。

6.6　二　部　图

很多应用中的对象可以按性质不同分组，同组的对象之间没有关联，即关联仅发生在不同组的对象之间。例如，一组工人与一组任务的工作分配、一组学生与一组课程的选课应用、一组课程与一组教室的排课系统等均属此类。对这些问题的抽象结果形成了一类特殊的图，即二部图。

6.6.1　二部图的定义

定义 6.13　若无向图 $G = <V, E>$ 的顶点集 V 能够划分为两个非空子集 V_1 和 V_2（满足 $V_1 \bigcap V_2 = \varnothing$，且 $V_1 \bigcup V_2 = V$），使得 G 中任意一条边的两个端点，一个属于 V_1，另一个属于 V_2，则称 G 为**二部图**（或偶图，或二分图），称 V_1 和 V_2 为互补顶点子集，二部图 G 通常记为 $G = <V_1, V_2, E>$。

若 G 是简单二部图，V_1 中的每个顶点与 V_2 中的每个顶点都相邻，则称图 G 为**完全二部图**（或**完全偶图**，或**完全二分图**），记为 $K_{r,s}$，其中 $r = |V_1|$，$s = |V_2|$。

注意：二部图中没有环（自回路）。平凡图和零图都可看成是特殊的二部图。

例如，在图 6.42 中，图 (a) 和图 (b) 都是二部图 $K_{2,3}$，它们是同构的，通常都把二部图画成图 6.42(b) 所示的样子，即互补的顶点子集分列两行。同理，图 6.42(c) 和图 6.42(d) 是同构的，它们是 $K_{3,3}$。

（a）   （b）   （c）   （d）

图 6.42   二部图

6.6.2   二部图的判定

给定一个图，判断它是否为二部图，有下面的定理。

定理 6.10   无向图 $G=<V,E>$ 是二部图的充分必要条件是 G 的所有回路的长度均为偶数。

证明： (1) 必要性。

设图 G 是二部图，其互补的顶点集合为 V_1,V_2，即 $G=<V_1,V_2,E>$ 是二部图，令 $C=v_0v_1v_2\cdots v_kv_0$ 是 G 的一条回路，其长度为 $k+1$。

为不失一般性，假设 $v_0\in V_1$，由二部图的定义可知，$v_1\in V_2$，$v_2\in V_1$。故 $v_{2i}\in V_1$ 且 $v_{2i+1}\in V_2$。

又因为 $v_0\in V_1$，所以 $v_k\in V_2$，因而 k 为奇数，故 C 的长度 $k+1$ 为偶数。

(2) 充分性。

设 G 中每条回路的长度均为偶数，若 G 是连通图，任选 $v_0\in V$，定义 V 的两个子集如下：$V_1=\{v_i\mid d(v_0,v_i)$ 为偶数 $\}$，$V_2=V-V_1$。

现证明 V_1 中任两顶点间无边存在。

假若存在一条边 $(v_i,v_j)\in E$，其中 $v_i,v_j\in V_1$，则由 v_0 到 v_i 间的短程线（长度为偶数）以及边 (v_i,v_j)，再加上 v_j 到 v_0 间的短程线（长度为偶数）所组成的回路的长度为奇数，与假设矛盾。同理可证 V_2 中任两顶点间无边存在。故 G 中每条边 (v_i,v_j)，必有 $v_i\in V_1,v_j\in V_2$ 或 $v_i\in V_2,v_j\in V_1$，因此 G 是具有互补顶点子集 V_1 和 V_2 的二部图。

若 G 中每条回路的长度均为偶数，但 G 不是连通图，则可对 G 的每个连通分支重复上述论证，可得到同样的结论。

在实际应用中，定理 6.10 本身使用得不多，但常用它的逆否命题来判断一个图不是二部图，即无向图 G 不是二部图的充分必要条件是 G 中存在长度为奇数的回路。

【例 6.21】 判断图 6.43 所示的 6 个无向图中，哪些是二部图。

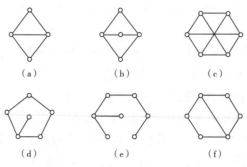

    （a）   （b）   （c）

    （d）   （e）   （f）

图 6.43   无向图

解:图(a)中存在长为 3 的回路,不是二部图。

图(b)中没有奇数长度的回路,是二部图。

图(c)中没有奇数长度的回路,是二部图。

图(d)中存在长为 5 的回路,不是二部图。

图(e)没有回路,是二部图。

图(f)中没有奇数长度的回路,是二部图。

6.6.3 二部图的匹配及应用

二部图是一种应用广泛的图结构,其核心问题之一是匹配问题。

定义 6.14 设无向图 $G=<V_1,V_2,E>$ 为二部图,$M\subseteq E$,如果 M 中的任意两条边都不相邻,则称 M 是 G 的一个**匹配**(或**边独立集**)。G 中边数最多的匹配称为**最大匹配**,最大匹配中边的条数称为 G 的**匹配数**,记为 $\beta_1(G)$,简记为 β_1。又设 $|V_1|\leqslant|V_2|$,如果 M 是 G 的一个匹配,且 $|M|=|V_1|$,则称 M 是 V_1 到 V_2 的**完备匹配**。当 $|V_1|=|V_2|$ 时,完备匹配又称作**完美匹配**。

【例 6.22】 分别判断图 6.44 所示的 3 个二部图中,粗线表示的边集是否是对应图的一个匹配,是否是最大匹配、完备匹配或完美匹配。

　(a)　　　　　　(b)　　　　　　(c)

图 6.44 二部图

解:图(a)中 3 条粗边所示的边集合是图(a)的一个最大匹配,也是一个完备匹配。

图(b)中 3 条粗边所示的边集合是图(b)的一个最大匹配,也是一个完美匹配。

图(c)中 2 条粗边所示的边集合是图(c)的一个最大匹配。

下述定理给出存在完备匹配的充分必要条件。

定理 6.11(Hall 定理) 设二部图 $G=<V_1,V_2,E>$,$|V_1|\leqslant|V_2|$,G 中存在从 V_1 到 V_2 的完备匹配,当且仅当 V_1 中任意 $k(1\leqslant k\leqslant|V_1|)$ 个顶点至少邻接 V_2 中的 k 个顶点。

由 Hall 定理容易证明下面的定理。

定理 6.12 设二部图 $G=<V_1,V_2,E>$,如果存在 $t>0$ 使得:

(1) V_1 中每个顶点至少关联 t 条边;

(2) V_2 中每个顶点至多关联 t 条边;

则 G 中存在 V_1 到 V_2 的完备匹配。

证明: 由条件(1)可知,V_1 中任意 $k(1\leqslant k\leqslant|V_1|)$ 个顶点至少关联 kt 条边。由条件(2),这 kt 条边至少关联 V_2 中的 k 个顶点,即 V_1 中任意 k 个顶点至少邻接 V_2 中的 k 个顶点。由 Hall 定理,G 中存在 V_1 到 V_2 的完备匹配。

Hall 定理中的条件称为**相异性条件**,定理 6.12 中的条件称为 **t 条件**。满足 t 条件的二部图一定满足相异性条件,但满足相异性条件不一定满足 t 条件。相异性条件是二部图的充分必要条件,而 t 条件只是充分条件,不是必要条件。

【**例 6.23**】　有 n 台计算机和 n 个磁盘驱动器。每台计算机与 $m(m > 0)$ 个磁盘驱动器兼容，每个磁盘驱动器与 m 台计算机兼容。问：能否为每台计算机配置一台与它兼容的磁盘驱动器？

解：用 V_1 表示 n 台计算机的集合，V_2 表示 n 台磁盘驱动器的集合，以 V_1，V_2 为互补顶点子集，以 $E = \{(v_i, v_j) \mid v_i \in V_1, v_j \in V_2,$ 且 v_i 与 v_j 兼容$\}$ 为边集，构造二部图。它显然满足 t 条件($t = m$)，所以存在完备匹配，故能够为每台计算机配置一台与它兼容的磁盘驱动器。

【**例 6.24**】　现有 3 个课外小组 —— 物理组、化学组和生物组，有 5 个候选学生 S_1，S_2, S_3, S_4, S_5。

(1) 已知 S_1, S_2 为物理组成员；S_1, S_3, S_4 为化学组成员；S_3, S_4, S_5 为生物组成员。

(2) 已知 S_1 为物理组成员；S_2, S_3, S_4 为化学组成员；S_2, S_3, S_4, S_5 为生物组成员。

(3) 已知 S_1 既为物理组成员，又为化学组成员；S_2, S_3, S_4, S_5 为生物组成员。

问：能否对以上每种情况为每个课外小组选择一名不兼职的组长？

解：用 C_1, C_2, C_3 分别表示物理组、化学组和生物组，$V_1 = \{C_1, C_2, C_3\}$，$V_2 = \{S_1, S_2, S_3, S_4, S_5\}$，以 V_1，V_2 为互补顶点子集，以 $E = \{(C_i, S_j) \mid C_i \in V_1, S_j \in V_2$ 且 C_i 中有成员 $S_j\}$ 为边集，按上述 3 种情况分别构造如图 6.45 所示的二部图。

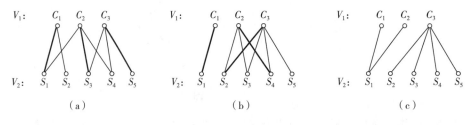

图 6.45　二部图

在图 6.45(a) 中，V_1 的每个顶点至少关联 2 条边，而 V_2 的每个顶点至多关联 2 条边，因此满足 $t = 2$ 的 t 条件，故存在从 V_1 到 V_2 的完备匹配，图 6.45(a) 中粗边所示的匹配就是其中的一个，即选 S_1 为物理组的组长，S_3 为化学组的组长，S_5 为生物组的组长。

在图 6.45(b) 中，所给条件不满足 t 条件，但是满足相异性条件，故存在从 V_1 到 V_2 的完备匹配，图 6.45(b) 中粗边所示的匹配就是其中的一个完备匹配，即选 S_1 为物理组的组长，S_4 为化学组的组长，S_2 为生物组的组长。

在图 6.45(c)，既不满足 t 条件，也不满足相异性条件，所以不存在从 V_1 到 V_2 的完备匹配，当然也就无法选出 3 名不兼职的组长。

6.7　平　面　图

6.7.1　平面图的定义

在一张纸上画几何模型时常常会发现，不仅需要允许图中的各边在顶点处相交(这样的点称为**交叉点**)，而且还应该允许各边在某些非顶点处相交(这样的边称为**交叉**

边）。如图 6.46(a) 中，边 (v_1,v_3) 与 (v_2,v_4) 交叉；图 6.46(b) 中，边 (v_1,v_3) 与 (v_2,v_5) 交叉，(v_1,v_4) 与 (v_2,v_5) 交叉，(v_1,v_4) 与 (v_3,v_5) 交叉。但是，有些实际应用中抽象出来的图形是不允许边交叉的，例如大家熟悉的印制电路，除了顶点外，它的导线是不允许交叉的，这就是所谓的平面图。

平面图无论是在图的理论研究方面，还是在印制电路板、集成电路的布线问题中，或是在通信、交通、城市建筑等方面的实际应用中，都具有重要的意义。

定义 6.15 如果能将无向图 G 画在平面上使得除顶点处外无边相交，则称 G 是**可平面图**（或**平面图**）。画出的无边相交的图称为 G 的**平面嵌入**（或**平面表示**）。无平面嵌入的图称为**非平面图**。

应当注意，有些图从表面上看它的某些边是相交叉的，但是不能就此肯定它不是平面图。例如，图 6.46 中的(a) 和(b) 两个图的画法都是有边交叉的，但可以把它们分别画成图 6.47 中(a) 和(b) 所示的没有边交叉的形式。这说明图 6.46 中的(a) 和(b) 都是平面图，而图 6.47 中的(a) 和(b) 分别是它们的一种平面嵌入。

（a）

（b）

图 6.46 无向图

（a）　（b）

图 6.47 图的平面嵌入

但是，有些图形不论如何改画，除去顶点外，总有交叉边，即不管怎样改画，至少有一条边与其他边相交叉，这样的图是非平面图。

显然，当且仅当一个图的每个连通分支都是平面图时，这个图是平面图；同时，在平面图中加平行边或环后所得的图还是平面图，平行边、环不影响图的平面性。所以在研究平面图的性质时，只研究简单连通图就可以了。故在本节中，若无特别声明，均认为讨论的图是简单连通图。

定义 6.16 给定平面图 G 的平面嵌入，G 的边将平面划分成若干个区域，每个区域都称为 G 的一个**面**，其中恰有一个面的面积无限，称为**无限面**（或**外部面**），其余面的面积有限称为**有限面**（或**内部面**）。包围每个面的所有边组成的回路称为该面的**边界**，边界的长度称为该面的**次数**，面 R 的次数记为 $\deg(R)$。

如图 6.48 所示，$\deg(R_0)=3$，$\deg(R_1)=3$，$\deg(R_2)=3$，$\deg(R_3)=5$，$\deg(R_4)=3$，$\deg(R_5)=3$。特别要指出的是，边 (v_3,v_6) 的两面都在面 R_3 中，故对该面的次数来说，边 (v_3,v_6) 要算 2 次。

定理 6.13 设 G 是平面图，则 G 中所有面的次数之和等于 G 的边数的两倍，即

$$\sum_{i=0}^{r-1}\deg(R_i)=2m$$

其中，r 表示 G 的面数，m 为 G 的边数。

证明：因任何一条边，或者是两个面边界的公共边，或

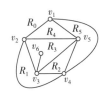

图 6.48 图的平面嵌入

者是在一个面中作为边界被重复计算两次,故平面图所有面的次数之和等于其边数的2倍。

6.7.2　欧拉公式

欧拉在研究多面体时发现,多面体的顶点数减去棱数加上面数等于2。后来发现,连通的平面图的阶数、边数、面数之间也有同样的关系。

定理 6.14(欧拉公式)　对于任意的连通平面图 G,有 $n-m+r=2$(其中 n,m,r 分别为 G 的顶点数、边数和面数)。

证明:对面数 r 进行归纳证明:

(1) 当 $r=1$ 时,G 连通且无回路(无向树),有 $m=n-1$,于是 $n-m+r=2$,命题成立。

(2) 假设 $r=p(p \geqslant 1)$ 时,命题成立,则当 G 的面数 $r=p+1$ 时(设此时图 G 有 n 个点,m 条边)。设 e 是 G 的某两个面的边界边之一,令 $G'=G-e$,显然 G' 有 n 个点,$m-1$ 条边,p 个面,由归纳假设知 $n-(m-1)+p=2$,即 $n-m+(p+1)=2$。

由数学归纳法知,命题成立。

欧拉公式还可以推广到非连通的平面图。这时,n,m,r 之间的关系还与连通分支数 k 有关。

推论(欧拉公式的推广)　设 G 是具有 $k(k \geqslant 2)$ 个连通分支的平面图,则 $n-m+r=k+1$(其中 n,m,r 分别是 G 的顶点数、边数和面数)。

利用欧拉公式及其推广可以证明以下定理。

定理 6.15　设 G 为 n 阶连通平面图,有 m 条边,且每个面的次数不小于 $l(l \geqslant 3)$,则

$$m \leqslant \frac{l}{l-2}(n-2)$$

证明:设图 G 有 r 个面,由定理 6.13 可知

$$2m = \sum_{i=1}^{r} \deg(R_i) \geqslant lr$$

而由欧拉公式 $n-m+r=2$,得到 $r=m-n+2$,代入上述不等式,经整理得

$$m \leqslant \frac{l}{l-2}(n-2)$$

推论　K_5 和 $K_{3,3}$ 都是非平面图。

证明:(1) 若 K_5 是平面图,由于 K_5 中无环和平行边,所以每个面的次数均大于或等于 3,由定理 6.15 可知边数 10 应满足:$10 \leqslant 3/(3-1) \times (5-2)=9$,这是矛盾的,所以 K_5 是非平面图。

(2) 若 $K_{3,3}$ 是平面图,由于 $K_{3,3}$ 中无环和平行边,也没有奇数长度的回路,即 $K_{3,3}$ 中的回路的长度均大于或等于 4,由定理 6.15 可知边数 9 应满足 $9 \leqslant 4/(4-2) \times (6-2)=8$,这又是矛盾的,所以 $K_{3,3}$ 也是非平面图。

6.7.3　库拉托夫斯基定理

下面给出平面图的充分必要条件,为此先引入下述运算和概念。

定义 6.17　设 $e=(u,v)$ 为图 G 的一条边,在 G 中删除 e,增加新的顶点 w,使 u,v 均与 w 相邻,称为在 G 中**插入 2 度顶点** w。设 w 为 G 中一个 2 度顶点,w 与 u,v 相邻,删除 w,增加新边 (u,v),称为在 G 中**消去 2 度顶点** w。若两个图 G_1 与 G_2 同构,或通过反复插入、消去 2 度顶点后同构,则称 G_1 与 G_2 **同胚**。

例如,在图 6.49(a) 中,从左到右的变换是消去 2 度顶点 w;在图 6.49(b) 中,从左到右的变换是插入 2 度顶点 w。图 6.49(d) 是图 6.49(c) 经过消去 2 度顶点 a,e,插入 2 度顶点 h,i 而得到的,因而图 6.49(c) 和图 6.49(d) 同胚。

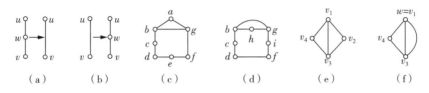

图 6.49　图的运算

定义 6.18　设 $e=(u,v)$ 为图 G 的一条边,删除边 (u,v),用新的顶点 w(可以用 u 或 v 充当 w)取代 u,v,并使 w 和除 (u,v) 外所有与 u,v 关联的边关联,称这个变换为**收缩边** (u,v)。如果图 G_1 可以通过若干次收缩边得到 G_2,则称 G_1 **可收缩到** G_2。

例如,图 6.49(e) 收缩边 (v_1,v_2) 的结果是图 6.49(f)。

定理 6.16(库拉托夫斯基定理 1)　一个图是平面图当且仅当它既不含与 K_5 同胚的子图,也不含与 $K_{3,3}$ 同胚的子图。

定理 6.17(库拉托夫斯基定理 2)　一个图是平面图当且仅当它没有可收缩到 K_5 的子图,也没有可收缩到 $K_{3,3}$ 的子图。

K_5 或 $K_{3,3}$ 被称为**库拉托夫斯基图**,它们具有以下共同点:

(1) 它们都是正则图;

(2) 去掉一条边时它们都是平面图;

(3) $K_{3,3}$ 是边数最少的非平面简单图,K_5 是顶点数最少的非平面图;

(4) 它们都是简单图,因而它们都是最基本的非平面图。

【例 6.25】 证明图 6.50(a) 所示的彼得森图是一个非平面图。

证明:方法 1　在图 6.50(a) 所示的彼得森图中删除边 (d,c) 和 (j,g) 得到子图如图 6.50(b) 所示,消去图 6.50(b) 中的 2 度顶点 c,d,g,j,得到图 6.50(c),该图为 $K_{3,3}$,即彼得森图中包含一个与 $K_{3,3}$ 同胚的子图。根据定理 6.16 可知,彼得森图为非平面图。

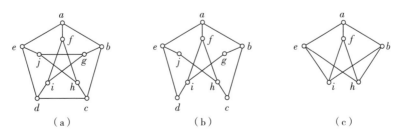

图 6.50　例 6.25 方法 1 的证明过程

方法 2 在图 6.50(a) 所示的彼得森图中,对相邻顶点 a,f 之间做初等收缩,得到如图 6.51(a) 所示的图。同样,继续做相邻顶点 b,g 之间的初等收缩,相邻顶点 c,h 之间的初等收缩,相邻顶点 d,i 之间的初等收缩,相邻顶点 e,j 之间的初等收缩,得到图 6.51(b),该图为 K_5,即彼得森图能收缩到 K_5。根据定理 6.17 可知,彼得森图为非平面图。

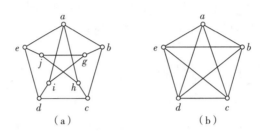

图 6.51　例 6.25 方法 2 的证明过程

【**例 6.26**】 假设有 3 幢房子,利用地下管道连接 3 种服务 —— 供水、供电和供气。连接这些服务的条件是管子不能相互交叉(该问题称为 3 个公共事业问题)。问:该如何连接管子?

解:分别用 3 个顶点表示 3 幢房子和 3 个顶点表示水源、电源和气源连接点,再在 3 幢房子顶点和 3 个连接点顶点之间连接表示管子的边,得到图 G。这样,问题就转化为判断 G 是否是平面图的问题。显然,G 为 $K_{3,3}$,$K_{3,3}$ 不是平面图,即 3 个公共事业问题的管子连接是不可能的。

习　题　6

1. 判断图 6.52 所示的无向图中哪些是无向树,并说明为什么。

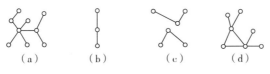

图 6.52　无向图

2. 判断图 6.53 中的(b)～(e)是否为(a)的生成树。

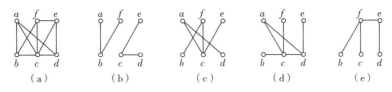

图 6.53　无向图

3. 关于无向树中顶点的度的计算问题。

(1) 无向树 T 有 7 片树叶,3 个 3 度顶点,其余的都是 4 度顶点,求 T 的 4 度顶点数。

(2) 无向树 T 有 3 个 3 度顶点,2 个 4 度顶点,其余的都是树叶,求 T 的树叶数。

(3) 无向树 T 有 n_i 个 i 度顶点,$i=2,3,\cdots,k$,其余顶点都是树叶,求 T 的树叶数。

4. 回答问题:

(1) 对于具有 $k(k \geqslant 2)$ 个连通分支的森林,加多少条新边恰好能使所得图为无向树?

(2) 已知 $n(n \geqslant 2)$ 阶无向简单图 G 有 $n-1$ 条边,G 一定为树吗?

5. 画出度数序列为 1,1,1,1,2,2,4 的所有非同构的 7 阶无向树。

6. 画出图 6.54 所示无向图的所有非同构的生成树。

7. 分别用克鲁斯卡尔(Kruskal)算法、普里姆(Prim)算法和破圈法(管梅谷)求图 6.55 的一棵最小生成树。

8. 判断图 6.56 所示的有向图是否为根树。若是根树,给出其树根、树叶和内点,并计算所有顶点所在的层数和树的高度。

图 6.54　无向图

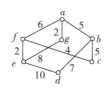

图 6.55　无向连通带权图

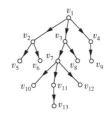

图 6.56　有向图

9. 画一棵树高为 3 的 2 叉完全正则树。

10. 设 T 是正则 2 叉树，有 t 片树叶，证明 T 的阶数 $n = 2t - 1$。

11. 判断下面给出的符号串集合中，哪些是前缀码。

$B_1 = \{0, 10, 110, 1111\}$;

$B_2 = \{1, 01, 001, 000\}$;

$B_3 = \{1, 11, 101, 001, 0011\}$;

$B_4 = \{b, c, aa, ac, aba, abb, abc\}$;

$B_5 = \{b, c, a, aa, ac, aba, abb, abc\}$。

12. 利用图 6.57 中给出的 2 叉树和 3 叉树，分别产生一个 2 元前缀码和一个 3 元前缀码。

13. 画一棵带权为 1,3,4,5,8 的最优 2 叉树，并计算它的带权路径长度。

14. 设 7 个字母在通信中出现的频率如下：

$$a:35\%, \quad b:20\%, \quad c:15\%, \quad d:10\%, \quad e:10\%, \quad f:5\%, \quad g:5\%$$

用哈夫曼算法求传输它们的最优 2 元前缀码。要求画出最优 2 元树，指出每个字母对应的编码，并指出传输 10^n 个按上述频率出现的字母，需要多少个二进制数位。

15. 假设有一台计算机，它有一条加法指令，可以计算 3 个数的和。如果要求 9 个数 $x_1, x_2, \cdots, x_9$ 之和，问至少要执行几次加法指令？

16. 假设有 5 个信息中心 A, B, C, D, E，它们之间的距离（以百公里为单位）如图 6.58 所示。要交换数据，我们可以在任意两个信息中心之间通过光纤连接，但由于费用的限制要铺设尽可能少的光纤线路。要求每个信息中心都能和其他中心通信，但并不需要在任意两个中心之间都铺设线路，可以通过其他中心转发。问如何建设费用最小的通信网络？

（a）

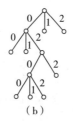
（b）

图 6.57　2 叉树和 3 叉树

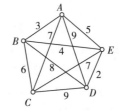

图 6.58　信息中心的位置关系图

17. 用机器分辨一些币值为 1 分、2 分、5 分的硬币，假设各种硬币出现的概率分别为 0.5, 0.4, 0.1。问如何设计一个分辨硬币的算法，使所需的时间最少（假设每进行一次判别所用的时间相同，每次判别时间为一个时间单位）？

18. 判断如图 6.59 所示的 6 个图是否是欧拉图或半欧拉图。

（a）

（b）

（c）

（d）

（e）

（f）

图 6.59　无向图和有向图

19. 画一个无向欧拉图,使它具有:

(1) 偶数个顶点,偶数条边;

(2) 奇数个顶点,奇数条边;

(3) 偶数个顶点,奇数条边;

(4) 奇数个顶点,偶数条边。

20. 判断下列各图能否一笔画出。

(a) 　　　　(b) 　　　　(c) 　　　　(d) 　　　　(e) 　　　　(f)

图 6.60　无向图

21. 若 D 为有向欧拉图,则 D 一定为强连通图。其逆命题成立吗?

22. 设 G 为 $n(n \geqslant 2)$ 阶无向欧拉图,证明 G 中无桥。

23. 判断下列命题是否为真。

(1) 完全图 $K_n(n \geqslant 3)$ 都是欧拉图;

(2) $n(n \geqslant 2)$ 阶有向完全图都是欧拉图;

(3) 完全二部图 $K_{r,s}(r,s$ 均为非 0 正偶数) 都是欧拉图。

24. 判断图 6.61 所示的 4 个图是否是哈密顿图或半哈密顿图。

25. 画一个无向图,使它:

(1) 既是欧拉图,又是哈密顿图。

(2) 是欧拉图,但不是哈密顿图。

(3) 不是欧拉图,而是哈密顿图。

(4) 既不是欧拉图,也不是哈密顿图。

26. 请指出图 6.62 所示的无向图为什么不是哈密顿图。

    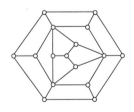

(a) 　　　　(b) 　　　　(c) 　　　　(d)

图 6.61　无向图　　　　　　　　　　　图 6.62　无向图

27. 判断彼得森图是否为欧拉图,是否为哈密顿图。若不是,至少加几条新边才能使它成为欧拉图? 又至少加几条新边才能使它变成哈密顿图?

28. 完全图 $K_n(n \geqslant 1)$ 都是哈密顿图吗?

29. 设完全图 $K_n(n \geqslant 3)$ 的顶点分别为 $v_1, v_2, \cdots, v_n$。问 K_n 中有多少条不同的哈密顿回路(这里认为,若在回路 C_1, C_2 中,顶点的排列顺序不同,就认为 C_1 与 C_2 是不同的回路)?

30. 设 G 是无向连通图,证明:若 G 中有桥或割点,则 G 不是哈密顿图。

31. 图 6.63 所示的图为 4 阶带权完全图 K_4,求出它的不同的哈密顿回路,并指出最短的哈密顿回路。

32. 一名青年生活在城市 a,准备假期骑自行车到景点 b,c,d 去旅游,然后回到城市 a。图 6.64 给出了 a,b,c,d 的位置及它们之间的距离(千米)。试确定这名青年旅游的最短路线。

图 6.63　4 阶带权完全图 K_4　　　图 6.64　城市之间位置关系图

33. 今有 a,b,c,d,e,f,g 共 7 个人,已知下列事实:

(1) a 会讲英语;　　　　　　　　(2) b 会讲英语和汉语;

(3) c 会讲英语、意大利语和俄语;　(4) d 会讲日语和汉语;

(5) e 会讲德语和意大利语;　　　　(6) f 会讲法语、日语和俄语;

(7) g 会讲法语和德语。

试问这 7 个人要围成一个圈,应如何排座位才能使每个人都能和他身边的人交谈?

34. 今有 $2k(k \geqslant 2)$ 个人去完成 k 项任务。已知每个人均能与另外 $2k-1$ 个人中的 k 个人中的任何人组成小组(每组 2 个人)去完成他们共同熟悉的任务,问这 $2k$ 个人能否分成 k 组(每组 2 人),每组完成一项他们共同熟悉的任务?

35. 设 G 是具有 n 个顶点的简单无向图,$n \geqslant 3$。又设 G 的顶点表示 n 个人,G 的边表示对应顶点的人是朋友。

(1) 顶点的度数作怎样的解释;

(2) G 是连通图作怎样的解释;

(3) 假定任 2 人合起来认识其余 $n-2$ 个人,证明 n 个人能排成一排,使得中间每个人两旁站着自己的朋友,而两端的两个人,他们每个人的旁边只站着他的一个朋友;

(4) 证明 $n \geqslant 4$ 时,(3)中条件保证 n 个人能站成一圈,使每个人的两旁都站着自己的朋友。

36. 判断图 6.65 所示的各图是否为二部图,是否为完全二部图。

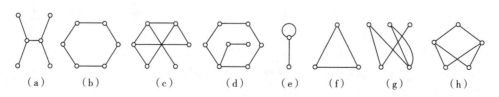

图 6.65　无向图

37. 求完全二部图 $K_{r,s}$ 中的边数 m 和匹配数 β_1。

38. 判断图 6.66 所示的 3 个二部图中,粗线表示的边集是否是对应图的一个最大匹配? 是否是完备匹配? 是否是完美匹配?

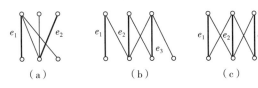

图 6.66　二部图

39. 某课题组要从 a,b,c,d,e 这 5 人中派 3 人分别到上海、广州、香港去开会。已知 a 只想去上海,b 只想去广州,c,d 和 e 表示都想去广州或香港。问该课题组在满足个人要求的条件下,共有几种派遣方案?

40. 有 6 位教师 —— 张、王、李、赵、孙、周,学校要安排他们去教 6 门课程 —— 语文、英语、数学、物理、化学和程序设计。张老师会教数学、程序设计和英语;王老师会教语文和英语;李老师会教数学和物理;赵老师会教化学;孙老师会教物理和程序设计;周老师会教数学和物理。应如何安排课程才能使每门课都有老师教,每位老师都只教 1 门课并且不至于使任何老师去教他不懂的课程?

41. 图 6.67 中各分图均为平面图,请分别给出它们的一种平面嵌入。

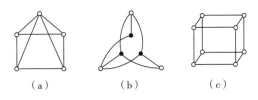

图 6.67　平面图

42. 画出图 6.68 的一种平面嵌入,计算该平面嵌入的面数和各面的次数,并验证各面的次数之和等于 G 的边数的 2 倍。

43. 证明欧拉公式的推广,即对任意的具有 $k(k \geqslant 2)$ 个连通分支的平面图 G,有 $n-m+r=k+1$ 成立。(其中 n,m,r 分别是 G 的顶点数、边数和面数)。

44. 证明:少于 30 条边的平面连通简单图至少有一个顶点的度数小于等于 4。

45. 证明图 6.69 中的 2 个图都不是平面图。

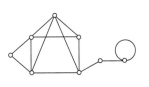

图 6.68　无向图

图 6.69　非平面图

第7章 代数系统基础

代数系统简称代数,是数学的一个分支。它用代数的方法从不同的研究对象中概括出一般的数学模型并研究其规律、性质和结构。代数系统也是一种数学模型,可以用它表示实际世界中的离散结构。

代数系统就是在集合上赋予某些运算,从而形成某种代数结构,揭示了事物之间的关系与变化规律。一个代数系统的构成有三个方面的要素:集合、集合上的运算以及说明运算性质或运算之间关系的公理。按照现代数学观点,数学各分支的研究对象或者是带有某种特定结构的集合(如群、环、域等),或者是可以通过集合来定义的(如自然数集、实数集、矩阵集合等)。从这个意义上说,集合论的基本概念已渗透到数学的所有领域,可以说它是整个现代数学的基础。

代数系统是建立在集合论基础上以代数运算为研究对象的学科。代数系统的种类很多,它们在计算机科学的自动机理论、编码理论、形式语言、时序电路、开关线路计数问题以及计算机网络纠错能力的判断、密码学、计算机理论科学等方面有着非常广泛的应用。

本章介绍代数系统基础,包括运算的定义和表示方法、二元运算的性质和特殊元素、代数系统的基本概念、子代数与积代数、同态与同构等。

7.1 代 数 运 算

7.1.1 运算的定义和表示

称自然数集合 $\mathbf{N}$ 上的加法"+"为运算,这是因为给定两个自然数 a 和 b,由加法"+"可以得到唯一的自然数 $c = a + b$。其实 $\mathbf{N}$ 上的加法运算"+"本质上是一个 $\mathbf{N} \times \mathbf{N} \to \mathbf{N}$ 的映射。

1. 二元运算的定义和表示方法

定义 7.1 设 S 是一个集合,函数 $f : S \times S \to S$ 称为 S 上的一个二元运算,简称为二元运算。

由定义可知,二元运算是一个封闭运算,所谓**封闭性**是指运算数参加运算后产生的结果仍在同一个集合中。例如,定义在自然数集合上普通的加法运算,符号化为 $f : \mathbf{N} \times \mathbf{N} \to \mathbf{N}, f(<x, y>) = x + y$ 就是一个二元运算。但是,普通的减法不是自然数集合上的二元运算,因为两个自然数相减可能得到负数,而负数不属于 $\mathbf{N}$,这时也称集合 $\mathbf{N}$ 对减法运算不封闭。因此,要验证一个运算是否为集合 S 上的二元运算,首先要保证参加运算的可以是 S 中的任意两个元素(包含相等的两个元素),而且运算的结果也要保证是 S 中的元素,即 S 对该运算封闭。

【**例 7.1**】 （1）自然数集合 **N** 上的加法和乘法是 **N** 上的二元运算，但减法和除法不是，因为 2 和 3 都是自然数，但 $2-3 \notin \mathbf{N}, 2 \div 3 \notin \mathbf{N}$，而且 0 属于自然数但不能作除数。

（2）整数集合 **Z** 上的加法、减法和乘法是 **Z** 上的二元运算，而除法不是。

（3）非零实数集 $\mathbf{R}^{*}$ 上的乘法和除法都是 $\mathbf{R}^{*}$ 上的二元运算，而加法、减法不是。因为对于任意 $x \in \mathbf{R}^{*}, x+(-x)=0, x-x=0$，而 $0 \notin \mathbf{R}^{*}$。

（4）设 $\boldsymbol{M}_{n}(\mathbf{R})$ 表示所有 $n(n \geqslant 2)$ 阶实矩阵的集合，即

$$\boldsymbol{M}_{n}(\mathbf{R})=\left\{\begin{bmatrix} a_{11} & a_{12} & \cdots & a_{1n} \\ a_{21} & a_{22} & \cdots & a_{2n} \\ \vdots & \vdots & & \vdots \\ a_{n1} & a_{n2} & \cdots & a_{nn} \end{bmatrix} \middle| a_{ij} \in \mathbf{R}\right\}$$

则矩阵加法和乘法是 $\boldsymbol{M}_{n}(\mathbf{R})$ 上的二元运算。

（5）S 是任意集合，则 $\bigcup, \bigcap, -, \oplus$ 运算都是幂集 $P(S)$ 上的二元运算。

（6）$R(S)$ 表示集合 S 上的所有二元关系的集合，则关系的合成运算是 $R(S)$ 上的二元运算。

一般地，二元运算有如下 3 种表示方法：

（1）函数表示法

设 $f: S \times S \rightarrow S$ 是 S 上的二元运算，对 $\forall x, y \in S$，如果 x 和 y 的运算结果是 z，则 $f(<x, y>)=z$，也可以记为

$$f(x, y)=z$$

（2）算符表示法

可用"+""$-$""$*$""/""$\bigcap$""$\bigcup$""$\wedge$""$\vee$""$\rightarrow$""★""☆""。""$\oplus$""×""$\div$"等抽象的符号表示运算。

例如，设 $f: S \times S \rightarrow S$ 是 S 上的二元运算，对 $\forall x, y \in S$，如果 x 和 y 的运算结果是 z，即 $f(<x, y>)=z$，可以用算符"。"表示为

$$\circ(x, y)=z, \qquad \text{（前缀表示法）}$$

$$x \circ y=z, \qquad \text{（中缀表示法）}$$

$$(x, y)\circ=z \qquad \text{（后缀表示法）}$$

（3）运算表表示法

有限集 $S=\{a_1, a_2, \cdots, a_n\}$ 上的二元运算"。"可以用如表 7.1 所示的运算表表示。

表 7.1 二元运算"。"的运算表

。	a_1	a_2	$\cdots$	a_n
a_1	$a_1 \circ a_1$	$a_1 \circ a_2$	$\cdots$	$a_1 \circ a_n$
a_2	$a_2 \circ a_1$	$a_2 \circ a_2$	$\cdots$	$a_2 \circ a_n$

（续表）

∘	a_1	a_2	⋯	a_n
⋮	⋮	⋮		⋮
a_n	$a_n \circ a_1$	$a_n \circ a_2$	⋯	$a_n \circ a_n$

【例 7.2】 设 $S=\{0,1,2,3,4\}$，定义在 S 上的二元运算"$\oplus_5$"和"$\otimes_5$"分别为

$$x \oplus_5 y = (x+y) \bmod 5, \quad x \otimes_5 y = (x \times y) \bmod 5$$

它们的运算表分别如表 7.2 和表 7.3 所示。

表 7.2　二元运算"$\oplus_5$"的运算表

$\oplus_5$	0	1	2	3	4
0	0	1	2	3	4
1	1	2	3	4	0
2	2	3	4	0	1
3	3	4	0	1	2
4	4	0	1	2	3

表 7.3　二元运算"$\otimes_5$"的运算表

$\otimes_5$	0	1	2	3	4
0	0	0	0	0	0
1	0	1	2	3	4
2	0	2	4	1	3
3	0	3	1	4	2
4	0	4	3	2	1

一般地，$\mathbf{Z}_n=\{0,1,2,\cdots,n-1\}$，定义在 $\mathbf{Z}_n$ 上的"$\oplus_n$"和"$\otimes_n$"运算

$$x \oplus_n y = (x+y) \bmod n, \quad x \otimes_n y = (x \times y) \bmod n$$

分别称为 $\mathbf{Z}_n$ 上的模 n 加法和模 n 乘法。

2. 一元运算的定义和表示方法

定义 7.2　设 S 是一个集合，函数 $f: S \to S$ 称为 S 上的一个一元运算，简称为一元运算。

【例 7.3】 (1) 求一个数的相反数是整数集 $\mathbf{Z}$，有理数集 $\mathbf{Q}$ 和实数集 $\mathbf{R}$ 上的一元运算。

(2) 求一个数的倒数是非零有理数集 $\mathbf{Q}^*$ 和非零实数集 $\mathbf{R}^*$ 上的一元运算。

(3) 求一个复数的共轭复数是复数集 $\mathbf{C}$ 上的一元运算。

(4) 若规定全集为 S，则求 $A(A \subseteq S)$ 的绝对补运算 $\sim A$ 是 S 的幂集 $P(S)$ 上的一元运算。

（5）在 n 阶（$n \geqslant 2$）实矩阵的集合 $\boldsymbol{M}_n(\mathbf{R})$ 上，求一个矩阵的转置矩阵是 $\boldsymbol{M}_n(\mathbf{R})$ 上的一元运算。

一般地，一元运算有如下 3 种表示方法：

（1）函数表示法

设 $f: S \to S$ 是 S 上的一元运算，对 $\forall x \in S$，如果 x 的运算结果是 y，则 $f(x) = y$。

（2）算符表示法

可用抽象的符号如"。""～""△"等表示运算。

例如，设 $f: S \to S$ 是 S 上的一元运算，对 $\forall x \in S$，如果 x 的运算结果是 y，可以用算符"。"表示为 。$(x) = y$。

（3）运算表表示法

有限集 $S = \{a_1, a_2, \cdots, a_n\}$ 上的一元运算"。"可以用如表 7.4 所示的运算表表示。

表 7.4　一元运算"。"的运算表

a_i	。a_i
a_1	。a_1
a_2	。a_2
$\vdots$	$\vdots$
a_n	。a_n

3. n 元运算的定义和表示方法

定义 7.3　设 S 是一个集合，函数 $f: S^n \to S$ 称为 S 上的一个 **n 元运算**，简称为 **n 元运算**，其中，$S^n = \underbrace{S \times S \times \cdots \times S}_{n\text{个}}$，$n \geqslant 1$ 为自然数，称 n 为运算的**元**、**阶**或**目**。

一般地，n 元运算有如下两种表示方法：

（1）函数表示法

设 $f: S^n \to S$ 是 S 上的 n 元运算，对 $\forall x_1, x_2, \cdots, x_n \in S$，如果 $x_1, x_2, \cdots, x_n$ 的运算结果是 y，则 $f(x_1, x_2, \cdots, x_n) = y$。

（2）算符表示法

设 $f: S^n \to S$ 是 S 上的 n 元运算，对 $\forall x_1, x_2, \cdots, x_n \in S$，如果 $x_1, x_2, \cdots, x_n$ 的运算结果是 y，则可以用算符"。"表示为

$$。(x_1, x_2, \cdots, x_n) = y, \qquad \text{（前缀表示法）}$$

$$x_1 。 x_2 。 \cdots 。 x_n = y, \qquad \text{（中缀表示法）}$$

$$(x_1, x_2, \cdots, x_n)。 = y \qquad \text{（后缀表示法）}$$

7.1.2　二元运算的性质

1. 交换律、结合律和幂等律

定义 7.4　设 。为集合 S 上的二元运算，

（1）如果对于 $\forall x, y \in S$ 都有 $x 。 y = y 。 x$，则称运算 。在 S 上是**可交换的**，也称运算。

在 S 上满足**交换律**。

（2）如果对于 $\forall x,y,z \in S$ 都有 $(x \circ y) \circ z = x \circ (y \circ z)$，则称运算 $\circ$ 在 S 上是**可结合的**，也称运算 $\circ$ 在 S 上满足**结合律**。

（3）如果 $\exists a \in S$ 满足 $a \circ a = a$，则称 a 是 S 中关于运算 $\circ$ 的一个幂等元，简称 a 为**幂等元**。若 S 的每个元素都是幂等元，则称运算 $\circ$ 在 S 上是**幂等的**，也称运算 $\circ$ 在 S 上满足**幂等律**。

【例 7.4】 表 7.5 给出了一些集合上的二元运算的交换律、结合律和幂等律的判定情况。其中，$M_n(\mathbf{R})$ 为 $n(n \geqslant 2)$ 阶实矩阵的集合，S 为任意集合。

表 7.5 二元运算的交换律、结合律和幂等律

集合	二元运算	交换律	结合律	幂等律
$\mathbf{Z},\mathbf{Q},\mathbf{R}$	普通加法 $+$	满足	满足	不满足
	普通乘法 $\times$	满足	满足	不满足
$M_n(\mathbf{R})$	矩阵加法 $+$	满足	满足	不满足
	矩阵乘法 $\times$	不满足	满足	不满足
$P(S)$	并 $\cup$	满足	满足	满足
	交 $\cap$	满足	满足	满足
	相对补 $-$	不满足	不满足	不满足
	对称差 $\oplus$	满足	满足	不满足

以上所有的运算中只有集合的 $\cup$ 和 $\cap$ 运算满足幂等律，其他的运算一般说来都不是幂等的。实际上某些二元运算尽管不满足幂等律，但可能存在着某些元素满足 $x \circ x = x$，这样的元素是关于 $\circ$ 运算的幂等元。例如，实数集上的 0 是加法的幂等元，0 和 1 是乘法的幂等元。

对于满足结合律的运算，若参与运算的是同一元素，可以用该元素的幂表示。例如，

$$\underbrace{x \circ x \circ \cdots \circ x}_{n} = x^n$$

不难证明，幂运算具有以下性质：

$$x^m \circ x^n = x^{m+n}, \quad (x^m)^n = x^{mn}, \quad m,n \in \mathbf{Z}^+$$

注意：对于加法，2^m 的含义为 m 个 2 相加，$2^3 + 2^4 = 6 + 8 = 2^7$；对于乘法，2^m 的含义为 m 个 2 相乘，$2^3 \times 2^4 = 128 = 2^7$。这里的幂含义不同，不要将 a^n 误认为总是 n 个 a 相乘。

2. 分配律和吸收律

定义 7.5 设 $\circ$ 和 $*$ 为集合 S 上的两个不同的二元运算，

（1）如果对于 $\forall x,y,z \in S$ 都有

$$x * (y \circ z) = (x * y) \circ (x * z),$$

$$(y \circ z) * x = (y * x) \circ (z * x),$$

则称运算 $*$ 对 $\circ$ 是**可分配的**，也称 $*$ 对 $\circ$ 满足**分配律**。

（2）如果。和 * 都可交换，且对于 $\forall x,y \in S$ 都有

$$x * (x \circ y) = x,$$

$$x \circ (x * y) = x,$$

则称运算 * 和。满足**吸收律**。

【**例 7.5**】　表 7.6 给出了一些集合上的二元运算的分配律和吸收律的判定情况。

表 7.6　二元运算的分配律和吸收律

集合	二元运算	分配律	吸收律
Z,Q,R	普通加法 + 普通乘法 ×	× 对 + 可分配 + 对 × 不可分配	不满足
$M_n(R)$	矩阵加法 + 矩阵乘法 ×	× 对 + 可分配 + 对 × 不可分配	不满足
$P(S)$	并 ∪ 交 ∩	∪ 对 ∩ 可分配 ∩ 对 ∪ 可分配	满足

7.1.3　二元运算中的特殊元素

定义 7.6　设。为 S 上的二元运算，

（1）如果存在 e_l（或 e_r）$\in S$，使得对于 $\forall x \in S$ 都有

$$e_l \circ x = x（或 x \circ e_r = x），$$

则称 e_l（或 e_r）是 S 中关于。运算的**左幺元**（或**右幺元**）。

若 $e \in S$ 关于。运算既是左幺元又是右幺元，则称 e 为 S 中关于。运算的**幺元**。幺元也称**单位元**。

（2）如果存在 θ_l（或 θ_r）$\in S$，使得对于 $\forall x \in S$ 都有

$$\theta_l \circ x = \theta_l（或 x \circ \theta_r = \theta_r），$$

则称 θ_l（或 θ_r）是 S 中关于。运算的**左零元**（或**右零元**）。

若 $\theta \in S$ 关于。运算既是左零元又是右零元，则称 θ 为 S 中关于。运算的**零元**。

定理 7.1　设。为集合 S 上的二元运算，e_l 和 e_r 分别是 S 中关于。运算的左幺元和右幺元，则有 $e_l = e_r = e$，且 e 为 S 中关于。运算的唯一的幺元。

证明：e_l 是左幺元，所以对 $\forall x \in S$ 都有 $e_l \circ x = x$。此时取 $x = e_r$，有

$$e_l \circ e_r = e_r$$

e_r 是右幺元，所以对 $\forall x \in S$ 都有 $x \circ e_r = x$。此时取 $x = e_l$，有

$$e_l \circ e_r = e_l$$

由上面两个等式可知，$e_l = e_r$，即左、右幺元相等，将这个幺元记为 e。

假设 S 中关于。运算存在另一幺元 e'，则有 $e' = e \circ e' = e$，所以 e 是 S 中关于。运算的唯

一的幺元。

定理 7.2　设。为集合 S 上的二元运算，θ_l 和 θ_r 分别是 S 中关于。运算的左零元和右零元，则有 $\theta_l = \theta_r = \theta$，且 θ 为 S 中关于。运算的唯一的零元。

证明：θ_l 是左零元，所以对 $\forall x \in S$ 都有 $\theta_l \circ x = \theta_l$。此时取 $x = \theta_r$，有

$$\theta_l \circ \theta_r = \theta_l$$

θ_r 是右零元，所以对 $\forall x \in S$ 都有 $x \circ \theta_r = \theta_r$。此时取 $x = \theta_l$，有

$$\theta_l \circ \theta_r = \theta_r$$

由上面两个等式可知，$\theta_l = \theta_r$，即左、右零元相等，将这个零元记为 θ。

假设 S 中关于。运算存在另一零元 θ'，则有 $\theta' = \theta \circ \theta' = \theta$，所以 θ 是 S 中关于。运算的唯一的零元。

定义 7.7　设。为 S 上的二元运算，$e \in S$ 是关于。运算的幺元。对于 S 中的某一元素 x，如果存在 y_l（或 y_r）$\in S$，使得

$$y_l \circ x = e（或 x \circ y_r = e），$$

则称 y_l（或 y_r）是 x 的**左逆元**（或**右逆元**）。

关于。运算，若 $y \in S$ 既是 x 的左逆元又是 x 的右逆元，则称 y 为 x 的**逆元**。如果 x 的逆元存在，就称 x 是可逆的，x 的逆元记作 x^{-1}。

定理 7.3　设。为集合 S 上可结合的二元运算，e 是 S 中关于。运算的幺元。对于 $x \in S$ 如果存在左逆元 y_l 和右逆元 y_r，则有 $y_l = y_r = y$，且 y 为 x 关于。运算的唯一的逆元。

证明：y_l 和 y_r 分别是 x 关于。运算的左逆元和右逆元，即

$$y_l \circ x = e, \quad x \circ y_r = e$$

所以，

$$y_l = y_l \circ e = y_l \circ (x \circ y_r) = (y_l \circ x) \circ y_r = e \circ y_r = y_r$$

即 x 关于。运算的左、右逆元相等，将这个逆元记为 y。

假设 x 关于。运算存在另一逆元 y'，则有

$$y = y \circ e = y \circ (x \circ y') = (y \circ x) \circ y' = e \circ y' = y'$$

所以 y 是 x 关于。运算的唯一的逆元。

【例 7.6】　表 7.7 给出了一些集合上的二元运算的特殊元素。

表 7.7　二元运算的特殊元素

集合	二元运算	幺元	零元	逆元
$\mathbf{Z}, \mathbf{Q}, \mathbf{R}$	普通加法 +	0	无	x 的逆元为 $-x$
	普通乘法 ×	1	0	$x(x \neq 0)$ 的逆元为 $1/x$
$\boldsymbol{M}_n(\mathbf{R})$	矩阵加法 +	n 阶全 0 矩阵	无	矩阵 $\boldsymbol{X}$ 的逆元为 $-\boldsymbol{X}$
	矩阵乘法 ×	n 阶单位矩阵	n 阶全 0 矩阵	$\boldsymbol{X}$ 的逆元为 $\boldsymbol{X}^{-1}$（$\boldsymbol{X}$ 为可逆矩阵）

(续表)

集合	二元运算	幺元	零元	逆元
$P(S)$	并 $\cup$	$\varnothing$	S	$\varnothing$ 的逆元为 $\varnothing$
	交 $\cap$	S	$\varnothing$	S 的逆元为 S
	对称差 $\oplus$	$\varnothing$	无	X 的逆元为 $X(X \subseteq S)$

【例 7.7】　求表 7.2 和表 7.3 所示的 $S=\{0,1,2,3,4\}$ 上的模 5 加法 $\oplus_5$ 和模 5 乘法 $\otimes_5$ 的特殊元素(幺元、零元和逆元)。

解:(1) S 上的模 5 加法 $\oplus_5$ 的幺元为 0;无零元;0 的逆元为 0,1 的逆元为 4,2 的逆元为 3,3 的逆元为 2,4 的逆元为 1。

(2) S 上的模 5 乘法 $\otimes_5$ 的幺元为 1;零元为 0;0 无逆元,1 的逆元为 1,2 的逆元为 3,3 的逆元为 2,4 的逆元为 4。

注意:计算幺元可根据定义直接进行,即首先假设幺元存在,并根据定义计算,然后进行验证。还可以直接从运算表中看出运算是否有左幺元或右幺元,具体方法是:

① 如果元素 x 所在的行上的元素与行表头完全相同,则 x 是一个左幺元;

② 如果元素 x 所在的列上的元素与列表头完全相同,则 x 是一个右幺元;

③ 如果元素 x 同时满足 ① 和 ②,则 x 是幺元。

计算零元可根据定义直接进行,即首先假设零元存在,并根据定义计算,然后进行验证。还可以直接从运算表中看出运算是否有左零元或右零元,具体方法是:

① 如果元素 x 所在的行上的元素都为 x,则 x 是一个左零元;

② 如果元素 x 所在的列上的元素都为 x,则 x 是一个右零元;

③ 如果元素 x 同时满足 ① 和 ②,则 x 是零元。

定义 7.8　设。为集合 S 上的二元运算,θ 为 S 中关于。运算的零元。如果对于任意的 $x,y,z \in S$,满足以下条件:

(1) 若 $x \circ y = x \circ z$,且 $x \neq \theta$,则 $y = z$;

(2) 若 $y \circ x = z \circ x$,且 $x \neq \theta$,则 $y = z$;

则称。运算满足**消去律**,其中(1) 称为**左消去律**,(2) 称为**右消去律**。

注意,被消去的 x 不能是运算的零元 θ。

整数集 $\mathbf{Z}$ 上的普通加法和乘法满足消去律;n 阶实矩阵的集合 $\mathbf{M}_n(\mathbf{R})$ 上的矩阵加法满足消去律,矩阵乘法不满足消去律;集合 S 的幂集 $P(S)$ 上集合的并和交运算一般不满足消去律,例如,$\{1\} \cup \{1,2\} = \{2\} \cup \{1,2\}$,但是 $\{1\} \neq \{2\}$。

7.2　代 数 系 统

7.2.1　代数系统的定义

定义 7.9　非空集合 S 和 S 上的 k 个运算 $f_1,f_2,\cdots,f_k$(其中,f_i 为 n_i 元运算,$i=1,2,\cdots,k$)组成的系统称为一个**代数系统**,简称**代数**,记作 $<S,f_1,f_2,\cdots,f_k>$。

【例 7.8】　(1) $<\mathbf{N},+>$,$<\mathbf{Z},+,\cdot>$,$<\mathbf{R},+,\cdot>$ 是代数系统,其中 + 和 · 分别表

示普通加法和乘法。

（2）$<M_n(\mathbf{R}),+,\cdot>$ 是代数系统，其中 $+$ 和 $\cdot$ 分别表示矩阵加法和矩阵乘法。

（3）$<\mathbf{Z}_n,\oplus_n,\otimes_n>$ 是代数系统，其中 $\mathbf{Z}_n=\{0,1,2,\cdots,n-1\}$，$\oplus_n$ 和 $\otimes_n$ 分别表示模 n 加法和模 n 乘法。

（4）$<P(S),\bigcup,\bigcap,\sim>$ 也是代数系统，其中 $\bigcup$，$\bigcap$ 和 $\sim$ 分别为集合的并、交和绝对补运算。

在某些代数系统中，对于给定的二元运算存在幺元或零元，并且它们对该系统的性质起着重要作用，称之为该系统的**特异元素**或**代数常数**。为了强调这些特异元素的存在，有时把它们列到有关的代数系统的表达式中。例如，$<\mathbf{Z},+>$ 的幺元是 0，也可记为 $<\mathbf{Z},+,0>$。$<P(S),\bigcup,\bigcap,\sim>$ 中 $\bigcup$ 和 $\bigcap$ 的幺元分别为 $\varnothing$ 和 S，同样也可记为 $<P(S),\bigcup,\bigcap,\sim,\varnothing,S>$。具体采用哪一种记法，要看所研究的问题是否与这些代数常数有关。

7.2.2　子代数和积代数

1. 子代数的定义和性质

定义 7.10　设 $V=<S,f_1,f_2,\cdots,f_k>$ 是代数系统，$B\subseteq S$ 且 $B\neq\varnothing$，如果 B 对 f_1，$f_2,\cdots,f_k$ 都是封闭的，且 B 和 S 含有相同的代数常项，则称 $<B,f_1,f_2,\cdots,f_k>$ 是 V 的**子代数系统**，简称**子代数**。有时将子代数系统简记为 B。

例如，$<\mathbf{N},+,0>$ 是 $<\mathbf{Z},+,0>$ 的子代数，因为 $\mathbf{N}$ 对 $+$ 是封闭的，且它们都具有相同的代数常数 0。$<\mathbf{N}-\{0\},+>$ 是 $<\mathbf{Z},+>$ 的子代数，但不是 $<\mathbf{Z},+,0>$ 的子代数，因为代数常数 0 不出现在 $\mathbf{N}-\{0\}$ 中。

从子代数定义不难看出，子代数和原代数不仅具有相同的构成成分，是同类型的代数系统，而且对应的二元运算都具有相同的运算性质。因为任何二元运算的性质如果在原代数上成立，那么在它的子集上显然也是成立的。在这个意义上讲，子代数在许多方面与原代数非常相似，只不过可能比原代数小一些。

对于任何代数系统 $V=<S,f_1,f_2,\cdots,f_k>$，其子代数一定存在。最大的子代数就是 V 本身。如果令 V 中的所有代数常数构成的集合是 B，且 B 对 V 中所有的运算都是封闭的，则 B 就构成了 V 的最小的子代数。这种最大和最小的子代数称为 V 的**平凡的子代数**。若 B 是 S 的真子集（即 $B\subset S$），则 B 构成的子代数 $V'=<B,f_1,f_2,\cdots,f_k>$ 称为 V 的**真子代数**。

【例 7.9】　设 $V=<\mathbf{Z},+,0>$，令

$$n\mathbf{Z}=\{nz\mid z\in\mathbf{Z}\},\quad n\text{ 为自然数},$$

那么，$n\mathbf{Z}$ 是 V 的子代数。

证明：任取 $n\mathbf{Z}$ 中的两个元素 nz_1 和 nz_2，$z_1,z_2\in\mathbf{Z}$，则有

$$nz_1+nz_2=n(z_1+z_2)\in n\mathbf{Z},$$

即 $n\mathbf{Z}$ 对 $+$ 运算是封闭的，并且 $0=n\cdot 0\in n\mathbf{Z}$，所以，$n\mathbf{Z}$ 是 $V=<\mathbf{Z},+,0>$ 的子代数。

当 $n=1$ 时，$n\mathbf{Z}$ 就是 V 本身；当 $n=0$ 时，$0\mathbf{Z}=\{0\}$ 是 V 的最小的子代数，而其他的子代数都是 V 的非平凡的真子代数。

2. 积代数的定义和性质

定义 7.11　设 $V_1 = <S_1, \circ>$，$V_2 = <S_2, *>$ 是代数系统，$\circ$ 和 $*$ 为二元运算。V_1 与 V_2 的**积代数** $V = <S_1 \times S_2, \cdot>$，对任意的 $<x_1, y_1>$，$<x_2, y_2> \in S_1 \times S_2$，有 $<x_1, y_1> \cdot <x_2, y_2> = <x_1 \circ x_2, y_1 * y_2>$。

积代数具有如下性质：

设 $V_1 = <S_1, \circ>$，$V_2 = <S_2, *>$ 是代数系统，$\circ$ 和 $*$ 为二元运算。V_1 和 V_2 的积代数是 $V = <S_1 \times S_2, \cdot>$，则：

(1) 如果 $\circ$ 和 $*$ 运算是可交换(可结合、幂等)的，那么 $\cdot$ 运算也是可交换(可结合、幂等)的；

(2) 如果 e_1 和 e_2 分别为 $\circ$ 和 $*$ 运算的幺元，那么 $<e_1, e_2>$ 也是 $\cdot$ 运算的幺元；

(3) 如果 θ_1 和 θ_2 分别为 $\circ$ 和 $*$ 运算的零元，那么 $<\theta_1, \theta_2>$ 也是 $\cdot$ 运算的零元；

(4) 若 x 关于 $\circ$ 运算的逆元为 x^{-1}，y 关于 $*$ 运算的逆元为 y^{-1}，那么 $<x, y>$ 关于 $\cdot$ 运算也具有逆元 $<x^{-1}, y^{-1}>$。

7.2.3　代数系统的同态与同构

定义 7.12　设 $V_1 = <S_1, \circ>$，$V_2 = <S_2, *>$ 是代数系统，$\circ$ 和 $*$ 为二元运算。如果存在映射 $\varphi: S_1 \rightarrow S_2$ 满足：对任意的 $x, y \in S_1$ 有

$$\varphi(x \circ y) = \varphi(x) * \varphi(y),$$

则称 φ 是 V_1 到 V_2 的**同态映射**，简称同态。称 $<\varphi(S_1), *>$ 是 V_1 在 φ 下的**同态像**。若进一步有 $V_1 = V_2$，称 φ 为**自同态**。

【例 7.10】　设代数系统 $V = <\mathbf{R}^*, \cdot>$，其中，$\mathbf{R}^*$ 为非零实数集合，$\cdot$ 为普通乘法。判断下面的函数哪些是 V 的同态。

(1) $\varphi(x) = |x|$；　　　　　　　(2) $\varphi(x) = 2x$；

(3) $\varphi(x) = x^2$；　　　　　　　(4) $\varphi(x) = 1/x$；

(5) $\varphi(x) = -x$；　　　　　　　(6) $\varphi(x) = x + 1$。

解：若函数 φ 是 V 的同态，则必须满足：对任意的 $x, y \in \mathbf{R}^*$ 有 $\varphi(x \cdot y) = \varphi(x) \cdot \varphi(y)$，故

(1) 是同态，因为 $\varphi(x \cdot y) = |x \cdot y| = |x| \cdot |y| = \varphi(x) \cdot \varphi(y)$；

(2) 不是同态，因为 $\varphi(x \cdot y) = 2(x \cdot y)$，$\varphi(x) \cdot \varphi(y) = 2x \cdot 2y = 4(x \cdot y)$；

(3) 是同态，因为 $\varphi(x \cdot y) = (x \cdot y)^2 = x^2 \cdot y^2 = \varphi(x) \cdot \varphi(y)$；

(4) 是同态，因为 $\varphi(x \cdot y) = 1/(x \cdot y) = (1/x) \cdot (1/y) = \varphi(x) \cdot \varphi(y)$；

(5) 不是同态，因为 $\varphi(x \cdot y) = -(x \cdot y)$，$\varphi(x) \cdot \varphi(y) = (-x) \cdot (-y) = x \cdot y$；

(6) 不是同态，因为 $\varphi(x \cdot y) = x \cdot y + 1$，$\varphi(x) \cdot \varphi(y) = (x + 1) \cdot (y + 1) = x \cdot y + x + y + 1$。

根据同态映射 φ 的性质可以将同态分为单同态、满同态和同构。

(1) 若 φ 是单射的，则称 φ 为 V_1 到 V_2 的**单同态**；

(2) 若 φ 是满射的，则称 φ 为 V_1 到 V_2 的为**满同态**，这时也称 V_2 是 V_1 的同态像，记作 $V_1 \sim V_2$；

（3）若 φ 是双射的，则称 φ 为 V_1 到 V_2 的**同构**，也称代数系统 V_1 同构于 V_2，记作 $V_1 \cong V_2$。

类似地可以定义单自同态、满自同态和自同构。

【例 7.11】（1）设代数系统 $V=<\mathbf{Z},+>$，其中，$\mathbf{Z}$ 为整数集，$+$ 为普通加法。给定 $a \in \mathbf{Z}$，令

$$\varphi_a:\mathbf{Z} \rightarrow \mathbf{Z}, \quad \varphi_a(x)=ax, \quad \forall x \in \mathbf{Z}$$

那么任取 $z_1,z_2 \in \mathbf{Z}$ 有

$$\varphi_a(z_1+z_2)=a(z_1+z_2)=az_1+az_2=\varphi_a(z_1)+\varphi_a(z_2),$$

所以 φ_a 是 V 到自身的同态，这时也称 φ_a 为 V 的**自同态**。

当 $a=0$ 时，有 $\forall z \in \mathbf{Z},\varphi_0(z)=0$，称 φ_0 为**零同态**，其同态像为 $<\{0\},+>$。

当 $a=1$ 时，有 $\forall z \in \mathbf{Z},\varphi_1(z)=z$，$\varphi_1$ 为 $\mathbf{Z}$ 的恒等映射，显然是双射，其同态像就是 $<\mathbf{Z},+>$。这时 φ_1 是 V 的**自同构**。同理可证 φ_{-1} 也是 V 的自同构。

当 $a \neq \pm 1$ 且 $a \neq 0$ 时，$\forall z \in \mathbf{Z}$ 有 $\varphi_a(z)=az$，易证 φ_a 是单射的，这时 φ_a 为 V 的**单自同态**，其同态像 $<a\mathbf{Z},+>$ 是 $<\mathbf{Z},+>$ 的真子代数。

（2）设 $V_1=<\mathbf{Q},+>$，$V_2=<\mathbf{Q}^*,\cdot>$，其中 $\mathbf{Q}$ 和 $\mathbf{Q}^*$ 分别为有理数集和非零有理数集，$+$ 和 $\cdot$ 为普通加法和乘法。

令 $\varphi:\mathbf{Q} \rightarrow \mathbf{Q}^*,\varphi(x)=e^x$，因为任意的 $x,y \in \mathbf{Q},\varphi(x+y)=e^{x+y}=e^x \cdot e^y=\varphi(x) \cdot \varphi(y)$，所以 φ 是 V_1 到 V_2 的同态映射，不难看出 φ 是单同态。

（3）设 $V_1=<\mathbf{Z},+>$，$V_2=<\mathbf{Z}_n,\oplus>$，其中 $\mathbf{Z}$ 为整数集，$\mathbf{Z}_n=\{0,1,2,\cdots,n-1\}$，$+$ 和 $\oplus$ 分别为普通加法和模 n 加法。

令 $\varphi:\mathbf{Z} \rightarrow \mathbf{Z}_n,\varphi(x)=(x) \bmod n$，因为任意的 $x,y \in \mathbf{Z},\varphi(x+y)=(x+y) \bmod n=((x) \bmod n) \oplus ((y) \bmod n)=\varphi(x) \oplus \varphi(y)$，所以 φ 是 V_1 到 V_2 的同态映射，不难看出 φ 是满同态。

设 $V_1=<S_1,\circ>$，$V_2=<S_2,*>$ 是代数系统，$\circ$ 和 $*$ 为二元运算，φ 是 V_1 到 V_2 的同态映射，那么 φ 具有许多良好的性质：

（1）如果 $\circ$ 运算是可交换（可结合、幂等）的，那么在同态像 $\varphi(S_1)$ 中，$*$ 运算也是可交换（可结合、幂等）的；

（2）φ 把 V_1 的幺元 e_1 映射到 V_2 的幺元 e_2，即 $\varphi(e_1)=e_2$；

（3）φ 把 V_1 的零元 θ_1 映射到 V_2 的零元 θ_2，即 $\varphi(\theta_1)=\theta_2$；

（4）φ 把 V_1 中 x 的逆元 x^{-1} 映射到 V_2 中 $\varphi(x)$ 的逆元，即 $\varphi(x^{-1})=\varphi(x)^{-1}$。

上述关于同态映射的定义和性质可以推广到具有有限多个运算的代数系统。

通过同态和同构映射，可以在同一种代数系统的不同实例之间建立联系，它是研究不同系统之间关系的有力工具。

习　题　7

1. 设 $A=\{x\mid x=2^n, n\in \mathbf{N}\}$，问乘法和加法运算是否为 A 上的二元运算？

2. 下面各集合都是 $\mathbf{N}$ 的子集，它们在普通加法运算下是否封闭？

(1) $\{x\mid x$ 的某次幂可以被 16 整除 $\}$；

(2) $\{x\mid x$ 与 5 互质 $\}$；

(3) $\{x\mid x$ 是 30 的因子 $\}$；

(4) $\{x\mid x$ 是 30 的倍数 $\}$。

3. 设 $S=\{1,2\}$，给出 $P(S)$ 上的运算 $\sim$ 和 $\oplus$ 的运算表。其中，$\sim$ 和 $\oplus$ 分别为集合的绝对补和对称差。

4. 设 e 和 0 是关于 A 上的二元运算 $*$ 的幺元和零元，如果 $\mid A\mid >1$，则 $e\neq 0$。

5. 定义正整数集 $\mathbf{Z}^+$ 上的两个二元运算为：$a*b=a^b, a\circ b=a\times b, a,b\in \mathbf{Z}^+$。证明：

(1) $*$ 对 $\circ$ 是不可分配的；

(2) $\circ$ 对 $*$ 不可分配。

6. 设 $*$ 是自然数集 $\mathbf{N}$ 上的二元运算，并定义 $x*y=x$。

(1) 证明：$*$ 在 $\mathbf{N}$ 上是不可交换但可结合的；

(2) $\mathbf{N}$ 上的二元运算 $*$ 有幺元吗？$\mathbf{N}$ 上的元素有逆元吗？

7. 记 $\mathbf{N}_k=\{0,1,2,\cdots,k-1\}$，定义 $\mathbf{N}_k$ 上的模 k 加法为

$$x+_k y=\begin{cases} x+y, & x+y<k, \\ x+y-k, & x+y\geqslant k \end{cases}$$

问：$\mathbf{N}_k$ 上的每个元素关于模 k 加法都有逆元吗？

8. 设"$+$"是定义在自然数集合 $\mathbf{N}$ 上的普通加法运算，试说明 $\mathbf{N}$ 上的加法运算"$+$"满足哪些运算性质。

9. 设 $S=\{1,2,5,6,8,9,10\}$，确定 S 对于下面定义的运算能否构成代数系统，并说明理由。

(1) 求最大公约数；

(2) 求最小公倍数；

(3) 求两个数之中较大的数。

10. 设 $V=<\mathbf{Z},+,\cdot>$，其中 $+$ 和 $\cdot$ 分别代表普通加法和普通乘法，对下面给定的每个集合确定它是否构成 V 的子代数，并说明理由。

(1) $S_1=\{2n\mid n\in \mathbf{Z}\}$；

(2) $S_2=\{2n+1\mid n\in \mathbf{Z}\}$；

(3) $S_3=\{-1,0,1\}$。

11. $V_1=<\{1,2,3\},\circ,1>$，其中 $x\circ y=\max(x,y)$。$V_2=<\{5,6\},*,6>$，其中 $x*y=\min(x,y)$。求出 V_1 和 V_2 的所有子代数，并指出哪些是平凡子代数，哪些是真子代数。

12. 判断下列集合 A 和二元运算 $*$ 是否构成代数系统 $V=<A,*>$。如果构成，说

明 V 是否满足交换律、结合律。如果有幺元,求出这个幺元和所有的可逆元及其逆元。

(1) $A = \mathbf{Z} - \{-1\}, \forall x, y \in A, x * y = x + y + xy$;

(2) $A = P(\{a, b, c\})$,$*$ 为集合的对称差运算;

(3) B 为集合,$A = \{x \mid x$ 是 B 上的等价类$\}$,$*$ 为集合的交运算。

13. 设 $V = < A, * >$ 为代数系统,其中 $A = \{0, 1, 2, 3, 4\}, \forall a, b \in A, a * b = (ab)$ mod 5。

(1) 列出 $*$ 的运算表;

(2) $*$ 是否有零元和幺元? 若有幺元,求出幺元和所有可逆元素的逆元。

14. 设 $A = \{1, 2\}, V = < A^A, \circ >$,其中。表示函数的合成运算。试给出 V 的运算表,并求出 V 的幺元和所有可逆元素的逆元。

15. 设 $V = < S, * >$ 为代数系统,其中 $S = \{a, b, c\}$,$*$ 的运算表分别给定如下:

(1)

$*$	a	b	c
a	a	b	c
b	b	c	a
c	c	a	b

(2)

$*$	a	b	c
a	a	b	c
b	b	b	c
c	c	c	c

(3)

$*$	a	b	c
a	a	b	c
b	a	b	c
c	a	b	c

分别对以上每种情况讨论 $*$ 运算的可交换性、幂等性和可结合性,是否含有幺元以及 S 中的元素是否含有逆元。

16. 设代数系统 $V = < A, \circ, *, \triangle >$,其中 $A = \{1, 2, 5, 10\}, \forall x, y \in A$ 有 $x \circ y = x$ 与 y 的最大公约数,$x * y = x$ 与 y 的最小公倍数,$\triangle x = 10/x$。请给出关于。,$*$ 和 $\triangle$ 运算的运算表。

17. 设 $V_1 = < \{0, 1, 2\}, \circ >$,$V_2 = < \{0, 1\}, * >$,其中。表示模 3 加法,$*$ 表示模 2 乘法。试构造积代数 $V_1 \times V_2$ 的运算表,并指出积代数的幺元。

18. 记 $\mathbf{N}_k = \{0, 1, 2, \cdots, k-1\}$,$+_k$ 为模 k 加法,证明:$< \mathbf{N}, + >$ 与 $< \mathbf{N}_k, +_k >$ 同态。

19. 在代数系统 $< \mathbf{Z}, + >$ 中,$\mathbf{Z}$ 是整数集,运算"$+$"是加法运算。对 $\forall x \in \mathbf{Z}$,映射 $f: \mathbf{Z} \to \mathbf{Z}, f(x) = 5x$,证明 f 是代数系统 $< \mathbf{Z}, + >$ 的自同态映射。

20. 证明 $< \mathbf{R}^+, \cdot >$ 与 $< \mathbf{R}, + >$ 同构,其中 $+$ 和 $\cdot$ 分别代表普通加法和普通乘法。

21. 证明 $< \mathbf{R}, - >$ 与 $< \mathbf{R}^+, \div >$ 同构,其中 $-$ 和 $\div$ 分别代表普通减法和普通除法。

22. 设 φ 是 $< A, * >$ 到 $< B, \circ >$ 的同态映射,证明 $< \varphi(A), \circ >$ 是 $< B, \circ >$ 的子代数。

第8章 几个典型的代数系统

本章将分别讨论几个具有广泛应用背景的代数系统。主要包括：

(1) 具有一个二元运算的代数系统 —— 半群和群。群论是代数系统中发展最早、内容最丰富、应用最广泛的部分，也是建立其他代数系统的基础，群论在自动机理论、形式语言、语法分析、快速加法器设计和纠错码定制等方面均有卓有成效的应用。

(2) 具有两个二元运算的代数系统 —— 环和域。环和域都以群为基础，环在计算机科学和编码理论的研究中有许多应用。

(3) 格的一般知识及特殊格 —— 分配格、有补格等。在此基础上引入有补分配格 —— 布尔代数。布尔代数是一种重要的代数系统，它是以 19 世纪英国数学家布尔的名字命名的。布尔代数在命题演算、开关理论中有着重要的应用。不仅如此，许多代数系统都与之同构。可见，格与布尔代数是代数系统的重要部分。

8.1 半群和群

8.1.1 半群和独异点

1. 半群和独异点的定义

定义 8.1 设 $V = <S, \circ>$ 是代数系统，$\circ$ 为二元运算。

(1) 如果 $\circ$ 是可结合的，则称 $V = <S, \circ>$ 为**半群**。

(2) 如果半群 $V = <S, \circ>$ 中的二元运算含有幺元，则称 V 为**含幺半群**，也可称作**独异点**。为了强调幺元 e 的存在，有时将独异点记为 $<S, \circ, e>$。

(3) 如果半群 $V = <S, \circ>$（独异点 $V = <S, \circ, e>$）中的二元运算 $\circ$ 是可交换的，则称 V 为**可交换半群（可交换独异点）**。

【**例 8.1**】 (1) $<\mathbf{Z}^+, +>, <\mathbf{N}, +>, <\mathbf{Z}, +>, <\mathbf{Q}, +>, <\mathbf{R}, +>$ 都是可交换半群，其中 $+$ 表示普通加法。在这些半群中，除了 $<\mathbf{Z}^+, +>$ 外都是可交换独异点，这里普通加法 $+$ 的幺元是 0。

(2) 设 n 是大于 1 的正整数，$<M_n(\mathbf{R}), +>$ 和 $<M_n(\mathbf{R}), \cdot>$ 都是半群，也都是独异点。其中 $+$ 和 $\cdot$ 分别表示矩阵加法和矩阵乘法，它们的幺元分别为 n 阶全零矩阵 $\mathbf{0}$ 和 n 阶单位矩阵 E。

(3) $<P(S), \oplus>$ 是可交换半群，也是独异点，其中 $\oplus$ 表示集合的对称差运算，幺元是 $\varnothing$。

(4) $<\mathbf{Z}_n, \oplus_n>$ 是可交换半群，也是独异点，其中 $\mathbf{Z}_n = \{0, 1, \cdots, n-1\}$，$\oplus_n$ 表示模 n 加法，幺元是 0。

可以把上述独异点分别记作 $<\mathbf{N}, +, 0>, <\mathbf{Z}, +, 0>, <\mathbf{Q}, +, 0>, <\mathbf{R}, +,$

$0 >, < \boldsymbol{M}_n(\boldsymbol{R}), +, 0 >, < \boldsymbol{M}_n(\boldsymbol{R}), \cdot, E >, < P(S), \oplus, \varnothing >, < \boldsymbol{Z}_n, \oplus_n, 0 >$。

2. 半群和独异点的性质

由于半群 $V = < S, \circ >$ 中的运算 $\circ$ 是可结合的,可以定义元素的幂,对 $\forall x \in S$,规定:

$$x^1 = x, \quad x^{n+1} = x^n \circ x, \quad n \in \boldsymbol{Z}^+$$

用数学归纳法不难证明 x 的幂遵从以下运算规则:

$$x^n \circ x^m = x^{n+m}, \quad (x^n)^m = x^{nm}, \quad m, n \in \boldsymbol{Z}^+$$

普通乘法的幂、关系的幂、矩阵乘法的幂等都遵从这个幂运算规则。

独异点是特殊的半群,可以把半群的幂运算推广到独异点中去。由于独异点 V 中含有单位元 e,对于 $\forall x \in S$,可以定义 x 的零次幂,即

$$x^0 = e, \quad x^{n+1} = x^n \circ x, \quad n \in \boldsymbol{N}$$

不难证明独异点的幂运算也遵从半群的幂运算规则,只不过 m 和 n 不一定限于正整数,只要是自然数就成立。

3. 子半群和子独异点

半群的子代数叫作**子半群**,独异点的子代数叫作**子独异点**。

由子代数的定义不难看出,如果 $V = < S, \circ >$ 是半群,$T \subseteq S$,只要 T 对 V 中的运算 $\circ$ 封闭,那么 $< T, \circ >$ 就是 V 的子半群。而对独异点 $V = < S, \circ, e >$ 来说,$T \subseteq S$,不仅 T 要对 V 中的运算 $\circ$ 封闭,而且 $e \in T$,这时 $< T, \circ, e >$ 才构成 V 的子独异点。

8.1.2 群

下面讨论群,群是一种特殊的独异点,也是一种特殊的半群。

1. 群的定义

定义 8.2 设 $V = < S, \circ >$ 是代数系统,$\circ$ 为二元运算。如果 $\circ$ 运算是可结合的,存在幺元 $e \in S$,并且 S 中的任意元素 x 都有 $x^{-1} \in S$,则称 V 为**群**。

或者说,群是每个元素都可逆的独异点。群常用字母 G 表示。

【例 8.2】 考虑例 8.1 中的例子:

(1) $< \boldsymbol{Z}, + >, < \boldsymbol{Q}, + >, < \boldsymbol{R}, + >$ 都是群,因为任何实数 x 的加法逆元是 $-x$。而 $< \boldsymbol{Z}^+, + >$ 和 $< \boldsymbol{N}, + >$ 不是群,因为在 $< \boldsymbol{Z}^+, + >$ 中没有加法幺元,而在 $< \boldsymbol{N}, + >$ 中,除 0 以外的其他自然数都没有加法逆元。

(2) 中的 $< \boldsymbol{M}_n(\boldsymbol{R}), + >$ 是群,而 $< \boldsymbol{M}_n(\boldsymbol{R}), \cdot >$ 不是群。因为并非所有的 n 阶实矩阵都有逆矩阵。

(3) 中的 $< P(S), \oplus >$ 是群,因为对任何 S 的子集 X,X 的逆元就是 X 自身。

(4) 中的 $< \boldsymbol{Z}_n, \oplus_n >$ 也是群,0 是 $\boldsymbol{Z}_n$ 中的幺元。$\forall x \in \boldsymbol{Z}_n$,若 $x = 0$,x 的逆元就是 0;若 $x \neq 0$,则 x 的逆元是 $n - x$。

【例 8.3】 设 $G = \{e, a, b, c\}$,$\circ$ 为 G 上的二元运算,它由运算表 8.1 给出。不难证明 G 是一个群。由表 8.1 可以看出 G 的运算具有下面的特点:

e 为 G 中的幺元;$\circ$ 运算是可交换的;任何 G 中的元素与自己运算的结果都等于 e;在

a,b,c 三个元素中,任何两个元素运算的结果都等于另一个元素。

一般称这个群为 **Klein 四元群**。

表 8.1　Klein 四元群的运算表

$\circ$	e	a	b	c
e	e	a	b	c
a	a	e	c	b
b	b	c	e	a
c	c	b	a	e

下面介绍和群有关的一些术语。

若群 G 中的二元运算是可交换的,则称群 G 为**交换群**,也称作**阿贝尔（Abel）群**。例 8.1 中所有的群都是阿贝尔群。Klein 四元群也是阿贝尔群。

若群 G 中有无限多个元素,则称 G 为**无限群**,否则称为**有限群**。对于有限群 G,G 中的元素个数也称作 G 的**阶**,记作 $|G|$。例如,$<\mathbf{Z},+>,<\mathbf{Q},+>,<\mathbf{R},+>$ 都是无限群。$<\mathbf{Z}_n,\oplus_n>$ 是有限群,其阶为 n。Klein 四元群也是有限群,其阶是 4。

设 G 为群,由于 G 中每个元素都有逆元,所以能定义负的幂。

对于任意 $x\in G,n\in\mathbf{Z}^+$,定义 $x^{-n}=(x^{-1})^n$,那么就可以把独异点中关于 x^n 的定义扩充为

$$x^0=e,$$

$$x^{n+1}=x^n\circ x,\quad n\text{ 为非负整数},$$

$$x^{-n}=(x^{-1})^n,\quad n\text{ 为正整数}$$

可见,群的幂与半群、独异点的幂是不同的。例如,在 $<\mathbf{Z}_3,\oplus_3>$ 中有 $2^{-3}=(2^{-1})^3=1^3=1\oplus_3 1\oplus_3 1=0$,而在 $<\mathbf{Z},+>$ 中有 $3^{-5}=(3^{-1})^5=(-3)^5=(-3)+(-3)+(-3)+(-3)+(-3)=-15$。

设 G 是群,$a\in G$,使得等式 $a^k=e$ 成立的最小正整数 k 称为 a 的**阶**(或周期),记作 $|a|=k$,这时也称 a 为 **k 阶元**。若不存在这样的正整数 k,则称 a 为**无限阶元**。

例如,在 $<\mathbf{Z},+>$ 中,0 是 1 阶元,其他的整数都是无限阶元;在 Klein 四元群中,e 为 1 阶元,其他元素 a,b,c 都是 2 阶元;在 $<\mathbf{Z}_6,\oplus_6>$ 中,0 是 1 阶元,1 和 5 是 6 阶元,2 和 4 是 3 阶元,3 是 2 阶元。不难看出,在任何群 G 中,幺元 e 的阶都是 1。

2. 群的性质

群是一个重要的代数系统,它具有许多有用的性质。

定理 8.1　设 G 为群,则 G 中的幂运算满足:

(1) $\forall a\in G,(a^{-1})^{-1}=a$;

(2) $\forall a,b\in G,(ab)^{-1}=b^{-1}a^{-1}$;

(3) $\forall a\in G,a^na^m=a^{n+m},n,m\in\mathbf{Z}$;

(4) $\forall a\in G,(a^n)^m=a^{nm},n,m\in\mathbf{Z}$;

(5) 若 G 为交换群,则 $(ab)^n = a^n b^n$。

证明:这里仅证明(1)和(2)。

(1) $(a^{-1})^{-1}$ 是 a^{-1} 的逆元,a 也是 a^{-1} 的逆元。根据逆元的唯一性,$(a^{-1})^{-1} = a$ 成立。

(2) $(b^{-1}a^{-1})(ab) = b^{-1}(a^{-1}a)b = b^{-1}b = e$,同理 $(ab)(b^{-1}a^{-1}) = e$,故 $b^{-1}a^{-1}$ 是 ab 的逆元,$(ab)^{-1}$ 也是 ab 的逆元。根据逆元的唯一性,$(ab)^{-1} = b^{-1}a^{-1}$ 成立。

关于(3)、(4)、(5)中的等式,可以先利用数学归纳法对于自然数 n 和 m 证出相应的结果,然后讨论 n 或 m 为负数的情况。

注意:定理 8.1(2) 中的结果可以推广到多个元素的情况,即 $\forall x_1, x_2, \cdots, x_n \in G$ 有

$$(x_1 x_2 \cdots x_n)^{-1} = x_n^{-1} \cdots x_2^{-1} x_1^{-1}$$

另外,上述定理中的最后一个等式只对交换群成立。即如果 G 是非交换群,那么只有 $(ab)^n = \underbrace{(ab)(ab) \cdots (ab)}_{n个}$ 成立。

定理 8.2 设 G 为群,$\forall a, b \in G$,方程 $ax = b$ 和 $ya = b$ 在 G 中有解,且有唯一解。

证明:先证 $a^{-1}b$ 是方程 $ax = b$ 的解。

将 $a^{-1}b$ 代入方程左边的 x 得 $a(a^{-1}b) = (aa^{-1})b = eb = b$,所以 $a^{-1}b$ 是该方程的解。下面证明唯一性。

假设 c 是方程 $ax = b$ 的解,必有 $ac = b$,从而有 $c = ec = (a^{-1}a)c = a^{-1}(ac) = a^{-1}b$。所以方程 $ax = b$ 在 G 中有唯一解。

同理可证 ba^{-1} 是方程 $ya = b$ 的唯一解。

定理 8.3 设 G 为群,则 G 中适合消去律,即对 $\forall a, b, c \in G$ 有

(1) 若 $ab = ac$,则 $b = c$;

(2) 若 $ba = ca$,则 $b = c$。

因为在 G 中没有零元 θ,所以对 G 中的任何元素都可以消去,在集合代数中有关对称差运算的消去律就是这个定理的一个实例。

定理 8.4 G 为群,$a \in G$ 且 $|a| = r$。设 k 是整数,则

(1) $a^k = e$ 当且仅当 $r \mid k$;

(2) $|a| = |a^{-1}|$。

证明:(1) 充分性:由于 $r \mid k$,必存在整数 m 使得 $k = mr$,故有 $a^k = a^{mr} = (a^r)^m = e^m = e$。

必要性:根据除法,存在整数 m 和 i 使得 $k = mr + i (0 \leqslant i \leqslant r-1)$,从而有 $e = a^k = a^{mr+i} = (a^r)^m a^i = ea^i = a^i$,因为 $|a| = r$,必有 $i = 0$。这就证明了 $r \mid k$。

(2) 由 $(a^{-1})^r = (a^r)^{-1} = e^{-1} = e$,可知 a^{-1} 的阶存在。令 $|a^{-1}| = t$,根据上面的证明有 $t \mid r$。这说明 a 的逆元的阶是 a 的阶的因子。而 a 又是 a^{-1} 的逆元,所以 a 的阶也是 a^{-1} 的阶的因子,故有 $r \mid t$。从而证明了 $r = t$,即 $|a| = |a^{-1}|$。

8.1.3 子群

下面考虑群的子代数 —— 子群。

定义 8.3 设 $< G, \circ >$ 是群,如果满足以下条件:

(1) S 是 G 的非空子集；

(2) S 在运算 ∘ 下也构成群，即 $<S, \circ>$ 是群；

则称 $<S, \circ>$ 是 $<G, \circ>$ 的**子群**。

对任意的群 $<G, \circ>$ 来说，$<\{e\}, \circ>$ 和 $<G, \circ>$ 都是群 G 的子群。由于任何群 $<G, \circ>$ 都有这两个子群，故称它们为群 G 的**平凡子群**，而群 G 的其他子群则称为**非平凡子群**。

例如，$S = n\mathbf{Z} = \{nk \mid k \in \mathbf{Z}\}$，$n$ 为给定自然数，$<S, +>$ 是 $<\mathbf{Z}, +>$ 的子群。当 $n = 0$ 和 1 时，子群分别是 $\{0\}$ 和 $\mathbf{Z}$，称为平凡子群；$2\mathbf{Z}$ 由能被 2 整除的全体整数构成，也是子群。在 Klein 四元群 $G = \{e, a, b, c\}$ 中，有 5 个子群：$\{e\}$，$\{e, a\}$，$\{e, b\}$，$\{e, c\}$，G。其中，$\{e\}$ 和 G 是 G 的平凡子群，除了 G 自身外，其他子群都是 G 的**真子群**。

【例 8.4】　求群 $<\mathbf{Z}_6, \oplus_6>$ 的所有真子群。

解：首先列出集合 $\mathbf{Z}_6 = \{0, 1, 2, 3, 4, 5\}$ 的所有非空真子集。

1 元子集：$\{0\}$，$\{1\}$，$\{2\}$，$\{3\}$，$\{4\}$，$\{5\}$；

2 元子集：$\{0, 1\}$，$\{0, 2\}$，$\{0, 3\}$，$\{0, 4\}$，…；

3 元子集：$\{0, 1, 2\}$，$\{0, 1, 3\}$，$\{0, 1, 4\}$，$\{0, 1, 5\}$，$\{0, 2, 3\}$，…；

4 元子集：$\{0, 1, 2, 3\}$，$\{0, 1, 2, 4\}$，$\{0, 1, 2, 5\}$，$\{0, 2, 3, 4\}$，…；

5 元子集：$\{0, 1, 2, 3, 4\}$，$\{0, 1, 2, 3, 5\}$，$\{1, 2, 3, 4, 5\}$，

此时仅有 4 个子集 $\{0\}$，$\{0, 3\}$，$\{0, 2, 4\}$，$\{0, 1, 2, 3, 4, 5\}$ 关于运算 "$\oplus_6$" 满足：

(1) 封闭性：运算 "$\oplus_6$" 关于集合 $\{0\}$，$\{0, 3\}$，$\{0, 2, 4\}$，$\{0, 1, 2, 3, 4, 5\}$ 是封闭的；

(2) 结合律：显然成立；

(3) 幺元：对集合 $\{0\}$，$\{0, 3\}$，$\{0, 2, 4\}$，$\{0, 1, 2, 3, 4, 5\}$，都有幺 0；

(4) 存在逆元：

对集合 $\{0\}$，有：$0^{-1} = 0$；

对集合 $\{0, 3\}$，有：$0^{-1} = 0, 3^{-1} = 3$；

对集合 $\{0, 2, 4\}$，有：$0^{-1} = 0, 2^{-1} = 4, 4^{-1} = 2$；

对集合 $\{0, 1, 2, 3, 4, 5\}$，有：$0^{-1} = 0, 2^{-1} = 4, 3^{-1} = 3, 4^{-1} = 2, 5^{-1} = 1$。

由上述几点可知：$<\{0\}, \oplus_6>$，$<\{0, 3\}, \oplus_6>$，$<\{0, 2, 4\}, \oplus_6>$，$<\{0, 1, 2, 3, 4, 5\}, \oplus_6>$ 是 $<\mathbf{Z}_6, \oplus_6>$ 的真子群。

引理 8.1　设 $<G, \circ>$ 是一个群，$<S, \circ>$ 是 $<G, \circ>$ 的子群，则

(1) 子群 $<S, \circ>$ 的幺元 e_S 也是 $<G, \circ>$ 的幺元 e_G；

(2) 对 $\forall a \in S$，a 在 S 中的逆元 a_S^{-1} 就是 a 在 G 中的逆元 a_G^{-1}。

证明：(1) e_S 是 $<S, \circ>$ 的幺元，则 $e_S^2 = e_S$，又 $S \subseteq G$，则 $e_S \in G$，由上式可知 e_S 也是群 $<G, \circ>$ 的一个幂等元，所以有 $e_S = e_G$。

(2) 对 $\forall a \in S$，a 在 S 中的逆元为 $a_S^{-1} \in S$，则有为 $a \circ a_S^{-1} = a_S^{-1} \circ a = e_S = e$，由于 $S \subseteq G$，所以 $a, a_S^{-1} \in G$，有 $a_S^{-1} = a_G^{-1}$。

定理 8.5　设 $<G, \circ>$ 是一个群，S 是 G 的非空子集，则 $<S, \circ>$ 是 $<G, \circ>$ 的子群的充分必要条件是：

(1) 对 $\forall a, b \in S$，都有 $a \circ b \in S$；

(2) 对 $\forall a \in S$，都有 $a^{-1} \in S$。

证明:先证充分性。

要证明 $<S,\circ>$ 是群,需证明运算。对 S 封闭,结合律成立,S 有幺元和 S 中的任意元素都有逆元。

封闭性:由(1)可知运算。对 S 是封闭的。

结合律:在 G 中满足结合律,S 是 G 的子集,所以。也在 S 中满足结合律。

有幺元:S 是非空的子集,所以存在元素 $a\in S$,由条件(2)可得 $a^{-1}\in S$,再由条件(1)知 $a\circ a^{-1}\in S$,即 G 的幺元 $e=a\circ a^{-1}\in S$。对 $\forall b\in S, e\circ b=b\circ e$,所以 e 也是 S 的幺元。

有逆元:由条件(2),即对 $\forall a\in S$,都有 $a^{-1}\in S$,则 $a\circ a^{-1}=a^{-1}\circ a=e$,又因为已经证明 e 是 S 的幺元,所以,在 $<S,\circ>$ 中 a^{-1} 也是 a 的逆元。

综上,$<S,\circ>$ 是群,进而是 $<G,\circ>$ 的子群。

再证必要性,即证明当 $<S,\circ>$ 是 $<G,\circ>$ 的子群时,条件(1)和条件(2)成立。

如果 $<S,\circ>$ 是 $<G,\circ>$ 的子群,显然运算。对 S 封闭,即条件(1)成立。

根据引理8.1可知,S 中 a 的逆元也是 a 在 G 中的逆元,因此对 $\forall a\in S$,都有 $a^{-1}\in S$,故条件(2)也成立。

定理 8.6 设 $<G,\circ>$ 是一个群,S 是 G 的非空子集,则 $<S,\circ>$ 是 $<G,\circ>$ 的子群的充分必要条件是:对 $\forall a,b\in S$,都有 $a\circ b^{-1}\in S$。

证明:先证必要性。

如果 $<S,\circ>$ 是 $<G,\circ>$ 的子群,则对 $\forall a,b\in S$,由定理8.5可知,$b^{-1}\in S$,于是 $a\circ b^{-1}\in S$,所以必要性成立。

再证充分性,即对 $\forall a,b\in S$,都有 $a\circ b^{-1}\in S$,证 $<S,\circ>$ 是 $<G,\circ>$ 的子群。

S 非空,所以存在 $c\in S$,则由已知有 $c\circ c^{-1}\in S$,即幺元 $e=c\circ c^{-1}\in S$,则对 $\forall a\in S$,由已知及 $e\in S$,有 $e\circ a^{-1}\in S$,即 $a^{-1}\in S$。

又对 $\forall a,b\in S$,有 $b\in S$,则 $b^{-1}\in S$,则 $a\circ b=a\circ(b^{-1})^{-1}\in S$,由定理8.5可知,$<S,\circ>$ 是 $<G,\circ>$ 的子群。

定理 8.7 设 $<G,\circ>$ 是一个群,S 是 G 的有限非空子集,则 $<S,\circ>$ 是 $<G,\circ>$ 的子群的充分必要条件是:对 $\forall a,b\in S$,有 $a\circ b\in S$。

证明:必要性是显然的,下面证明充分性。

对 $\forall a\in S$,则由已知有 $a^2=a\circ a\in S$,$a^3=a^2\circ a\in S$,$\cdots$,$a^n=a^{n-1}\circ a\in S$,$\cdots$,又因 S 是有限非空集,所以必存在正整数 i 和 j,使 $a^i=a^j$。不妨设 $i<j$,则有 $a^i=a^i\circ a^{j-i}=a^{j-i}\circ a^i$,这说明 a^{j-i} 是 $<G,\circ>$ 的幺元,即 $a^{j-i}=e$,这个幺元也在子集 S 中。

如果 $j-i>1$,那么由 $a^{j-i}=a\circ a^{j-i-1}=a^{j-i-1}\circ a$ 可知,a^{j-i-1} 是 a 的逆元且 $a^{j-i-1}\in S$。如果 $j-i=1$,那么由 $a^i=a^i\circ a$ 知,a 就是幺元且 a 的逆元就是 a。因此,对 $\forall a\in S$,有 $a^{-1}\in S$。又已知 $\forall a,b\in S$,有 $a\circ b\in S$,所以根据定理8.5可得 $<S,\circ>$ 是 $<G,\circ>$ 的子群。

定理得证。

推论 设 S 是有限群 $<G,\circ>$ 的非空子集,则 S 是子群的充分必要条件是:$\forall a,b\in S$,有 $a\circ b\in S$。

8.1.4 群同态

定义 8.4 设 $<G,*>$ 和 $<H,\circ>$ 是两个群,映射 $\psi:G\rightarrow H$,且对 $\forall a,b\in G$,

都有

$$\psi(a * b) = \psi(a) \circ \psi(b),$$

则称映射 ψ 是从 $<G, *>$ 到 $<H, \circ>$ 的**群同态映射**,简称**群同态**。

当 $\circ$ 是单射、满射或双射时,群同态 ψ 分别称为**单一群同态**、**满群同态**和**群同构**。如果 $<G, *>=<H, \circ>$,则对应地称 ψ 为**自同态**或**自同构**。

定理 8.8　设 ψ 是 $<G, *>$ 到 $<H, \circ>$ 的群同态,则

(1) 若 e 是群 G 的幺元,则 $\psi(e)$ 是群 H 的幺元;

(2) $\forall a \in G$,有 $\psi(a^{-1}) = (\psi(a))^{-1}$。

证明:(1) 由于 $e * e = e$,ψ 又是同态映射,则 $\psi(e) = \psi(e * e) = \psi(e) \circ \psi(e)$,可见 $\psi(e)$ 是群 H 中的幂等元,所以 $\psi(e)$ 是群 H 的元。

(2) 由 ψ 是同态映射,可得 $\psi(a) \circ \psi(a^{-1}) = \psi(a * a^{-1}) = \psi(e)$,$\psi(a^{-1}) \circ \psi(a) = \psi(a^{-1} * a) = \psi(e)$,$\psi(e)$ 是群 H 的幺元,因此有 $\psi(a^{-1}) = (\psi(a))^{-1}$。

定理 8.8 说明,群同态映射将幺元映射为幺元,将逆元映射为逆元。

8.2　环　和　域

本节讨论含有两个二元运算的代数系统 —— 环和域。

8.2.1　环

1. 环的定义

定义 8.5　设 $<R, +, *>$ 是代数系统,$+$ 和 $*$ 是二元运算,如果满足以下条件:

(1) $<R, +>$ 构成交换群;

(2) $<R, *>$ 构成半群;

(3) $*$ 运算关于 $+$ 运算适合分配律;

则称 $<R, +, *>$ 是一个**环**。

为了叙述的方便,通常称 $+$ 运算为环中的加法,$*$ 运算为环中的乘法。环中的加法幺元记作 0,乘法幺元(如果存在)记作 1。对任何元素 x,称 x 的加法逆元为**负元**,记作 $-x$。若 x 存在乘法逆元,则称之为**逆元**,记作 x^{-1}。因此,在环中写 $x - y$ 意味着 $x + (-y)$。

【例 8.5】　(1) 整数集 $\mathbf{Z}$,有理数集 $\mathbf{Q}$,实数集 $\mathbf{R}$,复数集 $\mathbf{C}$ 关于普通的加法和乘法构成环,分别称为整数环 $\mathbf{Z}$,有理数环 $\mathbf{Q}$,实数环 $\mathbf{R}$,复数环 $\mathbf{C}$。

(2) $n(n \geqslant 2)$ 阶实矩阵的集合 $\mathbf{M}_n(\mathbf{R})$ 关于矩阵的加法和乘法构成环,称为 **n 阶实矩阵环**。

(3) 集合 S 的幂集 $P(S)$ 关于集合的对称差运算 $\oplus$ 和交运算 $\cap$ 构成环。

(4) 设 $\mathbf{Z}_k = \{0, 1, \cdots, k-1\}$,$\oplus_k$ 和 $\otimes_k$ 分别表示模 k 加法和模 k 乘法,则 $<\mathbf{Z}_k, \oplus_k, \otimes_k>$ 构成环,称为**模 k 整数环**。因为 $<\mathbf{Z}_k, \oplus_k>$ 是阿贝尔群,0 是幺元,$<\mathbf{Z}_k, \otimes_k>$ 是半群,对任意元素 $a, b, c \in \mathbf{Z}_k$,有

$$a \otimes_k (b \oplus_k c) = a \otimes_k [(b+c) \pmod k]$$

$$=[a \times (b+c)] (\bmod k)$$

$$=(a \times b + a \times c) (\bmod k)$$

$$=[(a \times b)(\bmod k)] \oplus_k [(a \times c)(\bmod k)]$$

$$=(a \otimes_k b) \oplus_k (a \otimes_k c)$$

又 $\otimes_k$ 可交换,所以模 k 乘法 $\otimes_k$ 对模 k 加法 $\oplus_k$ 适合分配律。

在环 $<R,+,*>$ 中,如果乘法 $*$ 适合交换律,则称 R 是**交换环**。如果对于乘法 $*$ 有幺元,则称 R 是**含幺环**。可以证明加法幺元 0 恰好是乘法的零元。

在环 $<R,+,*>$ 中,如果存在 $a,b \in R, a \neq 0, b \neq 0$,但 $a*b=0$,则称 a 为 R 中的**左零因子**,b 为 R 中的**右零因子**。如果环 R 中既不含左零因子,也不含右零因子,即 $\forall a,b \in R, a*b=0 \Rightarrow a=0 \lor b=0$,则称 R 为**无零因子环**。

例如,$<\mathbf{Z},+,*>$,$<\mathbf{Q},+,*>$,$<\mathbf{R},+,*>$,$<\mathbf{Z}_n,\oplus,\odot>$ 都是交换环,但 $<M_n(\mathbf{R}),+,*>$ 不是交换环。它们都是含幺环。因为 1 是普通乘法的幺元,也是模 n 乘法 $\odot$ 的幺元。而 n 阶单位矩阵 E 是环 $M_n(\mathbf{R})$ 的乘法幺元。$<\mathbf{Z},+,*>$,$<\mathbf{Q},+,*>$ 和 $<\mathbf{R},+,*>$ 都是无零因子环,但 $<\mathbf{Z}_n,\oplus,\odot>$ 不一定是无零因子环。例如,$<\mathbf{Z}_6,\oplus,\odot>$ 中有 $2 \odot 3 = 0$,但 2 和 3 都不是 0。$<\mathbf{Z}_6,\oplus,\odot>$ 不是无零因子环,而 $<\mathbf{Z}_5,\oplus,\odot>$ 是无零因子环。

定义 8.6 (1) 若环 $<R,+,*>$ 是交换、含幺和无零因子的,则称 R 为**整环**。

(2) 若环 $<R,+,*>$ 至少含有 2 个元素且是含幺和无零因子的,并且 $\forall a \in R (a \neq 0)$ 有 $a^{-1} \in R$,则称 R 为**除环**。

2. 环的性质

定理 8.9 设 $<R,+,*>$ 是环,则

(1) $\forall a \in R, a*0 = 0*a = 0$;

(2) $\forall a,b \in R, (-a)*b = a*(-b) = -(a*b)$;

(3) $\forall a,b \in R, (-a)*(-b) = a*b$;

(4) $\forall a,b,c \in R, a*(b-c) = a*b - a*c, (b-c)*a = b*a - c*a$。

证明:(1) 对 $\forall a \in R$,有

$$a*0 = a*(0+0) = a*0 + a*0,$$

由环中加法的消去律得

$$0 = a*0$$

同理可证

$$0*a = 0$$

所以,$a*0 = 0*a = 0$。

(2) 对 $\forall a,b \in R$,有

$$(-a)*b + a*b = (-a+a)*b = 0*b = 0$$

类似地,有

$$a*b+(-a)*b=(a+(-a))*b=0*b=0$$

因此，$(-a)*b$ 是 $a*b$ 的负元，由负元的唯一性可知，$(-a)*b=-(a*b)$。

同理可证 $a*(-b)=-(a*b)$。

所以，$(-a)*b=a*(-b)=-(a*b)$。

(3) $(-a)*(-b)=-(a*(-b))=-(-(a*b))=a*b$。

(4) $a*(b-c)=a*(b+(-c))=a*b+a*(-c)=a*b-a*c$。

同理有：$(b-c)*a=b*a-c*a$。

由定理 8.9 可以看出，加法的幺元 0 恰好是乘法的零元。

【例 8.6】　设 $<R,+,*>$ 是一个环，对 $\forall a,b\in R$，计算 $(a+b)^2$ 和 $(a-b)^3$。

解：$(a+b)^2=(a+b)*(a+b)$

$$=a*a+a*b+b*a+b*b$$

$$=a^2+a*b+b*a+b^2,$$

同理可得

$$(a-b)^3=(a-b)*(a-b)*(a-b)$$

$$=(a*a+a*(-b)+(-b)*a+(-b)*(-b))*(a-b)$$

$$=(a^2-a*b-b*a+b^2)*(a-b)$$

$$=a^3-a*b*a-b*a^2+b^2*a-a^2*b+a*b^2+b*a*b-b^3$$

在上面两个式子中的许多项是不能合并的。例如，$b*a^2$ 与 $a*b*a$，a^2*b 等都不能合并。如果合并一定会用到乘法的交换律。在初等代数中的加法和乘法运算都是在实数域中进行的，乘法是可以交换的，而在一般的环中，乘法可能是不可交换的。

3. 子环

定义 8.7　设 $<R,+,*>$ 是一个环，S 是 R 的非空子集。若 S 关于环 R 的加法和乘法也构成一个环，则称 S 为 R 的**子环**。若 S 是 R 的子环，且 $S\subset R$，则称 S 是 R 的**真子环**。

例如，整数环 **Z** 和有理数环 **Q** 都是实数环 **R** 的真子环。$\{0\}$ 和 **R** 也是实数环 **R** 的子环，称为**平凡子环**。

定理 8.10　设 $<R,+,*>$ 是环，S 是 R 的非空子集，若

(1) $\forall a,b\in S,a-b\in S$；

(2) $\forall a,b\in S,a*b\in S$；

则 S 是 R 的子环。

证明：由(1)可知 S 关于环 R 中的加法构成群。由(2)可知 S 关于环 R 中的乘法构成半群。显然 R 中关于加法的交换律以及乘法对加法的分配律在 S 中也是成立的。因此 S 是 R 的子环。

【例 8.7】　(1) 考虑整数环 $<\mathbf{Z},+,\cdot>$，对于任意给定的自然数 n，$n\mathbf{Z}=\{nz\mid z\in\mathbf{Z}\}$ 是 **Z** 的非空子集，且 $\forall nk_1,nk_2\in n\mathbf{Z}$ 有 $nk_1-nk_2=n(k_1-k_2)\in n\mathbf{Z}$，$nk_1\cdot nk_2=n(nk_1k_2)\in n\mathbf{Z}$，由定理 8.10 知 $n\mathbf{Z}$ 是整数环的子环。

（2）考虑模 6 整数环 $<\mathbf{Z}_6,\oplus_6,\otimes_6>$，不难验证 $\{0\}$，$\{0,3\}$，$\{0,2,4\}$ 和 $\mathbf{Z}_6$ 都是它的子环。其中 $\{0\}$ 和 $\mathbf{Z}_6$ 是平凡的，其余的都是非平凡的真子环。

4. 环的同态

定义 8.8　设 $<R,+,\cdot>$ 和 $<S,\oplus,\otimes>$ 是环，ψ 是 R 到 S 的一个映射，如果对 $\forall x,y \in R$ 有 $\psi(x+y)=\psi(x)\oplus\psi(y)$，$\psi(x\cdot y)=\psi(x)\otimes\psi(y)$ 成立，则称 ψ 是环 R 到 S 的**同态映射**，简称**环同态**。

类似于群同态，也可以定义环的单同态、满同态和同构等。

【例 8.8】　设 $R_1=<\mathbf{Z},+,\cdot>$ 是整数环，$R_2=<\mathbf{Z}_n,\oplus_n,\otimes_n>$ 是模 n 的整数环。令 $\psi:\mathbf{Z}\rightarrow\mathbf{Z}_n$，$\psi(x)=(x)\bmod n$，证明 ψ 是环 R_1 到 R_2 的同态映射。

证明：对于 $\forall x,y \in \mathbf{Z}$ 有

$$\psi(x+y)=(x+y)\bmod n=((x)\bmod n)\oplus_n((y)\bmod n)=\psi(x)\oplus_n\psi(y),$$

$$\psi(xy)=(xy)\bmod n=((x)\bmod n)\otimes_n((y)\bmod n)=\psi(x)\otimes_n\psi(y)$$

所以 ψ 是环 R_1 到 R_2 的同态映射，且不难看出 ψ 是满同态。

8.2.2　域

定义 8.9　设 $<R,+,\cdot>$ 是环，如果满足如下条件：

（1）环中乘法 $\cdot$ 可交换；

（2）R 中至少含有两个元素，且 $\forall a \in R-\{0\}$ 都有 $a^{-1}\in R$；

则称 R 是**域**（其中，0 指加法幺元，a^{-1} 指 a 的乘法逆元）。

域也可以采用下面的等价定义。

定义 8.10　若环 $<R,+,\cdot>$ 既是整环，又是除环，则称 R 是**域**。

例如，$\mathbf{Q}$，$\mathbf{R}$，$\mathbf{C}$ 分别表示有理数集、实数集、复数集，运算"+"和"×"分别表示普通加法和普通乘法运算，$<\mathbf{Q},+,\times>$，$<\mathbf{R},+,\times>$，$<\mathbf{C},+,\times>$ 都是域，分别称为有理数域 $\mathbf{Q}$，实数域 $\mathbf{R}$，复数域 $\mathbf{C}$。

【例 8.9】　设 $\mathbf{Z}_k=\{0,1,\cdots,k-1\}$，$\oplus_k$ 和 $\otimes_k$ 分别表示模 k 加法和模 k 乘法，证明：$<\mathbf{Z}_k,\oplus_k,\otimes_k>$ 是一个域，当且仅当 k 是素数。

证明：必要性。

若 k 不是素数，那么 $k=1$ 或 $k=ab$。$k=1$ 时，$\mathbf{Z}_1=\{0\}$，只有一个元素不是域；$k=ab$ 时，则 $a\otimes_k b=0$，a,b 是零因子，所以 $<\mathbf{Z}_k,\oplus_k,\otimes_k>$ 不是域。

充分性。

（1）证明 $<\mathbf{Z}_k-\{0\},\otimes_k>$ 是群：

① 对 $\mathbf{Z}_k-\{0\}$ 中的任意元素 a 和 b，$a\otimes_k b\neq 0$，所以 $\mathbf{Z}_k-\{0\}$ 对 $\otimes_k$ 封闭。

② $\otimes_k$ 是可结合的运算。

③ $\otimes_k$ 的幺元是 1。

④ 对每一个元素 $a\in\mathbf{Z}_k-\{0\}$ 都存在一个逆元。

④ 的证明如下：

设 b 和 $c(b\neq c)$ 是 $\mathbf{Z}_k-\{0\}$ 中的任意两个元素，现证 $a\otimes_k b\neq a\otimes_k c$。

用反证法,若 $a \otimes_k b = a \otimes_k c$,则

$$ab = nk + r, ac = mk + r,$$

不妨设 $b > c$,于是 $n > m$,故

$$ab - ac = nk - mk, 即\ a(b-c) = (n-m)k$$

因 a 和 $(b-c)$ 都比 k 小而 k 是素数,所以上式不可能成立。这样就证明了若 $b \neq c$,则 $a \otimes_k b \neq a \otimes_k c$。

于是 a 和 $\mathbf{Z}_k - \{0\}$ 中的 $k-1$ 个数的模 k 乘法,其结果都不相同,但又必须等于$\{1,$ $2, \cdots, k-1\}$ 中的一个,故必存在一个元素 b,使 $a \otimes_k b = 1$。这就证明了任意元素 a 存在逆元。

⑤ $\otimes_k$ 是可交换的。

由 ① ～ ⑤ 得 $< \mathbf{Z}_k - \{0\}, \otimes_k >$ 是阿贝尔群。

(2) 显然 $< \mathbf{Z}_k - \{0\}, \oplus_k >$ 是阿贝尔群。

(3) 乘法 $\otimes_k$ 对加法 $\oplus_k$ 是可分配的,在例 8.5(4) 中已证明。

综上所述,$< \mathbf{Z}_k, \oplus_k, \otimes_k >$ 是一个域,当且仅当 k 是素数。

一般地,当 k 是素数时,$< \mathbf{Z}_k, \oplus_k, \otimes_k >$ 是域,称为**模 k 整数域**。

半群、群、环和域是几个重要的代数系统,受篇幅的限制,这里只是对这几个代数系统的基本概念和初步结论进行了简单介绍,图 8.1 列出了这几个重要的代数系统的关系,以方便读者理清这些概念之间关系,在今后的学习和应用中可以从这些基本概念入手,查阅相关书籍进行深入研究。

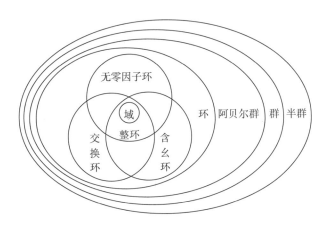

图 8.1　代数系统之间的关系

8.3　格和布尔代数

本节介绍另一类重要的代数系统 —— 格和布尔代数。它们在计算机科学中有十分重要的作用,可直接用于开关理论和逻辑电路设计、密码学和计算机理论科学等。首先说明,本节里的 ∨ 和 ∧ 不再代表逻辑符号,而是偏序集中的两个运算符。

8.3.1   格

1. 格的定义

格的定义有两种,一种是从偏序集的角度给出的,这种定义可以借助哈斯图表示,因此比较直观,易于理解。

定义 8.11   设 $<S, \leqslant>$ 是偏序集,如果 $\forall x, y \in S, \{x, y\}$ 都有最小上界和最大下界,则称 S 关于 $\leqslant$ 构成一个**格**。

我们暂且把由偏序关系定义的格称为**偏序格**。

由于最小上界与最大下界的唯一性,可以把求 $\{x, y\}$ 的最小上界和最大下界看成 x 与 y 的二元运算 $\vee$ 和 $\wedge$,即 $x \vee y$ 和 $x \wedge y$ 分别表示 x 和 y 的最小上界和最大下界。

【例 8.10】   考虑偏序集 $<S_n, D>$,其中 n 为正整数,S_n 为 n 的所有正因子的集合,D 为整除关系,试问 $<S_n, D>$ 是否是一个格?

解:对 $\forall x, y \in S_n, x \vee y$ 是 x, y 的最小公倍数 $[x, y], x \wedge y$ 是 x, y 的最大公约数 (x, y),所以 $<S_n, D>$ 是一个格。图 8.2 给出了格 $<S_8, D>, <S_6, D>, <S_{30}, D>$。

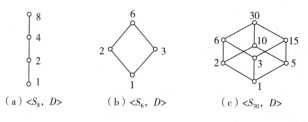

$(a) <S_8, D>$ $(b) <S_6, D>$ $(c) <S_{30}, D>$

图 8.2   格的示例

【例 8.11】   判断图 8.3 中的偏序集是否构成格,并说明理由。

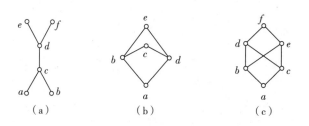

(a) (b) (c)

图 8.3   3 个偏序集

解:它们都不是格。图 8.3(a) 中的 $\{e, f\}$ 没有上界,图 8.3(b) 中的 $\{b, d\}$ 有上界 c 和 e,但没有最小上界。图 8.3(c) 中的 $\{d, e\}$ 有下界 a, b, c,但没有最大下界。

下面从代数系统的角度给出格的另一种定义。

定义 8.12   设 $<L, \wedge, \vee>$ 是具有两个二元运算的代数系统,且对于 $\wedge$ 和 $\vee$ 运算满足交换律、结合律和吸收律,则称代数系统 $<L, \wedge, \vee>$ 为**格**。

我们暂且把由代数系统定义的格称为**代数格**,可以借助代数系统的子代数、同态与同构等工具来讨论其性质。当然,上述偏序格和代数格的定义是等价的。今后不再区分偏序格和代数格,而把它们统称为格。

2. 格的性质

定理 8.11　设 $<L,\leqslant>$ 为格,则对 $\forall a,b\in L$ 有

$$a\leqslant b\Leftrightarrow a\wedge b=a\Leftrightarrow a\vee b=b$$

定理 8.12　设 $<L,\leqslant>$ 为格,则对 $\forall a,b,c,d\in L$,若有 $a\leqslant b$ 且 $c\leqslant d$,则

$$a\wedge c\leqslant b\wedge d,\quad a\vee c\leqslant b\vee d$$

证明:因为 $a\wedge c\leqslant a\leqslant b,a\wedge c\leqslant c\leqslant d$,所以 $a\wedge c\leqslant b\wedge d$。

同理可证 $a\vee c\leqslant b\vee d$。

格还有一条重要的性质,即格的**对偶原理**。

设 f 是含有格中的元素以及符号 $=,\leqslant,\geqslant,\vee,\wedge$ 的命题,令 f^* 是将 f 中的 $\leqslant$ 改写成 $\geqslant$,$\geqslant$ 改写成 $\leqslant$,$\vee$ 改写成 $\wedge$,$\wedge$ 改写成 $\vee$ 所得到的命题,称为 f 的**对偶命题**。根据格的对偶原理,若 f 对一切格为真,则 f^* 也对一切格为真。

例如,在格中有 $(a\vee b)\wedge c\leqslant c$ 成立,则有 $(a\wedge b)\vee c\geqslant c$ 成立。

定理 8.13　设 $<L,\leqslant>$ 为格,则运算 $\vee$ 和 $\wedge$ 适合交换律、结合律、幂等律和吸收律,即对 $\forall a,b,c\in L$ 有

(1) 交换律:

$$a\vee b=b\vee a,\quad a\wedge b=b\wedge a$$

(2) 结合律:

$$(a\vee b)\vee c=a\vee(b\vee c),\quad(a\wedge b)\wedge c=a\wedge(b\wedge c)$$

(3) 幂等律:

$$a\vee a=a,\quad a\wedge a=a$$

(4) 吸收律

$$a\vee(a\wedge b)=a,\quad a\wedge(a\vee b)=a$$

证明:(1) $a\vee b$ 是 $\{a,b\}$ 的最小上界,$b\vee a$ 是 $\{b,a\}$ 的最小上界。因为 $\{a,b\}=\{b,a\}$,所以有 $a\vee b=b\vee a$。同理可证 $a\wedge b=b\wedge a$。

(2) 由最小上界的定义有

$$(a\vee b)\vee c\geqslant a\vee b\geqslant a,\tag{8.1}$$

$$(a\vee b)\vee c\geqslant a\vee b\geqslant b,\tag{8.2}$$

$$(a\vee b)\vee c\geqslant c\tag{8.3}$$

由式(8.2)和式(8.3)得

$$(a\vee b)\vee c\geqslant b\vee c,\tag{8.4}$$

再由式(8.1)和式(8.4)得

$$(a\vee b)\vee c\geqslant a\vee(b\vee c)$$

同理可证

$$(a \vee b) \vee c \leqslant a \vee (b \vee c)$$

根据偏序的反对称性有

$$(a \vee b) \vee c = a \vee (b \vee c)$$

类似地,可以证明

$$(a \wedge b) \wedge c = a \wedge (b \wedge c)$$

(3) 显然 $a \leqslant a \vee a$,又由 $a \leqslant a$ 可得 $a \vee a \leqslant a$。

根据偏序的反对称性有

$$a \vee a = a$$

同理可证

$$a \wedge a = a$$

(4) 显然 $a \vee (a \wedge b) \geqslant a$。又由于 $a \leqslant a, a \wedge b \leqslant a$,所以有

$$a \vee (a \wedge b) \leqslant a$$

因此可得

$$a \vee (a \wedge b) = a$$

同理可证

$$a \wedge (a \vee b) = a$$

3. 子格和格同态

定义 8.13   设 $<L, \wedge, \vee>$ 是格,S 是 L 的非空子集,若 S 关于 L 中的运算 $\wedge$ 和 $\vee$ 仍构成格,则称 S 是 L 的**子格**。

定义 8.14   设 $<L, \wedge, \vee>$ 和 $<S, *, \circ>$ 是两个格,f 是 L 到 S 的映射,如果对 $\forall x, y \in L$,都有 $f(x \wedge y) = f(x) * f(y), f(x \vee y) = f(x) \circ f(y)$,则称 f 为从格 $<L, \wedge, \vee>$ 到格 $<S, *, \circ>$ 的**格同态映射**,简称**格同态**。

如果 f 是格同态,当 f 分别是单射、满射和双射时,f 分别称为**单一格同态**、**满格同态**和**格同构**。

4. 几种特殊的格

定义 8.15   设 $<L, \wedge, \vee>$ 是一个格,如果对 $\forall a, b, c \in L$,都有

$$a \wedge (b \vee c) = (a \wedge b) \vee (a \wedge c),$$

$$a \vee (b \wedge c) = (a \vee b) \wedge (a \vee c)$$

成立,则称 $<L, \wedge, \vee>$ 是一个**分配格**。

【**例 8.12**】 (1) 设 S 为任意一个集合,格 $<P(S), \cap, \cup>$ 是否为分配格?

(2) 设 P 为命题公式集合,$\wedge, \vee$ 分别是命题公式的合取、析取运算,格 $<P, \wedge, \vee>$ 是否为分配格?

解:(1) 因为集合的交、并运算满足分配律,所以格 $< P(S)$, $\bigcap$, $\bigcup >$ 是一个分配格。

(2) 因为命题公式的析取、合取运算满足分配律,所以格 $< P$, $\wedge$, $\vee >$ 是分配格。

【例 8.13】 确定图 8.4 所示的格是否为分配格。

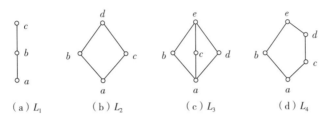

图 8.4 4 个格

解:L_1 和 L_2 是分配格,L_3 和 L_4 不是分配格。

在 L_3 中有

$$b \wedge (c \vee d) = b \wedge e = b,$$

$$(b \wedge c) \vee (b \wedge d) = a \vee a = a,$$

在 L_4 中有

$$c \vee (b \wedge d) = c \vee a = c,$$

$$(c \vee b) \wedge (c \vee d) = e \wedge d = d,$$

称 L_3 为**钻石格**,L_4 为**五角格**。这两个 5 元格在分配格的判别中有着重要的意义。

定理 8.14 设 L 是格,则 L 是分配格当且仅当 L 不含有与钻石格或五角格同构的子格。

定义 8.16 设 L 是格,若存在 $a \in L$ 使得 $\forall x \in L$ 有 $a \leqslant x$,则称 a 为 L 的**全下界**;若存在 $b \in L$ 使得 $\forall x \in L$ 有 $x \leqslant b$,则称 b 为 L 的**全上界**。

可以证明,格 L 若存在全下界或全上界,则其一定是唯一的。以全下界为例,假若 a_1 和 a_2 都是格 L 的全下界,则有 $a_1 \leqslant a_2$ 和 $a_2 \leqslant a_1$。根据偏序关系 $\leqslant$ 的反对称性必有 $a_1 = a_2$。由于全下界和全上界的唯一性,一般将格 L 的全下界记为 0,全上界记为 1。

定义 8.17 设 L 是格,若 L 存在全下界和全上界,则称 L 为**有界格**,并将 L 记为 $< L$, $\wedge$, $\vee$,0,1 $>$。

不难看出,有限格 L 一定是有界格。不妨设 L 是 n 元格,且 $L = \{a_1, a_2, \cdots, a_n\}$,那么 $a_1 \wedge a_2 \wedge \cdots \wedge a_n$ 是 L 的全下界,而 $a_1 \vee a_2 \vee \cdots \vee a_n$ 是 L 的全上界,因此 L 是有界格。对于无限格 L 来说,有的是有界格,有的不是有界格,如集合 S 的幂集格 $< P(S)$, $\bigcap$, $\bigcup >$,不管 S 是有限集还是无限集,它都是有界格。它的全下界是空集 $\varnothing$,全上界是 S。而整数集 $\mathbf{Z}$ 关于数的小于或等于关系构成的格不是有界格,因为不存在最小和最大的整数。

定义 8.18 设 $< L$, $\wedge$, $\vee >$ 是有界格,1 和 0 分别为它的全上界和全下界,$a \in L$。如果存在 $b \in L$ 使得 $a \wedge b = 0$,$a \vee b = 1$,则称 b 为 a 的**补元**,记为 a'。若有界格 $< L$, $\wedge$,

∨＞中的所有元素都存在补元,则称＜L,∧,∨＞为**有补格**。

【**例 8.14**】 对图 8.4 所示的 4 个格,求出所有元素的补元。

解:L_1 中 a 与 c 互补;b 没有补元。

L_2 中 a 与 d 互补;b 与 c 互补。

L_3 中 a 与 e 互补;b 的补元为 c,d;c 的补元为 b,d;d 的补元为 b,c。

L_4 中 a 与 e 互补;b 的补元为 e,d;c 的补元为 b;d 的补元为 b。

8.3.2　布尔代数

定义 8.19　称有补分配格＜L,∧,∨＞为**布尔格**。

在有补分配格中每个元都有补元且补元唯一,可以将求元素的补元作为一种一元运算,则此布尔格＜L,∧,∨＞可记为＜L,∧,∨,′,0,1＞,此时称＜L,∧,∨,′,0,1＞为布尔代数。

定义 8.20　一个布尔格＜L,∧,∨＞称为**布尔代数**。若一个布尔代数的元素个数是有限的,则称此布尔代数为**有限布尔代数**,否则称为**无限布尔代数**。

【**例 8.15**】 设 S 为任意集合,证明 S 的幂集格＜$P(S)$,$\bigcap$,$\bigcup$,$\sim$,$\varnothing$,S＞构成布尔代数(亦称为集合代数)。

证明:$P(S)$ 关于 $\bigcap$ 和 $\bigcup$ 构成格,因为 $\bigcap$ 和 $\bigcup$ 运算满足交换律、结合律和吸收律。由于 $\bigcap$ 和 $\bigcup$ 互相可分配,因此 $P(S)$ 是分配格,且全下界是空集 $\varnothing$,全上界是 S。根据绝对补的定义,取全集为 S,$\forall x \in P(S)$,$\sim x$ 是 x 的补元。从而证明 $P(S)$ 是有补分配格,即布尔代数。

布尔代数是有补分配格,有补分配格＜L,∧,∨＞必须满足它是格、有全上界和全下界、分配律成立、每个元素都有补元存在。显然,全上界 1 和全下界 0 可以用下面的同一律来描述在 L 中存在两个元素 0 和 1,使得对 $\forall a \in L$,有 $a \wedge 1 = a$,$a \vee 0 = a$。

补元的存在可以用下面的互补律来描述。

互补律:对 $\forall a \in L$,存在 $a' \in L$,使得 $a \wedge a' = 0$,$a \vee a' = 1$。

格可以用交换律、结合律、吸收律来描述。因此,一个有补分配格就必须满足交换律、结合律、吸收律、分配律、同一律、互补律。另外,可以证明,由交换律、分配律、同一律、互补律可以得到结合律、吸收律。所以,布尔代数有下面的等价定义。

定义 8.21　设＜B,*,。＞是代数系统,其中 * 和。是 B 中的二元运算,如果对 $\forall a,b,c \in B$,满足

(1) 交换律:$a * b = b * a$,$a \circ b = b \circ a$;

(2) 分配律:$a * (b \circ c) = (a * b) \circ (a * c)$,$a \circ (b * c) = (a \circ b) * (a \circ c)$;

(3) 同一律:在 B 中存在两个元素 0 和 1,使得对 $\forall a \in B$,有 $a * 1 = a$,$a \circ 0 = a$;

(4) 互补律:对 $\forall a \in B$,存在 $a' \in B$,使得 $a * a' = 0$,$a \circ a' = 1$;

则称＜B,*,。＞为**布尔代数**。

通常将布尔代数＜B,*,。＞记为＜B,*,。,′,0,1＞。为方便起见,也简称 B 是布尔代数。

习　题　8

1. 群有无零元？独异点中的幂等元唯一吗？群中的幂等元唯一吗？

2. 设有集合 $S=\{x \mid x \in \mathbf{Z}, x \geqslant k\}$，其中 $\mathbf{Z}$ 是整数集合，k 为整数，$+$ 为普通加法，试判断 $<S_k, +>$ 是否是一个半群。

3. 设 $S=\{a, b, c\}$，S 上的一个二元运算。的定义如表 8.2 所示，验证 $<S, \circ>$ 是半群。

表 8.2　S 上的二元运算。的运算表

$\circ$	a	b	c
a	a	b	c
b	a	b	c
c	a	b	c

4. 证明：给定两个半群 $<S, \odot>$ 和 $<T, *>$，称 $<S \times T, \otimes>$ 为 $<S, \odot>$ 和 $<T, *>$ 的**积半群**，其中 $S \times T$ 为集合 S 与 T 的笛卡儿积，运算 $\otimes$ 定义如下：$<s_1, t_1> \otimes <s_2, t_2> = <s_1 \odot s_2, t_1 * t_2>$，其中 $s_1, s_2 \in S$，$t_1, t_2 \in T$。由于 $\otimes$ 是由 $\odot$ 和 $*$ 定义的，故积半群是半群。

5. 证明：设 $\cdot$ 表示普通乘法运算，那么 $<\{-1, 1\}, \cdot>$，$<[-1, 1], \cdot>$，$<\mathbf{Z}, \cdot>$ 都是半群 $<\mathbf{R}, \cdot>$ 的子半群。

6. 证明：若 $<S, *, e>$ 是一个可换的幺半群，M 是它的所有的幂等元构成的集合，则 $<M, *>$ 是 $<S, *>$ 一个子幺半群。

7. 设 A 是非空集合，所有 A 上的双射所构成的集合在函数的复合运算下是否构成群？

8. 证明：一个含幺半群的所有可逆元素的集合对于该含幺半群所具有的运算能够构成群。

9. 设 $G=\{a, b, c\}$，S 上的一个二元运算。的定义如表 8.3 所示，验证 $<G, \circ>$ 是一个群。

表 8.3　二元运算。的运算表

$\circ$	a	b	c
a	a	b	c
b	b	c	a
c	c	a	b

10. 某二进制码的码字 $x=x_1 x_2 \cdots x_7$ 由 7 位构成，其中 x_1, x_2, x_3, x_4 为数据位，x_5，x_6, x_7 为校验位，并且满足：

$$x_5 = x_1 \oplus x_2 \oplus x_3, \quad x_6 = x_1 \oplus x_2 \oplus x_4, \quad x_7 = x_1 \oplus x_3 \oplus x_4$$

这里的 $\oplus$ 是模 2 加法。

设 G 为所有码字构成的集合，在 G 上定义的二元运算如下：

$$\forall x,y \in G, \quad x \circ y = z_1 z_2 \cdots z_7, \quad z_i = x_i \oplus y_i, \quad i = 1,2,\cdots,7$$

证明 $<G,\circ>$ 构成群。

11. 设 $S = \mathbf{R} - \{-1\}$，在 S 上定义运算 $\otimes$，$\forall a,b \in S, a \otimes b = a+b+a*b$，其中，$+$ 和 $*$ 分别是实数集上的普通加法和普通乘法运算，试证明 $<S,\otimes>$ 是群。

12. 设 $<G,\cdot>$ 是群，$a,b \in G, a \neq e$，且 $a^4 \cdot b = b \cdot a^5$。试证 $a \cdot b \neq b \cdot a$。

13. 试求 $<\mathbf{N}_6,+_6>$ 中每个元素的阶。

14. 设群 $<G,*>$ 除幺元外每个元素的阶均为 2，则 $<G,*>$ 是交换群。

15. 设 $<G,*>$ 是一个群，则 $<G,*>$ 是阿贝尔群的充要条件是：$\forall a,b \in G$，有 $(a*b)*(a*b) = (a*a)*(b*b)$。

16. 证明：在有限群 $<G,*>$ 中，每一元素具有有限阶，且阶数至多为 $|G|$。若元素 $a \in G, |a| = |G|$，则 G 中元素可否列举出来？

17. 证明：

(1) 在一个有限群里，周期大于 2 的元素的个数一定是偶数。

(2) 阶数为偶数的有限群中，周期为 2 的元素的个数一定是奇数。

18. $<\mathbf{Z},+>$ 是群，$\mathbf{Z}_E = \{x \mid x = 2n, n \in \mathbf{Z}\}$，证明 $<\mathbf{Z}_E,+>$ 是 $<\mathbf{Z},+>$ 的一个子群。

19. 设 $<G,\circ>$ 是一个群，$C = \{a \mid a \in G$ 且对任意的 $x \in G$ 有 $a \circ x = x \circ a\}$，求证 $<C,\circ>$ 是 $<G,\circ>$ 的一个子群。

20. 设 $<H,\circ>$ 和 $<K,\circ>$ 都是群 $<G,\circ>$ 的子群，

(1) 试证 $<H \cap K,\circ>$ 也是 $<G,\circ>$ 的子群；

(2) $<H \cup K,\circ>$ 是 $<G,\circ>$ 的子群吗？证明你的结论。

21. 设 f,g 是从群 $<A,*>$ 到群 $<B,\circ>$ 的同态，$C = \{x \mid x \in A$ 且 $f(x) = g(x)\}$，证明 $<C,*>$ 是 $<A,*>$ 的子群。

22. 设 G 和 H 分别是 m 阶和 n 阶群，若 G 到 H 存在单一同态，则 $m \mid n$。

23. 设 G 是群，$f:G \to G$，对 G 中的任意元素 a，$f(a) = a^{-1}$，证明 f 是同构映射当且仅当 G 是交换群。

24. 设 $\mathbf{Z}_n = \{0,1,\cdots,n-1\}$，证明 $<\mathbf{Z}_6,+_6,\times_6>$ 是一个环，并判断它是否是一个整环。

25. 设 S 为下列集合，$+$ 和 $\cdot$ 为普通加法和普通乘法。

(1) $S = \{x \mid x = 3n, n \in \mathbf{Z}\}$；

(2) $S = \{x \mid x = 2n+1, n \in \mathbf{Z}\}$；

(3) $S = \{x \mid x \geq 0, x \in \mathbf{Z}\}$；

(4) $S = \{x \mid x = a+b\sqrt{3}, a,b \in \mathbf{Q}\}$。

问 S 和 $+$，$\cdot$ 能否构成整环？能否构成域？为什么？

26. 图 8.5 中给出了一些偏序集的哈斯图。

(1) 请指出其中哪些不是格，并说明理由；

（2）对那些是格的，请说明它们是否为分配格、有补格和布尔格。

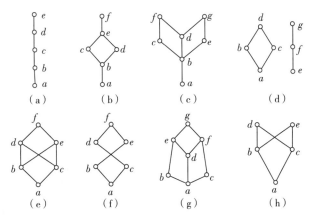

图 8.5　哈斯图

27. 表 8.4 是一个关于格 $L = \{a, b, c, d, e, f\}$ 中 $\bigvee$ 运算的运算表。

表 8.4　格 L 中 $\bigvee$ 运算的运算表

$\bigvee$	a	b	c	d	e	f
a		a	a	e	e	a
b			a	d	e	b
c				e	e	c
d					e	d
e						e
f						

（1）请补全该运算表；

（2）画出 L 的哈斯图。

28. 证明：在格 $<L, \leqslant>$ 中，如果 $a \leqslant b \leqslant c$，则有

（1）$a \bigvee b = b \bigwedge c$；

（2）$(a \bigwedge b) \bigvee (b \bigwedge c) = b = (a \bigvee b) \bigwedge (a \bigvee c)$。

29. 设 $<L, \leqslant>$ 是格，求证对 $\forall a, b, c \in L$ 有 $a \bigvee (b \bigwedge c) \leqslant (a \bigvee b) \bigwedge (a \bigvee c)$。

30. 对图 8.6 中的格 L_1, L_2, L_3，求出它们的所有子格。

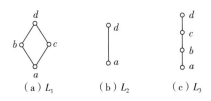

（a）L_1　　　（b）L_2　　　（c）L_3

图 8.6　格

31. 设 $<L, \leqslant>$ 是格，任取 $a, b \in L$ 且 $a \leqslant b$，构造 L 的子集：

$$L_1 = \{x \mid x \in L \text{ 且 } x \leqslant a\},$$

$$L_2 = \{x \mid x \in L \text{ 且 } a \leqslant x\},$$

$$L_3 = \{x \mid x \in L \text{ 且 } a \leqslant x \leqslant b\},$$

则 $<L_1, \leqslant>$，$<L_2, \leqslant>$，$<L_3, \leqslant>$ 都是 $<L, \leqslant>$ 的子格，请说明理由。

32. 判断图 8.7 中的三个格是否为分配格，并说明理由。

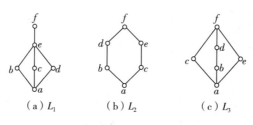

（a）L_1　　　（b）L_2　　　（c）L_3

图 8.7　格

33. 证明以下结论：

(1) 设 $<L, \wedge, \vee>$ 是分配格，那么对于 $\forall a, b, c \in L$，如果有 $a \wedge b = a \wedge c$ 且 $a \vee b = a \vee c$ 成立，则必有 $b = c$。

(2) 设 $<L, \wedge, \vee>$ 是有界分配格，若 $a \in L$ 时有补元 b，则 b 是 a 的唯一补元。

34. 在图 8.8 所示的 4 个有界格中，哪些元素有补元？如果有，请指出该元素的所有补元。

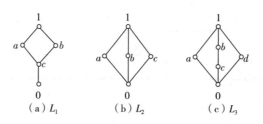

（a）L_1　　　（b）L_2　　　（c）L_3

图 8.8　有界格

35. 设 $A = \{1, 2, 5, 10, 11, 22, 55, 110\}$ 是 110 的正因子集，$<A, \leqslant>$ 构成偏序集，其中 $\leqslant$ 为整除关系。

(1) 画出偏序集 $<A, \leqslant>$ 的哈斯图；

(2) 判断该偏序集是否构成布尔代数，并说明理由。

参 考 文 献

[1] 左孝凌,李为鑑,刘永才. 离散数学[M]. 上海:上海科学技术文献出版社,1982.

[2] 耿素云,屈婉玲,张立昂. 离散数学[M].5 版. 北京:清华大学出版社,2013.

[3] 刘芳. 离散数学及其应用[M]. 北京:科学出版社,2018.

[4] 谢胜利,虞铭财,王振宏. 离散数学基础及实验教程[M].3 版. 北京:清华大学出版社,2019.

[5] 傅彦,顾小丰,王庆先,等. 离散数学及其应用[M].2 版. 北京:高等教育出版社,2013.

[6] 牛连强,陈欣,张胜男. 工科离散数学[M]. 北京:电子工业出版社,2017.

[7] 吴杰. 离散数学习题解析与实验指导[M]. 武汉:中国地质大学出版社,2015.

[8] 肯尼思·H. 罗森. 离散数学及其应用:原书第 8 版[M]. 徐六通,杨娟,吴斌,译. 北京:机械工业出版社,2019.